中国区域环境变迁研究丛书

主　编：王利华

副主编：侯甬坚　周　琼

中 国 区 域 环 境 变 迁 研 究 丛 书

“十三五”国家重点图书出版规划项目

清代黄河“志桩”水位记录与数据应用研究

潘 威 庄宏忠 著

中国环境出版集团·北京

图书在版编目（CIP）数据

清代黄河“志桩”水位记录与数据应用研究/潘威，庄宏忠著. —北京：中国环境出版集团，2020.5
（中国区域环境变迁研究丛书）
ISBN 978-7-5111-4281-8

Ⅰ. ①清… Ⅱ. ①潘…②庄… Ⅲ. ①黄河—水位—水文观测—研究—清代 Ⅳ. ①TV882.1

中国版本图书馆 CIP 数据核字（2020）第 025779 号

出 版 人 武德凯
责任编辑 李雪欣
责任校对 任 丽
封面设计 彭 杉

出版发行 中国环境出版集团
（100062 北京市东城区广渠门内大街 16 号）
网 址：http://www.cesp.com.cn
电子邮箱：bjgl@cesp.com.cn
联系电话：010-67112765（编辑管理部）
发行热线：010-67125803，010-67113405（传真）
印 刷 北京市联华印刷厂
经 销 各地新华书店
版 次 2020 年 5 月第 1 版
印 次 2020 年 5 月第 1 次印刷
开 本 880×1230 1/32
印 张 11
字 数 255 千字
定 价 50.00 元

总　序

环境史研究是生态文化体系建设的一项基础工作，也是传承和弘扬中华优秀传统、增强国家文化实力的一项重要任务。环境史家试图通过讲解人类与自然交往的既往经历，揭示当今环境生态问题的来龙去脉，理解人与自然关系的纵深性、广域性、系统性和复杂性，进一步确证自然界在人类生存发展中的先在、根基地位，为寻求人与自然和谐共生之道、迈向生态文明新时代提供思想知识资鉴。

中国环境出版集团作为国内环境科学领域的权威出版机构，以可贵的文化情怀和担当精神，几十年来一直积极支持环境史学著作出版，近期又拟订了更加令人振奋的系列出版计划，令人感佩！即将推出的这套“中国区域环境变迁研究丛书”就是根据该计划推出的第一批著作。其中大多数是在博士论文的基础上加工完成的，其余亦大抵出自新生代环境史家的手笔。它们承载着一批优秀青年学者的理想，也寄托着多位年长学者的期望。

环境史研究因应时代急需而兴起。这门学问的一些基本理念自 20 世纪 90 年代开始被陆续介绍到中国，20 多年来渐渐被学界和公众所知晓和接受，如今已经初具气象，但仍然被视为一种“新史学”——在很大意义上，“新”意味着不够成熟。其实，在西方环境史学理念传入之前，许多现今被同仁归入环境史的具体课题，中国考古学、地质学、历史地理学、农林史、疾病灾害史等诸多领域的学者早就开展了大量研究，中国环境史学乃是植根于本国丰厚的学术土壤而生。这既是她的优势，也是她的负担。最近一个时期，冠以“环境史”标题的课题和论著几乎呈几何级数增长，但迄今所见的中国环境史学论著（包括本套丛书在内），大多是延续着此前诸多领域已有的相关研究课题和理路，仍然少有自主开发的“元命题”和“元思想”，缺少自己独有的叙事方式和分析工具，表面上热热闹闹，却并未在繁花似锦的中国史林中展示出其作为一门新史学应有的风姿和神采，原因在于她的许多基本学理问题尚未得到阐明，某些严重的思想理论纠结点（特别是因果关系分析与历史价值判断）尚未厘清，专用“工具箱”还远未齐备。那些博览群书的读者急于了解环境史究竟是一门有什么特别的学问？与以往诸史相比新在何处？面对许多与邻近领域相当“同质化”乃至“重复性”的研究论著，他们难免感到有些失望，有的甚至直露微词，对此我们常常深感惭愧和歉疚，一直在苦苦求索。值得高兴的是，中国环境史学不断在增加新的力量，试掘新的园地，结出新的花果。此次隆重推出的 20 多部新人新作就是其中的一部分——不论可能受到何种批评，它们都很令人鼓舞！

这套丛书多是专题性的实证研究。它们分别针对历史上的气候、地貌、土壤、水文、矿物、森林植被、野生动物、有害微生物（鼠疫杆菌、疟原虫、血吸虫）等结构性环境要素，以及与之紧密联系的各种人类社会事务——环境调查、土地耕作、农田水利、山林保护、矿产开发、水磨加工、景观营造、城市供排水系统建设、燃料危机、城镇兴衰、灾疫防治……开展系统的考察研究，思想主题无疑都是历史上的人与自然关系。众位学者从各种具体事物和事务出发，讲述不同时空尺度之下人类系统与自然系统彼此因应、交相作用的丰富历史故事，展现人与自然关系的复杂历史面相，提出了许多值得尊重的学术见解。

这套丛书所涉及的地理区域，主要是华北、西北和西南三大板块。不论从历史还是从现实来看，它们在伟大祖国辽阔的疆域中都具有举足轻重的地位。由于地理环境复杂、生态系统多样、资源禀赋各异，成千上万年来，中华民族在此三大板块之中生生不息，创造了异彩纷呈的环境适应模式，自然认知、物质生计、社会传统、文化信仰、风物景观、体质特征、情感结构……都与各地的风土山水血肉相连，呈现出了显著的地域特征。但三大板块乃至更多的板块之间并非分离、割裂，而是愈来愈亲密地相互联结和彼此互动，共同绘制了中华民族及其文明“多元一体”持续演进的宏伟历史画卷。

我们一直期望并且十分努力地汇集和整合诸多领域的学术成果，试图将环境、经济、社会作为一个相互作用、相互影响的动态整体，采用广域生态—文明视野进行多学科的综合考察，以期构建较为完整的中国环境史学思想知识体系。但是实现这个愿望绝不可能一蹴而就，只能一步一步去推进。就当下情形而言，应当采取的主要技术路线依然是大力开展区域性和专题性的实证考察，不断推出扎实而有深度的研究论著。相信在众多同道的积极努力下，关于其他区域和专题的系列研究著作将会陆续推出，而独具形神的中国环境史学体系亦将随之不断发展成熟。

我们继续期盼着，不断摸索着。

王利华

2020 年 3 月 8 日，空如斋避疫中

序　言

感谢潘威和庄宏忠两位博士，使我有幸提前拜读到他们的大作《清代黄河“志桩”水位记录与数据应用研究》，并有机会写上几点感受。

①人水关系研究是一个永恒的主题，黄河流域历史时期的人水关系研究更是具有特别的意义。水作为一种不可或缺而变化频繁的环境与资源因素，对人类文明的影响极为深刻。它哺育了人类，同时又以旱涝灾害为害人类。对人类而言，数量适度的水是可资利用的资源，过多则成洪涝，过少则成干旱。年际尺度水旱异常的影响一般是局地性或区域性的，但往往会带来灾难性的后果；年代至百年以上尺度水旱异常的危害更大、影响更为深远，国内外历史上不乏因此导致社会动乱、王朝更替乃至区域文明衰落的案例。中国大部分地区属季风气候，降水的季节差异显著、年际变率大，旱涝灾害频繁而严重。在以农为本的古代中国，特别是作为中国文化中心的黄河中下游地区，人们在充分利用夏半年热量资源和季风降水进行农业生产

的同时，不得不经常面对不期而遇的旱涝灾害带来的灾难。历史上的黄河以善徙、善决著称，不断重复“筑堤—淤积—悬河—决口改道”的循环过程，我们的祖先为此在防洪、抗旱的管理与应对措施方面付出了更多的努力，做出了更为周到和细微的考虑。《清代黄河“志桩”水位记录与数据应用研究》所涉及的治黄方略、河工措施乃至包括志桩在内的观测与奏报制度对现代河道管理仍具有借鉴意义；特别值得注意的是，黄河中下游地区已经太长时间不曾发生大规模的暴雨洪水了，假如书中所展现的历史特大洪水再次出现，我们是否做好了充分的准备。

②黄河志桩水位记录可为全球气候变化和灾害研究提供定量的历史水文数据。过去全球气候变化重建研究使用的主要资料为观测记录、考古和历史文献记载以及各种自然的古环境感应体。相对于欧美等西方国家，我国的劣势是现代观测记录时间短，优势是历史文献记录丰富。自 20 世纪二三十年代竺可桢先生、邓拓先生等的开创性工作以来的百余年中，基于历史文献记录的历史气候变化与灾害史研究已发展成为在国际上有中国特色的研究领域，这样的发展得益于几代人坚持不懈地从各类历史文献中挖掘与气候变化和自然灾害有关的记录，并建立各种整编的史料集。与清代档案中的“晴雨录”“雨雪

分寸”等记录一样，志桩记录也是一种观测数据，其与现代观测记录具有一定的可比性，可将定量的汛期水文情况向前回推到 18 世纪，弥补我国仪器观测记录不过百年的不足。利用这些记录有可能在更长时间尺度上认识河流水文变化特征及流域内的降水变化特征。作为一个以环境演变研究为职业的人，与无数同仁一样，我的许多研究工作有赖于我国丰富的历史记录。虽然我更多的时候是各种已整编历史资料集的受益者，利用已整编的历史记录去分析阐述自然地理学问题，但我深知挖掘整理历史环境变化和灾害史料的辛苦，因此对从原始记录开始挖掘整理史料的人们一直心存敬意。

③《清代黄河“志桩”水位记录与数据应用研究》是打破自然科学与历史学之间壁垒的一次有益尝试。长期以来，关注包括清代志桩记录在内历史环境变化和灾害史料的学者主要来自史学和地学两个领域。其中，历史环境变化学者主要关心的是从各种历史记录出发揭示环境是如何演变的，而史学界的学者更关心追寻记录背后的历史。两者关注的重点不同，采用的表述体系不同，彼此缺乏交流和借鉴。从《清代黄河“志桩”水位记录与数据应用研究》一书的体系看，全书共分为清代河务部门的报汛制度、清代黄淮志桩水报运作实态、乾隆三十一年（1766 年）以来黄河中游地区水文变化、清代黄河中游地

区降雨事件的高分辨率个案研究等四个章节，从中可见作者在试图打破两类学者之间界线方面的努力，就学科发展而言，这一工作的意义已远远超过此书本身，体现了史学与自然科学研究融合的趋势，潘威和庄宏忠两位博士以其历史自然地理学专业背景的跨界优势，做了一个很好的示范。

潘威博士和庄宏忠博士长期从事历史时期人水关系研究，致力于构建“历史时期中国水文变化数据库”，探索地理信息化手段与传统史料解读相结合的研究方法，他们的研究主题与现今社会的可持续发展关联密切，研究手段与大数据、信息化的潮流相吻合。祝两位年轻人在这条研究道路上有更大发展，期待看到他们更多的成果。

今天北京防疫的级别从一级降低为二级，新冠肺炎在中国正在走向历史。相信未来会像我们今天解读历史上的灾害一样，有很多人透过我们所留下的只言片语从不同的角度解读我们所亲身经历的历史。

2020 年 4 月 30 日

方修琦

目　录

绪　论

一、研究意义

为应对全球环境变化，全世界都面临与环境政策制定有关的认知挑战。经历了 20 多年的发展，“全球变化”已形成了以世界气候研究计划和国际生物多样性计划为框架的，集成各类相关学科的复杂性科学，逐步形成了以研究全球环境变化为对象的新兴学科，经过近 30 年的发展，该领域已经以应对地球系统层面的一系列关键问题为主要研究对象，这些问题通常需要用跨学科或跨计划的、更为集成的方法进行研究。鉴于土地利用与土地覆盖变化（LUCC）在全球环境变化，尤其是局地气候变化中的显著作用，已完成 LUCC 计划后的国际地圈—生物圈计划（International Geosphere-Biosphere Programme，IGBP）与国际全球环境变化人文因素计划（International Human Dimension Programme，IHDP）为提升影响陆地生物圈的可持续性以及地球系统内不同土地系统之间的双向相互作用和反馈认知，于 2005 年再度共同发起以度量、模拟和识别人类—土地耦和系统为目标的全球土地计划（Global Land Project，GLP），以提高对区域和全球尺度的土地系统的认识，促进全球变化研究计划的科学协作增效作用，强调各种反馈机制及其对环境变化的影响研究的急迫性。美国国家研究委员会也在关于气候辐射强迫的一份报告中指出："为更全面地了解土地覆被变化对气候的影响，正在进行中的 IPCC 评估工作有必要将土地覆被变化与其他要素一并作为气候变化的第一驱动力；尽管 LUCC 对全球变化的响应可能较小，对全球平均温度变化的响应可能较小，但由此引发的温度、降水等气候指标的区域性变化可能等于甚至超过因人为排放而致温室气体增加所导致的气候变化。"[①]因此进行区域性地表覆盖状况的研究是全球变化研究中的重要组成部分，而且其研究对于整个全球变化研究领域具有相当的急迫性。

对于历史时期的环境研究是寻找现代环境污染、生态退化等一系列问题根源的途径之一，同时对于过去的研究也是预测区域未来环境走势、制定发展规划、实现区域可持续发展的重要参考。20 世纪初期是逐步进入工业化、城市化加剧的时期，人类改变自然的能力明显加强，水环境所受到的扰动机制较传统农耕时代明显复杂；同时，城市周边的广大乡村地区在近代以来的城市化，特别是中华人民共和国成立之后的水利化建设导致地表水体结构发生显著变化，从生态、交通、农业、环保等综合角度看待这一进程必须要明确历史时期的原貌。

大河三角洲是全球经济发达、人口稠密、生态脆弱、人地关系普遍较为紧张的地区，是全球地表系统—气候系统—社会系统关系研究中的重点领域。河流具有航运、灌溉、生态、泄洪、调节局地

① Commettee on Radiative Forcing Effects on Climate，2005.

气候、美化城市景观等多项功能，未来的经济发展也将会对现有地表水体造成扰动，因此有必要对曾经发生过的地表水体改变过程进行研究，从较长时段审视城市化、现代水利化对水体的扰动状况，以此作为对目前及未来区域合理开发的参考。

1992 年在都柏林的“水与环境国际会议”上提出了生态水文学概念，平原河网地区的水文研究已经由单纯的地貌研究发展为区域生态水文学研究，研究视角不仅仅局限于河流形态、水污染控制、河道治理、水系整治等，而是在区域水文生态格局恢复的更高指向下进行河流形态、河道综合管理、河流生态结构、河流健康性评估等多个方向的综合性、集成性、区域性研究。涉及地理学、法学、社会学、经济学、生态学等众多研究领域。平原河网结构的研究不仅在分辨率上向系统序列中的下级逼近，也注意到河流形态发展过程中所带来的一系列问题，澳大利亚的 Brierley 等提出河流形态结构框架（Geomorphic River Styles）[①]强调了河流健康的物理架构；日本在 20 世纪 90 年代初开展“创造多自然型河川计划”；美国、南非、荷兰等国也不同程度上拥有自己的河流健康评估和生态重建措施。这其中都涉及一个问题：怎样的河流可以称为自然型河流？不同区域拥有不同的标准，而这个不同的标准很大程度上是由当地区域发展历程决定的。区域未来的河流形态规划必须基于对历史过程的认识，中国在制定自己的河流健康评估标准时，也必须考虑到河流系统自身的进程，因此，恢复历史上河流系统的面貌也是为区域环境综合建设提供必要的参考。

以往历史地貌学的研究更多在于历史现象的恢复，主要和研究

① Brierley G，Fryirs K. Application of the River Styles Framework as a Basis for River Management in New South Wales，Australia. Applied Geography，2002（1）.

所关注的时段和尺度有关。历史地貌以往研究主要运用地方志、水利书、舆图等资料（即传统史料），对 19 世纪中期之前的地貌格局进行还原，以文字描述辅以示意图表现研究成果。这些方法受制于历史文献的记载情况，传统史料中的数据记载要转化为具有现代统计意义的数据比较困难，在其之上进行的分析也相对简单，与现代数据难以构建序列。19 世纪中期之后，中国在地图测绘、水文测验、气象记录等方面逐渐引入西方技术，出现了大量具有现代统计意义的数据和资料（但并不意味着传统史料完全丧失价值，不能完全依据近代资料进行地貌格局的研究）。这段时间的地貌格局重建一方面因为资料质量的提高和规模的提升而得以支持更为精细的研究，但同时使用这些资料的方法也必须进行总结和实验，以扩展到更为广泛的空间范围研究。如何有效提取近代史上大量图形资料中丰富的地表信息，如何将这些丰富的信息加以有效管理，如何将地表信息与当时的社会、经济、政治、环境等种种事件加以联系……这些都不仅仅是依靠挖掘史料或考订史料生成背景所能解决的，必须依靠一些技术手段才能达到目的。遗憾的是，地理学界和历史学界都不曾就这个问题进行过较为系统的探讨。张修桂曾提出历史地貌研究的 6 方面内容，包括历史文献资料的收集与分析、当代文献资料的收集和分析、地图资料的收集与分析、地貌野外综合调查、遥感与测年技术的应用、地理环境综合分析方法。[①]但如何将这一想法贯彻到历史地貌研究中，需要众多的实际工作加以总结和提炼。

基于 GIS 技术使用多源资料进行高精度河流地貌重建是新兴方向，也是未来进行地貌研究的主要手段之一，能够在更高分辨率下得出研究对象的形态、结构、变迁过程等内容，同时通过一定的技

① 张修桂：《中国历史地貌与古地图研究》，北京：社科文献出版社，2006 年，第 9-14 页。

术手段可以与现代地理学以及同区域地表其他要素的相关研究成果实现无缝对接，从整体上以量化形式更为精确地描述区域特征及演化情况，但具体操作方法需要结合实践进行探讨。

二、研究目的

本书目的主要为以下 4 个方面：

（1）一系列基础数据的获得。

历史自然地理对“全球变化”研究的主要贡献在于基于历史文献记录提供过去气候变化的史实，随着研究深入，定性描述已经不能满足精细研究的需要，而定量分析成了学界目前普遍追求的目标，而这必须通过重建数据方能达到。本书所进行的工作就是以清代黄河中游的径流量、渭河下游改道以及若干极端事件为研究对象，尝试将一些量化方法和定量分析方法引入历史自然地理的研究，以跟上地理学界的发展步伐，使历史自然地理在传统问题研究上能够有所突破。

内蒙古托克托县河口镇至河南郑州桃花峪间的黄河河段为黄河中游，河长 1 206 km，流域面积 34.4 万 km^2，占全流域面积的 45.7%；中游河段总落差 890 m，平均比降 0.74‰；河段内汇入较大支流 30 条；区间增加的水量占黄河水量的 42.5%，增加沙量占全黄河沙量的 92%，为黄河泥沙的主要来源。黄河流域黄土高原地区西起日月山，东至太行山，南靠秦岭，北抵阴山，涉及内蒙古、陕西、山西、河南 4 省（区）。1960—2000 年，黄河流域水土流失面积 45.4 万 km^2（水蚀面积 33.7 km^2、风蚀面积 11.7 万 km^2），年均输入黄河泥沙 16 亿 t，是我国乃至世界上水土流失最严重、生态环境最脆弱的地区。

平均海拔 1 000～1 500 m，除少数石质山地外，高原上覆盖着深厚的黄土层，黄土厚度 50～80 m，最厚达 150～180 m。年均气温 6～14℃，年均降水量 200～700 mm。从东南向西北，气候依次为暖温带半湿润气候、半干旱气候和干旱气候。植被依次出现森林草原、草原和风沙草原。黄河中游地区的和谐发展不可能脱离对于本区环境发展规律的认识，本区的生态环境还是比较脆弱的，气候灾害频发，在全球气候变化的背景下，本区面临着比较严重的气候安全和水安全挑战，这促使学界必须深刻认识本区的环境演化过程。

（2）历史地貌研究提高精度的试验。

历史地貌研究主要利用各类史料文献结合其他资料研究历史时期地貌环境的发展演变过程及其原因，是历史自然地理学和地貌学的共同分支①。虽然现代有多种手段反演过去的地貌格局，但中国丰富且连续的历史文献仍旧是不能替代的资料，其中有关于地貌格局及地貌对于人类社会影响的大量记载。出于种种原因，现代器测资料不能完全分辨或基本无法分辨历史上的环境变迁情况。利用各类历史文献资料中的记载，在历史文献考证、历史地名还原的基础上从地貌学角度解读这些地理现象，可以还原历史时期河流流路、湖泊范围和位置、海岸线位置等基本地理情况。近 20 年以来，全球环境变迁的研究随着世界生态、环境的恶化而凸显其重要意义，其中多种尺度下构建人类社会系统和环境系统关系是全球环境变迁研究的重要组成部分，需要众多学科共同参与才能进行工作。历史地貌研究所关注的问题与全球环境变迁的众多研究方向具有一致性，但要将历史地貌研究真正融入全球环境变迁的大背景，使历史地貌研究在保留历史学关注的同时也为现代环境问题服务，仍需要完成许

① 张修桂：《中国历史地貌与古地图研究》，北京：社科文献出版社，2006 年，第 3 页。

多工作。其中比较重要的工作是新方法的探索与新资料的挖掘。

（3）历史河流地貌研究方法和理念创新的探索。

除了对历史地貌研究下延造成的精度要求提高之外，河流地貌研究的其他方面也可以得到关注。历史地貌研究中对河流地貌的关注往往集中于结构方面——流路的改变、河道的曲直变化等，但在某些资料支持下，可以进行沉积特征与动力特征的研究。对于结构研究也可以得出更为全面的结论。

（4）为预测“全球变暖”背景下的黄河流域水文提供依据。

黄河流域的水资源供需矛盾十分突出，在全球气候变化和区域水资源开发力度加大的背景下，黄河水资源可能呈现的面貌已经引起了学界的关注，通过模拟得出的预测结论认为“全球变暖”可能导致黄河流域降雨量减少，进而导致径流量萎缩[①]。中国连续性和精确度较好的水文数据不过百年长度，难以诊断长时段气候变化与河流水文变化的关系。历史文献中存在的水位信息是上延器测水文数据的重要途径之一，特别是清代奏报中保留有非常丰富的汛期涨水尺寸记录，是复原 18 世纪以来黄河汛期水文情况的可用资料[②]，但以往研究以识别历史时期黄河中游最大流量为目的，并未就汛期水情的特征进行更为深入的探讨，因此黄河汛期水情的长时段变化特征及规律仍有待揭示。

① 王国庆、王云璋、史忠海等：《黄河流域水资源未来变化趋势分析》，《地理科学》2001 年第 5 期；刘晓东、安芷生、方建刚等：《全球气候变暖条件下黄河流域降水的可能变化》，《地理科学》2002 年第 5 期。

② 史辅成、易元俊：《黄河洪水考证和计算》，《水利水电技术》1983 年第 9 期；史辅成、易元俊：《清代青铜峡志桩考证及历年水量估算》，《人民黄河》1990 年第 4 期。

三、学术回顾

19 世纪末 20 世纪初，地貌学界就认识到河流水文地貌定律与河流分级有着密切关系。1914 年后，地貌学界主要采用了几种河流分级方法对水系进行次序排列，其中代表性的有 Gravelius、Horton、Strahler 等几种序列（国内目前分别翻译为格雷夫利厄斯分级法、霍顿分级法和斯特拉勒分级法）。1989 年 La Barbera P 和 Rosso 等将分形理论与河流系统研究结合，探讨了水系分维的计算方法[①]。分维理论进入河流结构研究对于描述包括河网结构在内的各类河流系统具有重要的作用，分维理论由美国数学家 Mandelbrot 创立，分形是指无序、混乱而复杂，但局部与整体有相似性且形成具有随机性的体系，其维数不是通常意义上的 1 维、2 维、3 维等整数，而是分数，称为分维。这种体系在自然界中大量存在，河流系统在许多方面具有这些特征。La Barbera P 的研究之后，世界河流地貌研究开始广泛使用分维思想。国内同类研究在 20 世纪 80 年代末之后展开，艾南山、赵锐、袁雯、杨凯、姜永清等从理论探讨与介绍、区域实证等不同方面进行了研究。其中，2002 年姜永清等基于对黄土高原水路网的研究认为：水路网结构最基本的是分枝与汇合，河道网的 Horton 级比参数与分维值在一定情况下是稳定的，但受到一定扰动会发生变异[②]。2006 年杨凯等以上海地区为例，对平原河网分级进行了探讨，基于水利片将上海地区河网结构分为近自然型、井型、干流型，并

① La Barbera P，Rosso R. On the Fractal Dimension of Stream Networks. Water Resources Research，1989（4）.

② 姜永清、邵明安、李占斌等：《黄土高原流域水系的 Horton 级比数和分形特性》，《山地学报》2002 年第 2 期。

认为在城市化作用下可能出现自然型—井型—干流型演变趋势[①]。在河网结构研究深入的同时，对河流数据要求也在不断提高，3S 技术与 DEM（数字高程模型）被引入水系结构研究，为研究的深入提供了必要的技术保障[②]。2006 年杨凯在其博士毕业论文《平原河网地区水系结构特征及城市化响应研究》绪论部分对 20 世纪 80 年代以来国内河流形态研究进行了初步总结，认为研究区域主要集中于中国的中西部地区，陕、甘、川、黔地区研究较为集中，而东部地区，特别是包括上海地区在内的平原河网地区研究并不多，研究视角也多为河流形态对 1949 年以后城市化进程的响应[③]。

从以上对地理学界内河流系统研究的简要介绍可以发现，河流系统结构研究已经从单纯的形态提取进展为指数提取及分析，方法上普遍使用分形思想，技术方法上 3S 技术、计算机建模技术使用较为普遍。同时，以往研究虽然也注意到河流系统结构在时间维度上所存在的变化，但这方面的研究仍缺乏较为长时段的序列构建。历史地貌研究已经提出了复原历史时期平原水系的要求，由单一的河流考证向区域河流系统研究转化，与地理学界的研究在关注问题上发生重叠。满志敏 2005 年提出的历史自然地理若干前沿问题中就有历史时期水系面貌的重建[④]，至今尚未有较好的相关基础数据发布。

1. 历史自然地理研究

长期以来，对于清代志桩的研究主要由水文地理工作者进行，他

① 袁雯、杨凯等：《城市化进程中平原河网地区河流结构特征及其分类方法探讨》，《地理科学》2007 年第 3 期。

② 李后强、艾南山：《分形地貌学及地貌发育的分形模型》，《自然杂志》1991 年第 7 期；郝振纯等：《基于 DEM 的数字水系生成》，《水文》2002 年第 4 期。

③ 参见陈德超、李香萍等：《上海城市化进程中的河网水系演化》，《城市问题》2002 年第 5 期；杨凯、袁雯等：《感潮河网地区水系结构特征及城市化响应》，《地理学报》2004 年第 4 期。

④ 满志敏：《历史自然地理学发展和前沿问题的思考》，《江汉论坛》2005 年第 1 期。

们多关注于志桩形成的水位尺寸数据本身，且主要集中于黄河流域的研究，并形成了一定的研究模式。已知较早关注清代志桩的学者是现代著名地理学家徐近之先生，他曾撰有《宁夏硖口（青铜峡）水志的科学价值》（《地理文集》第 8 期，内刊）一文，主要是围绕其 20 世纪 70 年代在宁夏考察期间所得清代宁夏府青铜峡志桩水位尺寸资料进行的研究①。同一时期，为配合新中国水利建设，水利电力部、黄河水利委员会等机构，委派专业人员赴中国第一历史档案馆、各大学的图书馆等单位发掘搜集了一批水利史料，从而获取了大量有关水位尺寸的资料②。从 20 世纪 80 年代开始，水利电力科学研究院主持整编出版了其馆藏的清代档案奏折资料③，使研究者可以更加方便而集中地获取大量有关志桩及水位尺寸的记载。其后，研究人员利用以上资料和整编史料，提取了不同志桩所形成的水位记录数据，利用水位和流量关系对应分析方法，探求黄河上中游河段年径流量的序列、年最高洪水位、年最大洪峰流量以及暴雨洪水特性等一系列问题，进而讨论其历史上水旱变化的规律和趋势，为现实水文工作提供了重要借鉴④。

---

① 参见中国科学院南京地理研究所编：《徐近之先生纪念文集》，内部资料，1986 年印刷，第 102 页；严德一：《徐近之为我国地理科学奋斗的一生》，《中国科技史料》1983 年第 2 期。

② 参见王传宇：《不懈的努力　可喜的成果——黄委会档案科对清宫黄河档案史料的收集和利用》，《河南档案》1985 年第 2 期；殷文斌：《黄河档案馆馆藏档案特点及开发利用》，《档案学研究》1990 年第 1 期。

③ 参见水利水电科学院编：《清代海河滦河洪涝档案史料》，北京：中华书局，1981 年，“前言”。

④ 参见韩曼华等：《黄河一八四三年洪水重现期的考证》，《人民黄河》1982 年第 4 期；陈家其：《黄河中游地区近 1500 年水旱变化规律及其趋势分析》，《人民黄河》1983 年第 5 期；高秀山：《黄河中下游一七六一年洪水分析》，《人民黄河》1983 年第 2 期；史辅成等：《清代青铜峡志桩考证及历年水量估算》，《人民黄河》1990 年第 4 期；赵文骏等：《黄河青铜峡（峡口）清代洪水考证及分析》，《水文》1992 年第 2 期；蒋加虎等：《洪泽湖历史洪水分析（1736—1992 年）》，《湖泊科学》1997 年第 3 期；王国安等：《黄河三门峡水文站 1470—1918 年年径流量的推求》，《水科学进展》1999 年第 2 期；刘东等：《黄河干流河川径流量变化特性的分析》，《石河子大学学报（自然科学版）》2005 年第 4 期；李伟珮等：《黄河流域近 300 年来水文情势及其变化》，《人民黄河》2009 年第 11 期。

志桩数据也被应用于历史气候研究之中，上文中提到的徐近之，同时作为历史气候学家，就曾对清代志桩研究价值给予充分的关注。当代历史地理学者满志敏提倡利用清代志桩资料进行历史时期气候变化研究，其在评析清代档案中的气候资料时，特别提到了“各主要河段志桩的水位记录”等资料，基于此类记录可以建立分辨率较高的气候变化序列[①]。循着这一资料利用的思想和方法，潘威等利用万锦滩等地志桩尺寸资料，进行了实证性研究，重建了乾隆三十一年至宣统三年（1766—1911 年）黄河三门峡断面逐年径流量序列、黄河中游 5—10 月降雨量的序列，以及该时段汛期开始时间等[②]。

上述研究内容中也涉及了清代志桩设立情况的考证和测水方式的探究等内容[③]，有助于我们对于清代志桩和水报概况有初步的认识，但是作为历史过程的考察，水文工作者并没有能够对于清代志桩的设立及水报运作制度进行全面而深入的研究。

2．清代河政管理研究

（1）清政府对江河流域统筹管理，需要官僚体系的行政保证，所以探讨清代志桩水位测报制度，首先需要关注其制度执行的官员主体。

河道官员部门体系的总体性研究。张德泽编著的《清代国家机关

---

① 满志敏：《评〈清代江河洪涝档案史料丛书〉》，中国地理学会历史地理专业委员会《历史地理》编辑委员会编：《历史地理》（第 16 辑），上海：上海人民出版社，2000 年，第 338-339 页；满志敏：《中国历史时期气候变化研究》，济南：山东教育出版社，2009 年，第 54-55 页。

② 参见潘威等：《1766—1911 年黄河上中游 5—10 月降雨量重建》，《地球环境学报》2011 年第 1 期；潘威等：《1766—1911 年黄河中游汛期水情变化特征研究》，《地理科学》2012 年第 1 期；潘威等：《1766—1911 年黄河中游汛期建立时间研究》，《干旱区资源与环境》2012 年第 5 期。

③ 韩曼华等：《黄河一八四三年洪水重现期的考证》，《人民黄河》1982 年第 4 期；高秀山：《黄河中下游一七六一年洪水分析》，《人民黄河》1983 年第 2 期；史辅成等：《清代青铜峡志桩考证及历年水量估算》，《人民黄河》1990 年第 4 期；赵文骏等：《黄河青铜峡（峡口）清代洪水考证及分析》，《水文》1992 年第 2 期。

考略》中将“河道衙门”统于“地方机关”，并简述了其下属职官和河兵设置情况[①]。刘子扬专门对清代地方官制进行了论述，认为管理河务的地方官制应属于专职性质，以区别于各直省、特别地区以及少数民族地区设置的地方机构，但关于河道部门及其职官设置的内容，也仅依清会典等内容照录，不出张著之右[②]。李治安从中央与地方关系角度阐述了河道部门的情况[③]。吴宗国将河官体系分出治官之官和治事之官，明确提出两者都是由地方官转变而来，加“管河”职务，构成河道官员系统[④]。金诗灿对清代河官与河政的研究是近年来相关研究的集成之作，不过其研究仍多为对河务制度性规定的梳理[⑤]。上述几部著作虽丰富了“河官”体系的具体内容，但都未能涉及其实际运作层面。

河政体系内部官员的研究，学界主要集中于对河道总督设置及其职能的研究。其一，就明清“总河”的不同特点，清代河道总督的省置、类型、职能、驻地衙署等进行的论述。刘广新结合河东河道总督设置沿革的情况，对清代济宁州河东河道总督衙门区位布局作了简要的介绍[⑥]。关文发就清代前期的河道总督治绩得失，提出清代官僚个人的行政素质对国家事务有重要影响[⑦]。丁建军认为顺康时期河道总督及治河组织的演进与河工制度的变化密切相关[⑧]。赵玉正等详述了清代驻济宁的河道总督衙门及相关文武职官员的官署，考察了它们在城区的位置与规模，以及裁撤后的演变概况，从空间上

① 张德泽：《清代国家机关考略》，北京：中国人民大学出版社，1981 年。
② 刘子扬：《清代地方官制考》，北京：紫禁城出版社，1988 年。
③ 李治安：《唐宋元明清中央与地方关系研究》，天津：南开大学出版社，1996 年。
④ 吴宗国主编：《中国古代官僚政治制度》，北京：北京大学出版社，2004 年，第 515-519 页。
⑤ 金诗灿：《清代河官与河政研究》，武汉：武汉大学出版社，2016 年。
⑥ 刘广新：《清代济宁“河道总督衙门”》，《安徽史学》1996 年第 4 期。
⑦ 关文发：《清代前期河督考述》，《华南师范大学学报（社会科学版）》1998 年第 4 期。
⑧ 丁建军：《顺康时期的河道总督探讨》，《琼州大学学报》2002 年第 5 期。

展现了河官衙门的权力设置和分布情况[①]。姚树民提出河道总督职责不仅在治河，还具有维护治安、催赶漕船等综合治理功能[②]。张轲风详述了清代河道总督建置及分置变化的历史过程，认为清政府设河道总督面临总领全河和分治的两难，所以河道总督设置处于不断调整的状态[③]。郑民德则分述了清代河东河道总督和直隶河道总督的设置和职能情况[④]。其二，关于河道总督与其他官员关系的研究，这方面的论述也是最为薄弱的。王英华等分析了江南河道总督与漕运总督、两江总督和河东河道总督几对关系，说明了江南河道总督地位的重要性[⑤]。赵晓耕等探讨了清代河道总督和沿河地方督抚、江南河道总督与两江总督以及整个河官与印官体系的关系问题，从黄河防洪角度对不同部门间官员互动的关系作了初步的论述[⑥]。饶明奇则从法制史角度以立法思想为主旨，分析了河官和地方官之间相互监督的机制[⑦]。其三，河官专题人物的研究，主要是对河道总督个人生平和为官政绩方面的讨论和研究[⑧]，这些内容有助于笔者对于清代河道

---

① 赵玉正、张荣仁：《驻济治河中枢及其他》，《济宁师范专科学校学报》2004 年第 2 期。
② 姚树民：《清代河道总督的综合治理功能》，《聊城大学学报（社会科学版）》2007 年第 2 期。
③ 张轲风：《清代河道总督建置考论》，《历史教学》2008 年第 18 期。
④ 郑民德：《略论清代河东河道总督》，《辽宁教育行政学院学报》2011 年第 3 期；郑民德：《清代直隶河道总督建置考论》，《北京化工大学学报（社会科学版）》2011 年第 3 期。
⑤ 王英华等：《清代江南河道总督与相关官员间的关系演变》，《淮阴工学院学报》2006 年第 6 期。
⑥ 赵晓耕等：《浅议清代河政部门与地方政府的关系》，《河南省政法管理干部学院学报》2009 年第 5 期。
⑦ 饶明奇：《清代黄河流域水利法制研究》，郑州：黄河水利出版社，2009 年，第 100-103 页。
⑧ 参见郑永福：《东河总督任上的林则徐》，《历史教学》1986 年第 7 期；史延廷：《栗毓美与清代河患》，《晋阳学刊》1990 年第 4 期；冯立升：《清代满族水利专家齐苏勒》，《中国科技史料》1991 年第 3 期；汪志国等：《周馥与山东黄河的治理》，《安徽史学》2003 年第 6 期；李小红：《杨以增治河考》，《聊城大学学报（社会科学版）》2007 年第 2 期；娄占侠：《朱之锡治河》，《华北水利水电学院学报（社科版）》2008 年第 4 期；王珂：《张伯行治河方略述论》，《许昌学院学报》2008 年第 6 期；张敏：《清代祠祭河道总督类型研究》，《聊城大学学报（社会科学版）》2010 年第 2 期；崔建利：《江南河道总督麟庆考论》，《淮阴工学院学报》2010 年第 4 期；金诗灿：《嵇曾筠与雍正时期河南河工建设述论》，《信阳师范学院学报（哲学社会科学版）》2010 年第 1 期。

总督治河行迹有更为丰富的了解。

河道体系中对于河道总督以下基层官员和兵弁的专题探讨较少，朱东安论述了道制问题，将清代的道分为两类，特别提到管河道属于掌管一事的道，它以所管职事命名，是省的办事机构，河道总督之下设立管河道体现了清政府重视河政，管河道兼管地方主要为了能在河防工作中有效地协调好河官和地方官之间的关系[①]。林涓在探讨清代行政区划变迁过程中博采众议，以“道”为准政区概念，着眼于“道”的设置与辖区、驻所的变迁，通过“道”的变迁来揭示其对地方管理的影响以及中央对地方的控制力度的变化，同时展现了“道”在政治过程中的具体运作情况，但其研究只是对“道”的一种整体性特征的把握，并未就“管河道”这一专务“道”形式进行分析研究[②]。可以看出“道”的研究仍然多关注于“道”行政化特征的问题。

（2）关于清代江河治理措施和河工水利建设方面的研究，主要是在水利史主题下进行的讨论，研究多为江河治理思想，主要治河活动以及黄、淮流域工程技术和水利制度的描述[③]。

针对清代各时期河政发展及其影响等课题的成果颇丰，如商鸿逵、徐凯、曹松林、刘冬、王英华、郑林华、马红丽等，主要对清

① 朱东安：《关于清代的道和道员》，《近代史研究》1982 年第 4 期。

② 林涓：《清代行政区划变迁研究》，博士学位论文，上海：复旦大学，2004 年；林涓：《清代道的准政区职能分析——以道的辖区与驻所的变迁为中心》，《历史地理》（第 19 辑），上海：上海人民出版社，2003 年，第 22-38 页。

③ 如水利部黄河水利委员会《黄河水利史述要》编写组：《黄河水利史述要》，北京：水利电力出版社，1984 年；张含英：《明清治河概论》，北京：水利电力出版社，1986 年；姚汉源：《中国水利发展史》，上海：上海人民出版社，2005 年；卢勇等：《明清时期黄淮河防管理体系研究》，《中国经济史研究》2010 年第 3 期；等。本小节内容多参考贾国静的《二十世纪以来清代黄河史研究述评》（《清史研究》2008 年第 3 期）。

代前期康雍乾时代的河政及其治河实绩进行探讨[1]。郑师渠、芮锐等，主要对嘉道之后晚清河政进行研究，他们认为晚清时代河政的颓败与统治政策和吏治的腐败有密切关系[2]。王振忠从总体上阐述了清代河政情况，说明了河政积弊及其严重后果，从社会角度透视了清代河政的窳坏与清王朝衰败的关系[3]。

值得注意的是，通过国家行政管理角度来审视清政府黄淮治理的研究已受到了较多关注，夏明方以黄河铜瓦厢决口为背景，从社会变局和统治效能等方面探讨了晚清政府黄河治理的问题；贾国静展示了清代河政制度的演变过程，对于清代不同阶段河政管理的兴衰变革有较好的总结[4]。

对于清代黄河水灾典型性事件的关注，已然成为学界研究的热点，研究成果颇丰，如针对铜瓦厢决口这一黄河变迁史中的重要事件，对其原因的探讨以及改道前后清政府施政理念和措施的探讨较多，这方面的主要代表作是夏明方的《铜瓦厢改道后清政府对黄河的治理》，全文主要分析了黄河改道后清政府在整个河政中治黄政策、职官吏治以及河工技术变化等方面的内容，认为清政府在黄河改道后减少了对于河务关注的动力，这一变化主要是源于东南财赋

① 商鸿逵：《康熙南巡与治理黄河》，《北京大学学报》1981 年第 4 期；徐凯、商全：《乾隆南巡与治河》，《北京大学学报》1990 年第 6 期；曹松林、郑林华：《雍正朝河政述论》，《江南大学学报（人文社会科学版）》2007 年第 1 期；刘冬：《清高宗御制水利诗与乾隆治水》，博士学位论文，北京大学，2003 年；王英华：《清前中期（1644—1855 年）治河活动研究：清口一带黄淮运的治理》，博士学位论文，北京：中国人民大学，2003 年；郑林华：《雍正朝河政研究》，硕士学位论文，长沙：湖南师范大学，2007 年；马红丽：《靳辅治河研究》，硕士学位论文，桂林：广西师范大学，2007 年。

② 郑师渠：《论道光朝河政》，《历史档案》1996 年第 2 期；芮锐：《晚清河政研究（公元 1840—1911 年）》，硕士学位论文，芜湖：安徽师范大学，2006 年。

③ 王振忠：《河政与清代社会》，《湖北大学学报（哲学社会科学版）》1994 年第 2 期。

④ 夏明方：《铜瓦厢改道后清政府对黄河的治理》，《清史研究》1995 年第 4 期；贾国静：《清代河政制度演变论略》，《清史研究》2011 年第 3 期。

之地被水危险的减弱、漕运的萧条以及清政府内外交困的政治危机等客观原因[①]。其后方建春、王林等分析了黄河改道后清政府官僚内部的论争，涉及官员个人利益与国家利益之间关系的讨论[②]。唐博指出改道后清政府诸多有益的施政措施，同时也提到晚清政府中央控制力的弱化已无力顾及国家的建设和发展[③]。贾国静认为改道后清中央政府执政能力衰弱，河政体制逐渐解体，河务问题也渐趋边缘化，治河事务遂成为地方性事务。同时她还讨论了铜瓦厢决口的历史原因，进一步论证了改道"人祸论"的观点[④]。

饶明奇专注于河工立法研究，其专著《清代黄河流域水利法制研究》和相关论文都是从水利法制与水政史角度来关注清代防洪治理和运行情况，论述了清代水利法规的立法情况，包括河堤养护、修复、河工用料、河工经费管理和河工事故责任追究的具体规定和执行情况，为清代河政管理研究提供了新的视角。

（3）基于灾荒史角度，对于江河流域洪灾应对问题的关注，也已积累了不少研究成果，其中在灾害背景下，对于政府和社会救灾防灾等应对措施的研究，朱浒在《二十世纪清代灾荒史研究述评》中做了较好的总结，文中以荒政范畴统摄官方治水为研究内容，分析评述了诸多救灾形态和防灾形式的研究论著[⑤]，从中可以看出以往灾荒史研究主要关注了社会和民间力量的参与。基于"清代灾荒与

---

① 夏明方：《铜瓦厢改道后清政府对黄河的治理》，《清史研究》1995 年第 4 期。

② 方建春：《铜瓦厢改道后的河政之争》，《固原师专学报（社会科学）》1996 年第 4 期；王林等：《黄河铜瓦厢决口与清政府内部的复道与改道之争》，《山东师范大学学报（人文社会科学版）》2003 年第 4 期。

③ 唐博：《铜瓦厢改道后清廷的施政及其得失》，《历史教学（高校版）》2008 年第 4 期。

④ 贾国静：《天灾还是人祸？——黄河铜瓦厢改道原因研究述论》，《开封大学学报》2009 年第 2 期；贾国静：《黄河铜瓦厢决口后清廷的应对》，《西南大学学报（社会科学版）》2010 年第 3 期。

⑤ 朱浒：《二十世纪清代灾荒史研究述评》，《清史研究》2003 年第 2 期。

中国社会”国际学术研讨会的会议成果，由灾荒史研究专家李文海、夏明方主编的《天有凶年——清代灾荒与中国社会》一书收录了一系列国内外清代灾荒史研究成果，研究涉及官方、民间、社团、商界等领域的救灾活动，对灾荒与政治、经济、思想文化以及社会生活各方面的相互关系进行了生动具体的研究，从而深入揭示了清代社会历史发展的诸多本质内容，为全面认识清代历史提供一个崭新的视角①。陈业新的《明至民国时期皖北地区灾害环境与社会应对研究》作为“500 年来环境变迁与社会应对丛书”的一种，是依据灾害—应对研究模式进行的区域性灾荒史研究，书中主要对明至民国时期皖北自然灾害的概况、国家的荒政事业和民间社会民生百态进行细致研究②。

陈桦从政府防灾政策措施角度简述了清代黄河水情信息奏报的形式③，卢勇等将黄河水汛预报置于明清政府水灾预防措施之一来讨论④，两人的论述已经关注到了志桩水报的相关内容。

综上所述，不可否认，目前关于本选题的研究内容尚未深入开展，研究并不系统。具体表现在，其一，对于水位志桩的研究集中于对水位数据的整理，缺乏从历史学角度对于清代志桩本身性质及其水报的具体运作过程的探讨。其二，结合河政管理的实践过程，对于河道官员具体职能关注度不够，尤其对清代志桩水报程序中不同官僚体系的相互作用关系的研究仍然较少。

---

① 李文海、夏明方主编：《天有凶年——清代灾荒与中国社会》，北京：生活•读书•新知三联书店，2007 年。

② 陈业新：《明至民国时期皖北地区灾害环境与社会应对研究》，上海：上海人民出版社，2008 年。

③ 陈桦：《清代防灾减灾的政策与措施》，《清史研究》2004 年第 3 期。

④ 卢勇等：《明清时期黄淮水灾预防措施探析》，《中国农史》2009 年第 3 期。

第一章 清代河务部门的报汛制度

清代统治者在黄河问题上，总结前代治乱与现世矛盾，考虑到黄河与漕运、民生息息相关，秉承明代“恐妨运道，致误国计”而“保漕”的主旨，将黄河治理置于国家安全战略地位，运用国家力量在其中投入大量人财物。清初康熙帝即以“河务”为当朝三大政之一，他与之后的乾隆帝多次御驾南巡至河南和江南黄河河防工程[①]，以国家高层的姿态表示了对于河政的密切关注，并在行政层面制定了江河防洪减灾的策略和法规[②]，逐渐形成了清帝统摄全局，中央内阁及工部、户部、兵部指导和监督，委以河道总督及其所属专职河官负责，并配合以沿河地方政府力量的黄河管理体系。

① 商鸿逵：《康熙南巡与治理黄河》，《北京大学学报》1981 年第 4 期；徐凯、商全：《乾隆南巡与治河》，《北京大学学报》1990 年第 6 期。

② 陈桦：《清代防灾减灾的政策与措施》，《清史研究》2004 年第 3 期；饶明奇：《清代黄河流域水利法制研究》，郑州：黄河水利出版社，2009 年。

第一节　清代志桩与水报

“志桩”一名，最早见于清代的文献记载。作为一种测量定准工具，志桩常常应用于当时的工程规划和设计之中，如清代帝王陵寝选址营建勘察时，其中一项程序就是利用志桩标定墓穴的基准位置，依此来权衡整个陵园的风水格局等情况①。不过，清代志桩最为重要而广泛之运用莫过于河工领域，于是有“水志”的名称。检籍清代奏折档案，多见关于志桩或水志的记载②。清人在利用志桩进行测量的过程中，对其形制和运用范围有明确的归纳和认识。清道光年间，时任江南河道总督的麟庆长期担任河官之职，利用职务之便探访考究，著成当时的河防工具辞典——《河工器具图说》，书中列有“志桩”的专门词条，附以图示并加文字解释（图 1-1）③。释文中称“桩”指“橛杙”，《说文解字》中三者皆“从木”，都有“木桩”的意思，《现代汉语词典》中将“桩”解释为“一端或全部埋在土中的桩形物”，“志”有“记”的意思，两者结合起来就是指用来测量的桩形工具。桩体上刻有丈尺分寸的标记，在河工中主要用来测量河水的涨落尺寸。从“桩”的造字本义来看，志桩是木质的，但不排除一部分志桩是石质的，称为“石尺”或“石桩”。

---

① 王蕾：《清代定东陵建筑工程全案研究》，硕士学位论文，天津：天津大学，2005年，第 49-51 页。

② 参见水利水电科学研究院水利史研究室编写的《清代海河滦河洪涝档案史料》（北京：中华书局，1981 年）、《清代淮河流域洪涝档案史料》（北京：中华书局，1988 年）、《清代长江流域西南国际河流洪涝档案史料》（北京：中华书局，1991 年）、《清代黄河流域洪涝档案史料》（北京：中华书局，1993 年）等书。

③（清）麟庆：《河工器具图说》卷一《宣防器具》，“志桩”条，道光十六年（1836 年）南河节署藏版；另参见（清）李大镛：《河务所闻集》卷五《荷工随见录》，“志桩”，沈云龙主编：《中国水利要籍丛编》（第三辑），台北：文海出版社有限公司，1969 年，第 141 页。

图 1-1　清代志桩图示

这里有必要对“志桩”与“水志”的概念和两者关系略做说明。清代文献中“志桩”和“水志”之名在河工领域是可以互称的，两者都指设置于沿河、湖的堤、埽、滩、坝、海塘等工程之上，固定或半固定的桩形水位测量工具。按照这个定义，“水志”可视为“水位志桩”的简称。但是在清代河工话语之中还有一种称为“水志”的工具，麟庆的《河工器具图说》一书中列有“志桩”和“水志”两个不同的词条，将两者区分开来。志桩概念见上，“水志”则被归于“储备器具”，它有类似于竹竿的外形，长约二丈，杆身一般标记有尺寸刻度，用于行船时探量船只的吃水深度，是一种指导行船、非固定式的杆状测量工具（图 1-2）[①]，与志桩的形制和功能相区别。

①“又水志，以竹为之，长二丈，凡军船入境，勾水，尺寸既定，则就其处扎棕为志，持以量船，即知轻重，持以探水，即知浅深，亦驾驶之要具也”，参见（清）麟庆《河工器具图说》卷四《储备器具》，“水志”条，道光十六年（1836 年）南河节署藏版。

另外，在以往研究中，学术界多采用“志桩”的称法，所以本书亦沿用“志桩”一名。

图 1-2　清代水志图示

“水报”的概念，主要是指将本地水势、工程修防、人员物料配给等情况，向上级部门或其他地区传报的行为，它是清政府河道管理中的一项措施。清初以来，政府设立了以河道总督为首的河道机构和官员，建立起了河政管理体系，将黄河、运河、海河等流域纳入国家统筹之中，其河政管理地域范围并不完全按照原有行政区划，而是基于各流域不同河道性质和堤防工程的情况，将管河事务以“厅”“汛”为单位确定辖境，分派官员组织管理，呈现出一种与政区相互交错的形势，整合河印两套官僚系统进行分段管理[①]。“厅汛皆有水报”，水报包括了“水之消长，距堤埽、志桩及底水长水各尺寸，桩前、埽前、滩唇、堤面水势”等项目[②]，其中一些指标数据就是由志桩测量完成的。

一、古代水位测量的发展

以农本为特征的中国社会，在传统的生产生活过程中，总是要基于一定的生产经验和技术条件，考量水资源的分配和利用，预防和规避洪水带来的不利影响，所以对于自身所处自然的观察和认识显得尤为重要。水位测量就是古人考量水环境的主要方式，研究者有从传说时代的大禹“行山表木”治水活动谈起，向后延至文献记载的秦代，岷江流域有石人测水的观测行为，这与当时都江堰工程有密切关系，用以指导蜀人灌溉泄洪事宜[③]。宋元时期，沿辽宋边界的塘淀、关中地区的灌溉渠道中出现了测量水位的工具——“水则”，而同期，南方的江浙、太湖流域等农田水利发达地区也出现了记录水位的“水则碑”，其碑身既记录极端涨水年份，又标刻有每旬涨水的日常情况。水则或水则碑以“则”为单位，指示了当地农业生产过程中引水灌溉、蓄水排涝的用水标准[④]。出于应对洪水的目的，水

① 参见张德泽：《清代国家机关考略》，北京：中国人民大学出版社，1981 年，第 233-234 页；（清）黎世序等纂修：《续行水金鉴》卷首，“黄河图”，上海：商务印书馆，1937 年；等。

②（清）宗源瀚撰：《筹河论》（中），（清）盛康辑：《皇朝经世文续编》卷一〇八《工政五·河防四》，光绪二十三年（1897 年）武进盛氏思补楼刊本。

③ 王文才：《东汉李冰石像与都江堰“水则”》，《文物》1974 年第 7 期。

④ 参见中国科学院自然科学史研究所地学史组主编：《中国古代地理学史》，北京：科学出版社，1984 年，第 148-149 页；李令福：《宋元时代泾渠上的水则》，《华北水利水电学院学报》2011 年第 1 期；张芳：《宋代水尺的设置和水位量测技术》，《中国科技史杂志》2005 年第 4 期；潘晟：《宋代的自然观察：审美、解释与观测兴趣的发达》，《中国历史地理论丛》2010 年第 3 辑。

位测量在农田水利运用之外，还存在一种指示洪、枯水位的碑刻题记形式，它广泛分布于黄河和长江流域[①]。北宋年间，政府力量也曾参与到了水位观测之中，当时政府针对统治核心的黄河中游汴河流域，很可能进行过较为系统的水文测量和记录工作，并由此形成了水位涨落的“水历”文本[②]。上述水位测量的实践，无疑成为当时水环境变迁的一把标尺。

在元代以前，水位观测主要是服务于民间地区性质的水利管理。北宋政府虽曾介入到水位观测，突出其防洪减灾的目的，但由于受国力和辖境的制约，这种观测和记录主要是围绕汴梁城防安全的小范围测量行为。元代以降，政治中心北移，运河地位突出，漕粮北运作为国家政策，被提升到前所未有的高度，为了调济运河水量，维持一定通航水深，在沿运一线建有一系列的闸坝工程，同时在其上广泛地配置了测水工具“水则”，作为各闸启闭的依据[③]。此时水则仍主要关注于水量的调配。

明清以来，水位测量在继承前代技术方法和运用范围的基础上，更加突出了国家层面上大流域范围的防洪应对功能。面对黄河水患，政府不再是一种消极规避的行为，而是将治河作为一项关乎

---

① 长江流域规划办公室《长江水利史略》编写组：《长江水利史略》，北京：水利电力出版社，1979 年，第 117-120 页；中国科学院自然科学史研究所地学史组编：《中国古代地理学史》，北京：科学出版社，1984 年，第 149-151 页；史辅成：《黄河碑刻题记与暴雨洪水》，《人民黄河》1993 年第 11 期。

② 参见潘晟：《宋代的自然观察：审美、解释与观测兴趣的发达》，《中国历史地理论丛》2010 年第 3 辑。

③《元史》卷六四《河渠一》载：“往来使臣、下番百姓及随从使臣，各枝干脱权势之人，到闸不候水则，恃势捶挞看闸人等，频频启放……命后诸王驸马各枝往来使臣及干脱权势之人、下番使臣等，并运官粮船，如到闸，依旧定例启闭。若似前不候水则，恃势捶拷守闸人等，勒令启闸，及河内用土筑坝坏闸之人，治其罪。”可知元代运河水闸启闭有严格的制度，其标准即以闸旁水则为度。

国计民生的政策，举国家之力而积极应对之。明代治河名臣潘季驯针对伏秋汛期就有四防二守的措施[①]，清顺治初年政府制定了分汛防守之法，针对不同的“汛候”，有不同的防汛措施，以河兵、堡夫驻守河堤，昼夜巡防，备材备料，责任到人[②]。清政府在构建江河防汛体系过程中，运用了志桩的水报功能。志桩一般立于“险工背溜处”[③]，有大小之分，大志桩常常设置于工程之上，一般长三四丈，主要是校准尺寸，以便验明堤防建设中工程的标准。而小志桩则设于沿河的防汛堡房门前，长一丈有余，用来测量涨落水势情况，一旦遇洪水出槽漫滩，驻扎堡房的河兵或堡夫要及时观测，并向相关部门报告涨水尺寸情况[④]。可见，大志桩主要用于工程建设方面，而小志桩则具有测量水位并兼有水报的功能，图 1-3 为清代志桩尺寸奏折。这些单个的测量点，经过政府河道管理部门统一协调，串联成一整套观测、记录、传递、上奏等水位信息处理程序，以期达到政府对于相关官员施政情况的考察，以及洪水环境风险监测和防御的作用。

从单纯的民间“水则”测水行为，到清代政府主持下的“志桩”水报体系，不仅仅是测量工具名称的改变，更包含了水位测量这一行为不断被纳入国家统筹范围之内，更多地发挥其政治表征的作用。

---

①（明）潘季驯：《河防一览》卷四《修守事宜》，文渊阁四库全书本。

②（清）托津等撰：《钦定大清会典事例》（嘉庆朝）卷六九四《工部•汛候》，嘉庆二十三年（1818 年）内府刊本。

③ 章晋墀、王乔年：《河工要义》第 3 编《器具纪略》，“水志”，沈云龙主编：《中国水利要籍丛编》（第四辑），台北：文海出版社有限公司，1969 年，第 76 页。

④（清）麟庆：《河工器具图说》卷一《宣防器具》，“志桩”条，道光十六年（1836 年）南河节署藏版。

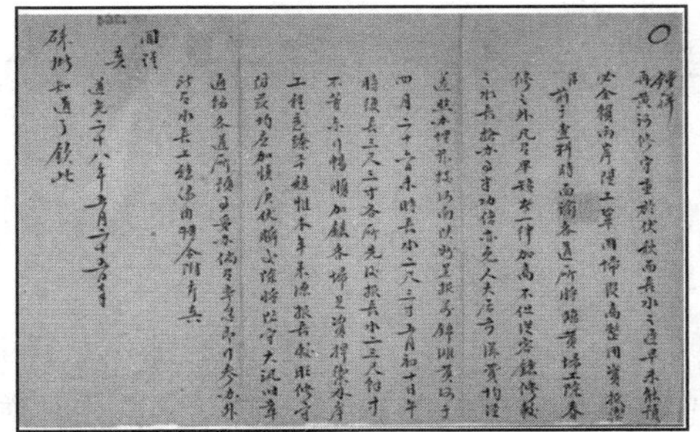
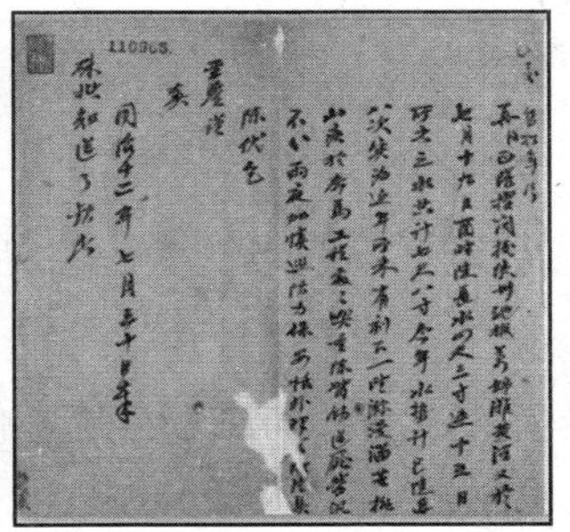

图 1-3　保留在清代奏折中的志桩尺寸记录

二、水汛预报理念的形成

洪水预报属于水文预报的一种，实际上宋代“水历”的记录，以及水汛观念的形成[①]，都可以看作是对未来水情的一种预期判断。不过，所见最早有洪水“预报”行为的记载是金代泰和元年（1201年）十二月所修《泰和律义》中的《河防令》十一条，规定都水监官、道的职责之一，是将河防情况“驰驿”报告[②]，但由于内容简略，对其具体操作不甚明晰。

具有明确意义的洪水预报思想应该源于明代，明朝总河万恭曾设计了一套从黄河中游向下游传递洪水情报的制度，他表示这一想法实际上受到了明代九边驿传塘报的启发。九边东西向的防守布局，

① 参见《宋史》卷九一《河渠一·黄河上》载关于“黄河随时涨落，故举物候为水势之名”，之下又对一年中各月的水势情况逐一命名。

②《金史》卷四五《刑》，北京：中华书局，1975 年；（元）沙克什：《河防通议》卷上《河议第一》，“河防令”，清守山阁丛书本。

极易为北方游牧势力南北向纵深突破，所以九边各镇相互策应配合的军事协防显得尤为重要，为此明王朝致力于沿九边的驿路开辟，至明中期嘉靖、隆庆年间，沿九边长城的驿路体系已臻完善，东达辽东，西抵河西，驿路通达[①]。边情可通过塘马相互传递，以沟通沿长城一线各镇的军事协作，加强了明代政府对于长城沿边的控制力。

万恭将“飞报边情”的思想嫁接于黄河防汛预报中，不过范围限于陕西潼关和江苏宿迁之间，设立报汛塘马，上游如遇涨水危情，即驰马以一天一夜五百里的速度，传报下游。沿途每三十里，更换人夫、马匹，以求传递的及时性和连续性。这样“凡患害急缓，堤防善败，声息消长”，总河先期知晓，从而有充分的时间协调沿河州县和河务部门进行有效的防守应对[②]。

万恭和同时代的潘季驯都是明代治河名臣，其“飞马报汛”的思想是在长期治河实践中不断思考所得，可贵之处在于将黄河上下游治理统一起来，并且积极探寻水环境的变化，力求及时掌握这些信息，更为有效地指导其治河决策和方向。但是这一思想在当时是否予以实施，文献记载不存，也就不得而知了。随着明王朝国势日趋衰落，治河工作也基本处于紊乱和停滞状态。至清代，万恭报汛思想得到了很好的继承，从在宁夏设立观测点进行水汛预报起，清政府不断致力于建设全国范围内各江河流域的水报网络，体现了其对于辖境内水环境信息的掌控以及指导其治河的需要。

① 杨正泰：《明代驿站考》（增订本），“长城沿线驿路分布图”，上海：上海古籍出版社，2006 年。

②（明）万恭：《治水筌蹄》，朱更翎整编，北京：水利电力出版社，1985 年，第 42-43 页；周魁一：“明代建立飞马报汛制度”词条，陈国达等编著：《中国地学大事典》，济南：山东科学技术出版社，1992 年，第 563 页。

第二节　清代志桩的功能与分布

志桩自清开国以来陆续设立，广泛分布于黄河、淮河、运河、长江及海河流域之上，承担了各流域指示水位、防洪御险的作用。不过由于位于不同地区、不同汛段，各志桩发挥的作用也不尽相同，因而其地位及受关注程度也有明显的区别。兹将文献资料中常见的志桩名称及其相关情况列于表 1-1。

表 1-1　清代部分志桩设立情况表

设立流域	设立时间	志桩名称	设立位置（清代）	资料依据
黄河	康熙四十八年（1709 年）	硖口①	甘肃宁夏府青铜峡峡谷段北口	《清圣祖实录》卷二四〇“康熙四十八年十一月庚寅”；《续行水金鉴》卷四《河水·章牍一》；《清代黄河流域洪涝档案史料》
	乾隆三十年（1965 年）	万锦滩	河南陕州州城北万锦滩	《清高宗实录》卷七四〇“乾隆三十年七月丁亥”；《皇清奏议》卷五六“查办豫省上游河道疏”；嘉庆《钦定大清会典事例》卷六九四；《清代黄河流域洪涝档案史料》
	同上	沁河	河南怀庆府武陟县木栾店	同上

① 宁夏府志桩，文献中又称为“大坝”、“大山嘴”或“硖口”志桩，可能由于官员上奏行文的差异，或地区开发中地名命名逐渐详细所致，但至嘉庆二十二年以后官员奏报中多称“硖口”志桩。参见赵文骏等：《黄河青铜峡（峡口）清代洪水考证及分析》，《水文》1992 年第 2 期；史辅成等：《清代青铜峡志桩考证及历年水量估算》，《人民黄河》1990 年第 4 期。

设立流域	设立时间	志桩名称	设立位置（清代）	资料依据
黄河	同上	洛河	河南河南府巩县北洛口	同上
	不详	徐州（徐城）	江苏徐州府城门北石工	《续行水金鉴》卷一二《河水·章牍九》;《清代黄河流域洪涝档案史料》
	不详	老坝口	江苏淮安府外南厅清河县北黄河老坝口埽工	同上
	不详	顺黄坝	江苏淮安府外南厅清河县顺黄坝工程	《清代黄河流域洪涝档案史料》
长江	乾隆五十三年（1788年）设，道光二十五年（1845年）重建[①]	杨林矶	湖北荆州府万城堤	《万城堤志》卷三《建置·石矶》;《清代长江流域洪涝档案史料》
淮河	乾隆二十二年（1757年）	正阳关	安徽凤阳府寿州正阳关三官庙石岸前	《乾隆朝上谕档》“乾隆二十二年六月二十九日”;《南河成案》卷一二“设立水志并各官报水责成部门咨”;《续行水金鉴》卷六四《淮水·工程》;康基田《河渠纪闻》卷二三;《清代淮河流域洪涝档案史料》
	不详	洪泽湖	江苏淮安府山阳县洪泽湖高家堰禹王庙	《淮系年表全编》第4册《全淮水道编》;《清代淮河流域洪涝档案史料》

① 汪耀奉：《长江万城堤荆州杨林矶志桩水尺》，《中国科技史料》1996年第3期。

设立流域	设立时间	志桩名称	设立位置（清代）	资料依据
运河	不详	微山湖等	山东兖州府峄县微山湖韩庄闸临湖闸墙前等地	《清代淮河流域洪涝档案史料》
永定河	乾隆三年（1738年）初设，乾隆五十六年（1791年）移驻卢沟桥	卢沟桥	直隶顺天府宛平县卢沟桥	《续行水金鉴》卷一四二《永定河水·章牍八》；《永定河志》卷七“修守事宜”；《清代海河滦河洪涝档案史料》
	嘉庆十三年（1808年）	浑源州	山西大同府浑源州	《续行水金鉴》卷一四四《永定河水·章牍十》；《清代海河滦河洪涝档案史料》

清代志桩，按其性质、功能及所处位置可以划分为两大种类。其一，可称为测量式志桩，大多数志桩都属于这种类型。它们继承了前代“水则”的水位测量功用。不过清代主要将志桩用于国家工程之上，该类志桩指示了其所在河道、湖泊等地现存水位情况，以此作为水量蓄泄的参考标准，它们主要关注于当地的水位形势，水报信息一般只需呈报上级部门，不与其他地区发生水报的直接联系。

清代治河奉行“蓄清刷黄”，铜瓦厢改道前，黄河与运河交汇的清口以及捍御洪泽湖东决的高家堰大堤，是清政府关注的重点。设于新清河县治北的老坝口埽工志桩，指示了黄河过清口后的水位情况，与清代初期政府关注黄河入海河道治理密切相关。由于老坝口受到洪水的漫溢，至嘉庆十二年（1807年）淤闭，此后测量点逐渐转移至清口以上、建于乾隆年间的顺黄坝上[①]。这一次改移也是符合该时期政府关注黄河倒灌清口问题的需要，顺黄坝志桩指示了与清口交汇前的黄河水位，便于查验其相对洪泽湖水位的高低情况，以此来协调和控制泄黄蓄清工作，防止“黄水”倒灌清口。洪泽湖作为“清水”的主要来源，其志桩指示了湖水的水位，用来指导高家堰工程之上的滚水坝进行水量调控。洪泽湖志桩开始位于洪泽湖大堤旁的高良涧，清道光年间由于洪泽湖高堰附近湖面淤成陆地，志桩曾转移到高良涧的禹王庙侧旁，至民国期间又改移至洪泽湖旁周桥黄墁寺及蒋坝镇[②]。

在黄河下游的江苏境内，还有徐州府的“徐城”志桩，它位于徐州府城北门外的石堤之上，即现在江苏省徐州市废黄河南岸庆云桥[③]。其一方面用于徐州府城的防洪指导，另一方面则主要监控徐州府境上游的黄河水势，作为砀山毛城铺坝、王家山天然闸、睢宁峰山四闸等闸坝启放分洪泄水的指示[④]。

这里特别要提到指示湖泊蓄泄水量的志桩，如山东境内运河济宁以北四湖（即南旺湖、蜀山湖、马踏湖、马场湖）和运河济宁以南四湖（即微山湖、昭阳湖、南阳湖、独山湖）上的志桩。它们所

① （清）黎世序等纂修：《续行水金鉴》卷一二《河水・章牍九》引《高斌传稿》，上海：商务印书馆，1937 年，第 270 页；光绪《淮安府志》卷七《河防》，“顺黄坝”“老坝口埽工”，光绪十年（1884 年）刻本；水利电力部水管司、水利电力部科技司、水利水电科学研究院：《清代黄河流域洪涝档案史料》，北京：中华书局，1993 年，第 15 页。

② 武同举编：《淮系年表全编》第 4 册《全淮水道编》，两轩存稿，1928 年，第 71 页。

③ 水利部淮河水利委员会《淮河志》编纂委员会编：《淮河水文・勘测・科技志》，北京：科学出版社，2006 年，第 22 页。

④ （清）黎世序等纂修：《续行水金鉴》卷一二《河水・章牍九》引《高斌传稿》，上海：商务印书馆，1937 年，第 270 页。

测“湖水尺寸”，指示的是运河沿岸各湖“水柜”每月收蓄水量的情况，依此清政府可以判断是否具有充足的水源维持漕粮运道的通畅，同时又可以监督和考察负责收蓄河泉官员的勤政状况①。

元代开辟的京杭大运河，至清代仍是中枢运作倚仗的生命线，运道的畅通与否，直接关系着国家的政治安全，所以清政府将“漕政”列为其三大要政之一。但是大运河各河段尤以淮河以北、山东段的人工运道受自然条件的限制最大，航运最为困难，其中主要的问题是水源的缺乏②。这一区域属于东亚季风区，年内降水季节分布不均，一年中夏秋季节暴雨集中，春冬季节又少雨干旱，长时段来看又有枯水年和丰水年之分，而漕运输粮由南向北主要以春季为主，恰与水量供给季节分配相矛盾。另外，从漕运河道本身来看，运河的南北沟通，大多是以人工开挖为主，河身浅狭，又兼水源缺乏，平时的容水量就有限。为了解决这一问题，明代以来，政府就致力于开拓水源的工作，为维持漕运的通畅，进行了引汶工程的改建，但由于汶河等河水含沙量大，“当伏秋汛时长发，挟沙而下，各闸关束，水去沙留，每发一次，必受淤一次。今年挑尽，来岁又淤”③，政府仍需耗费大量精力去不断挑挖运道，保持运道的通航深度，这样反而得不偿失。基于鲁中山地丰富的地下水资源，又进行了导引泉源接济运河的工程，但泉源供应并不稳定，过度引用地下水最终

① 第一历史档案馆整编：《嘉庆道光两朝上谕档》（第19册），嘉庆十九年六月初三日，桂林：广西师范大学出版社，2000年，第430页；（清）黄赞汤：《河东河道总督奏事折底》，国家图书馆藏，国家文献缩微复制中心，2005年。

② 邹逸麟：《试论我国历史上运河的水源问题》，复旦大学历史地理研究中心编：《历史地理研究》（3），上海：复旦大学出版社，2010年，第8-16页。

③ （清）黎世序等纂修：《续行水金鉴》卷一〇四《运河水》引《运河道册》，上海：商务印书馆，1937年，第2357页。

又会影响到运河的补给[①]。此时又有了在运河沿线设置水柜（类似水库）的措施，以期达到蓄水滞洪的作用，应对运河水源不济不均的问题。这些水柜包括“运河东岸为马踏、蜀山、马场、独山诸湖，西岸为南旺、南阳、昭阳、微山诸湖”[②]，主要是指山东运河济宁以北的北四湖和山东、苏北的南四湖。

水柜蓄泄水量就是以志桩来衡量的，这些水柜的“尺寸”水位信息至少在乾隆年间奏折中就有反映，但乾隆朝初期这样的信息较为零散，只为奏报中附带说明，并不以其为主要内容出现。另外这些水位信息主要以“微湖”（即微山湖）为主，各具奏人身份多样（有清代河东河道总督、山东巡抚、漕运总督等），奏报的目的也不尽相同。如乾隆二十三年（1758 年）正月二十九日河东河道总督张师载奏：“微湖共消水二尺七寸六分，济、金、鱼、滕、峄等五州县共涸出村庄四百五十二庄，计地四千四百五十八顷零。”[③] 这里提到微山湖的水位尺寸，主要表明的是湖水干涸陆地出露的情况。又如乾隆三十年（1765 年）闰二月十一日漕运总督杨锡绂奏：“查微山湖专济南运，去冬存水九尺六寸，本年正月，因南漕北上，于十四日开湖闸起至今闰二月初十，四十余日止落水五寸，仍存水九尺一寸……蜀山一湖止存水五尺五寸，自去冬收蓄以来，现今马踏湖存水六尺三寸，蜀山湖存水七尺六寸，马场湖存水三尺六寸。”[④]这些则主要

① 邹逸麟：《试论我国历史上运河的水源问题》，复旦大学历史地理研究中心编：《历史地理研究》（3），上海：复旦大学出版社，2010 年，第 10-11 页。

② 水利电力部水管司、水利水电科学研究院：《清代淮河流域洪涝档案史料》，乾隆三十三年十二月初一日吴嗣爵奏，北京：中华书局，1988 年，第 320 页。

③ 水利电力部水管司、水利水电科学研究院：《清代淮河流域洪涝档案史料》，北京：中华书局，1988 年，第 253 页。

④ 水利电力部水管司、水利水电科学研究院：《清代淮河流域洪涝档案史料》，北京：中华书局，1988 年，第 304 页。

强调了运道水源的收蓄情况。北四湖和南四湖志桩关注于一地水位的变化，属于本文划定的测量式志桩范围。

另一类志桩，可称为预报式志桩，是下文所要探讨的重点。该类志桩一般设于江河的上中游位置，除指示现存水位高低的作用外，还肩负有向下游传报水情信息的任务，它不仅关注于一地的水位形势，更体现了上下游防洪御险的互动关系。该类型志桩主要有黄河上游的甘肃宁夏府硖口，中游的河南陕州万锦滩、武陟县木栾店、巩县北洛口，以及淮河上游的河南汝宁府、光州和安徽寿州正阳关等地志桩。黄河志桩水报制度以下主要以该类型中的淮河志桩和黄河中游志桩为例，来讨论其设立的背景和水报实际运作情况。

第三节　清代淮河水报制度建立

一、清前期的淮河管理

淮河流域地处黄淮海大平原，金元以来黄河长期夺淮（1128—1855 年），淮河干流发源于河南境内桐柏山主峰胎簪山，自西向东经安徽、江苏流入洪泽湖，由清口出，合黄河，东北流入海。一方面，清时期淮河经洪泽湖出清口，其以下的河段，由于长期被占用为黄河的入海通道，泥沙淤积，顶托洪泽湖水难于畅出清口东流，致使水位较高的黄水常常倒灌洪泽湖，淤淀抬高湖床。另一方面，汛期时黄淮涨水进入洪泽湖区，冲击湖东南的高家堰大堤，严重时冲破堤坝，灌入江南里下河低地地区，破坏当地农业生产生活环境。但最为清政府关注的是其赖以统治的生命线——漕粮运道，漕粮运道在清口地区与黄河及淮河下游相互交织。为了漕运的安全运行，既需要黄淮之水源“济运”，又要规避黄水泥沙和黄淮洪水泛滥对运道的影响，黄、淮、运此间关系甚为复杂。

现实的黄、淮形势，使清政府对于淮河治理具有明显的河段倾向性，这一特点首先表现在清代河道管理机构和人员的配置上。清初河道总督为固定官职，下设河道管理机构和人员，主管沿黄、运河道堤防工程，以“厅”“汛”为单位进行管理。需要注意的是，河道总督的设立是基于“国家漕运，全资黄运”的目的①，管理黄河和运河是其主要任务，而这一管辖范围并未涉及淮河上游地区，所以终清一代河南和安徽境内淮河上中游一线，没有设置任何河防性质的厅汛机构和官员②。相反，与黄运密切相关的淮河下游及洪泽湖管理机构完备，河道总督下辖淮扬道属外河、高堰、山盱、海防等厅，基本涵盖了淮河下游地区，其中高堰、山盱两厅负责洪泽湖高家堰的修防③。雍正年间河道总督分设江南河道总督和河东河道总督④，将原来统一的管辖范围分为南河和东河两部分，黄淮运交汇及黄淮下游河道的“疏浚堤防”管理任务落在了江南河道总督肩上。由于淮河洪泽湖以上河段之前非河道总督传统管辖范围，所以江南河道总督继承下来的权责范围也未涉及该区域⑤。

①（清）伊桑阿等敕撰：《大清会典》（康熙朝）卷一三九《工部九·河渠三》，康熙二十九年（1690年）内府刊本。

② 参见（清）黎世序等纂修：《续行水金鉴》卷首，“淮水图一”，上海：商务印书馆，1937年；光绪《大清会典事例》卷九〇一、九〇二《工部·河工·河员职掌》，光绪二十五年（1899年）石印本；等。

③（清）张鹏翮撰：《治河全书》卷十二，“高家堰事宜”，清抄本。

④ 第一历史档案馆整编：《雍正朝汉文朱批奏折汇编》（第14册），“河南山东河道总督嵇曾筠奏谢特授河道总督折”，南京：江苏古籍出版社，1991年，第767页。

⑤（清）允裪等撰：《钦定大清会典》（乾隆朝）卷七四《工部·都水清吏司·河工》，钦定四库全书本。

但淮河上游管理并不是完全处于“真空”状态。清代河道官员等技术类官僚非常缺乏[①]，清政府设置河官时，将有限力量配置于河南至江苏境黄运沿线等重点地区，而一些未直接关乎漕运安全的河道仍由地方官兼理。即使在有河官配置的沿河地区，清政府也不断督促河官和沿河印官“协同管理”，河官及沿河印官可以相互迁任调补[②]。在黄河河道的险工抢修和工程建设中，地方印官多有储备物料、征募河夫的责任。清时淮河流经河南、安徽、江苏三省，淮河的管理也相应地分属三省管理，由沿河地方印官主持，主要进行一些民间地方性质的水利工程建设[③]。

另外，淮河治理的河段倾向性还表现在工程设置方面。清政府固持“蓄清刷黄”的方略，希望洪泽湖水可蓄可出，加筑东南高堰大堤来蓄水，以期湖水水位高于黄水，淮水尽可能由清口畅出。而湖水水位的抬高又会影响到高堰大堤的安危，这又不得不促使清政府去寻找为大堤减压而进行分泄洪水的途径，这时清政府淮河治理重点自然放在了淮河下游洪泽湖的清口和高家堰工程之上。

康熙十六年（1677 年），安徽巡抚靳辅出任河道总督，任内他针对淮河下游实施了诸多治理，虽收到了明显的效果，但由于泥沙淤积问题仍然存在，黄水倒灌洪泽湖的情况也就不免发生。康熙三十七年（1698 年）时任河道总督董安国为减轻黄河倒灌，创建清口东

---

①“技术官僚”主要参考了刘凤云研究中的概念。参见刘凤云：《十八世纪的“技术官僚”》，《清史研究》2010 年第 2 期；刘凤云：《两江总督与江南河务——兼论 18 世纪行政官僚向技术官僚的转变》，《清史研究》2010 年第 4 期。

②《清高宗实录》卷五六二，“乾隆二十三年五月葵巳”，详见王志明：《雍正朝官僚制度研究》，第三章“文官题补制度”中“河缺题补”，上海：上海古籍出版社，2007 年，第 128-129 页。

③ 参见同治《霍邱县志》卷一《舆地志五・坝岸》；嘉庆《怀远县志》卷八《水利》；等。

西束水坝，御黄束清，西坝御黄，东坝蓄清[①]。此后，清口东西坝的拆展收束主要由江南河道总督负责，具体操作中政府有严格的执行标准[②]，从而实现了黄、清水位的人工调控。

高家堰滚水坝的修筑则是为了缓解湖水涨发对于高家堰工程的冲击。明代为了保护洪泽湖西泗州皇陵，曾在高堰大堤开减水石闸[③]。清代治河虽没有了“护陵”的羁绊，但洪泽湖水一旦漫决高堰大堤，势必冲击运道，适时减泄涨水仍然非常必要[④]。康熙十九年（1680年）靳辅“创建周桥、高良涧、武家墩、唐梗、古沟东西减水坝共六座”[⑤]。康熙四十年（1701 年）河道总督张鹏翮堵闭六坝，又于高家堰建南北中三座滚水坝[⑥]。乾隆十六年（1751 年）乾隆帝南巡，亲至洪泽湖工程，将高堰大堤土工段改建为石工，永远禁止开放天然坝，应江南河道总督高斌等建议，增建两座滚水坝，连同之前所建三滚坝共五座，钦定命名“仁”“义”“礼”“智”“信”坝，作为洪泽湖分泄涨水的重要设施[⑦]。在实际操作中，清口淤积不可避免，湖水东出常常不遂人愿，清政府在清口调控不利的情况下，需要频繁启用滚坝过水，但对于各坝启放的标准仍有严格规定[⑧]。

不管是清口拆筑东西坝，还是高堰滚水坝过水，都针对洪泽湖

---

① 乾隆《江南通志》卷五三《河渠志》，文渊阁四库全书本。

② 王英华：《清口东西坝与康乾时期的河务问题》，《中州学刊》2003 年第 3 期。

③（清）傅泽洪等辑录：《行水金鉴》卷六四引《南河全考》，上海：商务印书馆，1936年，第 950 页。

④（清）靳辅：《治河奏绩书》卷四，“高堰”，文渊阁四库全书本。

⑤（清）黎世序等纂修：《续行水金鉴》卷六五引《淮安府志》，上海：商务印书馆，1937年，第 963 页。

⑥（清）康基田：《河渠纪闻》卷十六，“康熙四十年”条，嘉庆霞荫堂刻本。

⑦ 第一历史档案馆整编：《乾隆朝上谕档》（第 2 册），乾隆十六年四月初十日，北京：档案出版社，1991 年，第 531-532 页。

⑧ 第一历史档案馆整编：《乾隆朝上谕档》（第 2 册），乾隆十六年四月初十日，北京：档案出版社，1991 年，第 531-532 页。

水涨落的需要，之前虽已在洪泽湖旁设立志桩测定实时水位，但洪泽湖涨水的来源是多方面的，不能及时了解这些致涨因素的信息，清政府的人工应对措施总显得相对滞后，在这种情况下，怎样尽可能地了解洪水情况，作出及时调控，成为清政府治河部门考虑的重要问题，而淮河水报就是在这一风险管理思考下应运而生的。

二、淮河流域志桩设立过程

淮河上游的地理形势，极易导致下游发生涨水。河南境淮河主要穿行于丘陵和岗谷间，河床宽浅，沿途有众多源短流促的支流汇入[①]。这些支流河床坡度大，汛期水大流急，容易造成水灾。安徽境淮河河段北部为淮北平原，有众多流域面积较大的支流，如颍河、涡河、濉河等，大多数河道穿行于平原之中，河床坡度平缓。同时受到黄河夺淮的影响，淮河的水文状况波动较大。淮南地区多山地丘陵，支流少而短促，河床比降大，水流湍急，自南而北来汇的主要河流有史河、淠河、池河等，汛期时同样会增加淮河致洪的危险[②]。乾隆朝以来，淮河上游降雨和洪水环境的变化更加大了洪水发生的可能性，从而直接影响到下游洪泽湖河工的安危，下游调控对于上游涨水情况掌握的要求显得极为迫切。

---

①（清）黎世序等纂修：《续行水金鉴》卷五一《淮水·原委一》，上海：商务印书馆，1937 年，第 1109-1113 页。

② 参见（清）齐召南：《水道提纲》（三）卷七，“淮水”“入淮巨川”，乾隆四十一年（1776 年），日本早稻田大学图书馆藏，传经书屋藏版；武同举：《淮系年表全编》第 4 册《全淮水道编》，两轩存稿，1928 年；水利部淮河水利委员会、《淮河水利简史》编写组：《淮河水利简史》，北京：水利电力出版社，1990 年，第 1-10 页；许炯心：《淮河洪涝灾害的地貌学分析》，《灾害学》1992 年第 1 期；王庆等：《淮河中游河床倒比降的形成、演变与治理》，《泥沙研究》2000 年第 1 期。

乾隆二十年（1755年），淮河流域颍州府、凤阳府、泗州等沿河府州县，自四月初以来连续降雨，虽中有暂歇，但据安徽巡抚鄂勒舜报，六月以来降雨持续，范围不断增大，波及淮北地区。淮南六安州六月下旬也普降大雨，山水陡发[①]。下游洪泽湖水势伏汛日开始上涨时，江南河道总督富勒赫便拆宽清口束水坝，仁、义、礼三坝已过水五尺四寸，智、信二坝逐一启放。至七月初，滚水坝已过水六尺八寸，“为数年来所未见”，下泄之水已危及运堤，最终在入海堤坝工程的调控下，七月底“湖河水势渐消”。此年淮河上游的涨水着实成为下游涨水的主要因素，无外乎富勒赫在总结当年的水势时称，“总缘五六月内阴雨连绵，上游来水过大，是以黄运湖河异常盛涨，为数年来所未见”[②]。洪泽湖涨水虽未造成大的事故，但由于上游降雨及水势上涨的情况不明，洪泽湖河工调控显得仓促盲目。

淮河上游涨水不断考验着下游河防工程。乾隆二十二年（1757年）安徽境内从三月上旬开始，至四五月间阴雨连绵，淮河及其支流濉河水势涨发，滨河洼地被淹；至五六月间安徽沿淮干支流地区大雨时行。而河南开封府等地五月间“雨泽叠降”，诸水沿淮北支流下注，淮河顺势加涨，致滨河地区秋禾被水、驿路阻断[③]。下游方面，江南河道总督白钟山奏报，仁、义二坝自五月二十九日起过水，“水势浩瀚”。六月间白钟山已将清口束水东坝展宽，由于上游涨水情况不明，调控力度保守，湖水仍不断上涨。偏此时七月初二日西北风

① 水利电力部水管司、水利水电科学研究院：《清代淮河流域洪涝档案史料》，北京：中华书局，1988年，第229-230页。

② 水利电力部水管司、水利水电科学研究院：《清代淮河流域洪涝档案史料》，北京：中华书局，1988年，第236-237页。

③ 水利电力部水管司、水利水电科学研究院：《清代淮河流域洪涝档案史料》，北京：中华书局，1988年，第239-240页。

至，一连三日，兼之当地大雨如注，由于风浪的冲击，洪泽湖的砖石工程有坍塌之处而出现了险情，所幸人力加紧抢修，到了七月中旬洪泽湖逐渐平稳[①]。

乾隆年间淮河上游连续几年洪水积涝的出现，促使清政府治理重点和范围扩大。乾隆二十二年（1757 年），乾隆帝南巡南河河工后，认识到了“积水”的问题，从而开启了大力整治山东、河南、安徽及江苏等地黄淮积涝的序幕。五月间乾隆帝发上谕具体部署了相关省份督抚及河东、江南河道总督的治理工作内容，基于相邻省份间的黄淮关系，特别要求“务在通盘筹算，无分疆域”，并先后派中枢官员裘曰修和梦麟等前往上述地区，“会同各抚商办”[②]。这次大规模的治理中，清中央调动了多地督抚大员，并特派专员指导督促，相邻省份之间的治涝工作在中央的部署下也实现了较为有效的协作。从治理的区域来看，淮河下游仍为重点，但同时淮河上游河南和安徽沿河地区也受到了充分的关注。治理过程中各地官员间建立起来的协作关系，为之后淮河水报制度的建立奠定了有利的基础。

乾隆二十二年（1757 年）大汛期间，时任江南河道总督白钟山提出了淮河上游水报的构想。当年六月，白钟山奏报洪泽湖水势后，随后中央发上谕，指出湖水涨发应该早先将清口束水东坝开启宣泄，“白钟山此举已迟矣”，同时一再强调五坝过水是不得已之举，以后当“其春夏之交，一遇水涨，即行展拓开阔。至盛涨时，三坝等处过水一寸，则东坝便可开宽二丈；过水二寸，则开宽四丈，俾浔疏

① 水利电力部水管司、水利水电科学研究院：《清代淮河流域洪涝档案史料》，北京：中华书局，1988 年，第 249-251 页。
② 第一历史档案馆整编：《乾隆朝上谕档》（第 3 册），乾隆二十二年五月初九日，北京：档案出版社，1991 年，第 40-41 页。

泄通畅，不致奔赴尾闾，此最要之著，所当永远遵行”[①]。这里指出，清口应该是湖水宣泄的主要通道，而适时地启放东西束水坝是调控的关键，调控的依据主要在于湖水的水位。造成启放行动迟缓的原因，在于对湖水涨发程度和来源等情况不明，如果能预知上游的涨水情况，是可以提高应对效率的。“洪湖水势二十年以前患不足，近则患其有余”[②]，淮河上游自然水情的变化，促使政府上下对于上游涨水情况逐渐重视起来。于是白钟山适时地在该年六月二十一日的奏折中提出了测报淮河上游水情的建议，奏称：

洪泽一湖，上受全淮之水汇为巨浸，汪洋浩瀚，高堰山盱一带堤工最为紧要。缘淮河发源于河南桐柏，历固始县入江南霍丘等县境内，挟七十二山河之水合流下注，本属盛大。……连日以来洪湖水势叠次加长，现在山盱三滚坝已过水二尺六寸，则上游淮水自必陡长。而沿河各州县向来惟临淮一县，将淮河水势按十日一次折报，而铺递迟延，及至报到之时水势已过，亦属无及。其余各属向无呈报，……淮河水报似应照黄河水报之例一体办理。如淮河汛水长发，上游探知即飞报地方，即可预先防守，庶上下节节照应，不致临期周章误事。再上江之正阳关乃淮水上下之关键，水势长发，该处尤易验看，似应于大汛日酌委佐杂官一员在彼不时查勘探报，更为有益。[③]

① 第一历史档案馆整编：《乾隆朝上谕档》（第 3 册），乾隆二十二年六月二十日，北京：档案出版社，1991 年，第 56 页。
② 水利电力部水管司、水利水电科学研究院：《清代淮河流域洪涝档案史料》，乾隆二十二年九月二十日梦麟奏，北京：中华书局，1988 年，第 251 页。
③ 水利电力部水管司、水利水电科学研究院：《清代淮河流域洪涝档案史料》，乾隆二十二年六月二十一日白钟山奏，北京：中华书局，1988 年，第 249-250 页。

奏折中白钟山明确指出，测报淮河上游水情对于下游河工调节的重要性。该年参与治河勘灾工作的工部右侍郎梦麟也认为，“凡兹湖水过盛之由，皆因淮水来源过大，以致叠被淹浸也”[①]。水报并非淮河首创，早在康熙年间宁夏便有黄河水报制度的先例[②]。奏折中称，沿淮河的临淮、盱眙等县之前就存在水报行为[③]，淮河水报运行是有一定基础的，只不过由于铺递效率低等管理方面的限制，传报作用发挥不充分。至于淮河涨水理想的测验地，安徽凤阳府寿州的正阳关是不错的选择，该地为“淮水上下之关键”，“尤易验看”。关于淮河水报的运作方式，奏折中提出参考黄河水报模式，在原有淮河水报的基础上，完善其运作的规范，提高效率。白钟山的上奏在六月二十九日中央的上谕中得到了积极的答复，称黄河宁夏水报“立法甚善”，淮河水报建设亦可遵行设立，并要求相关督抚饬行所属沿河各州县积极配合，“如有迟延沉搁，责成各该管道员，挨查究处，以重河防”[④]。通过谕令的形式，清廷实际上以国家政令的高度确认了淮河上游水报的合法性和可行性，接下来就是具体筹办和实际操作的事务了。

① 水利电力部水管司、水利水电科学研究院：《清代淮河流域洪涝档案史料》，乾隆二十二年九月二十日梦麟奏，北京：中华书局，1988年，第251页。

②《清圣祖实录》卷二四〇，“康熙四十八年十一月庚寅”条。

③ 临淮县属凤阳府，乾隆十九年十一月二十一日裁，入凤阳县，原县治置为临淮镇。参见牛平汉主编：《清代政区沿革》，北京：中国地图出版社，1990年，第152页； 水利电力部水管司、水利水电科学研究院：《清代淮河流域洪涝档案史料》，乾隆二十年七月二十二日、九月二十日富勒赫奏，北京：中华书局，1988年，第236-237页。

④ 第一历史档案馆整编：《乾隆朝上谕档》（第3册），乾隆二十二年六月二十九日，北京：档案出版社，1991年，第60页。

三、淮河志桩的管理

1. 志桩选址

清中央上谕须经内阁发工部才可具体筹划，七月工部出台“设立水志并各官报水责成部门咨”，公布了中央与地方间就水报事宜进行的磋商和确认的过程①。咨文一开始记述了工部行文江南河道总督、两江总督、安庆巡抚、河南巡抚等相关官员配合办理，因为淮河上游主要在河南境内，所以这次布设亦主要在河南进行，当然淮河经安徽境内的正阳关比较起来更为重要，下文将详细分析。河南方面，河南巡抚委派布政使、南汝道员②，详细制定了水报的事宜。河南地方政府在勘察和讨论后，很快上呈工部关于“豫省淮水经由之情形”的报告。咨文转述了报告的内容，其中河南政府详细陈述了淮河流经河南地区的地理形势，还就淮河的客观情况特别提到了河南境内沿淮各州县“不能以上游之形势悉符于下游”的观点，合理地认识到河南上游水报的实际作用和参考意义。斟酌上述情况后，河南方面拟定了在河南境内长台关、大埠口、周家渡口、乌龙集、往流集、三河尖等地设立志桩（表 1-2）。

①《南河成案》卷一二，“设立水志并各官报水责成部门咨”，“中华山水志丛刊•水志”，北京：线装书局，2004 年，第 411-413 页。

② 南汝道其时应为南汝光道，治汝宁府属信阳州，领有南阳、汝宁二府、光州一直隶州。参见牛平汉主编：《清代政区沿革》，北京：中国地图出版社，1990 年，第 214 页。

表 1-2　清代淮河流域志桩情况表

志桩所在地	设立时间	清代所属政区	日常测验管理人员
长台关	乾隆二十二年（1757 年）	河南汝宁府信阳州	保长或乡约
大埠口	同上	河南光州息县	同上
周家渡口	同上	河南汝宁府罗山县	同上
乌龙集	同上	河南光州息县	同上
往流集	同上	河南光州固始县	同上
三河尖	同上	河南光州固始县	同上
正阳关	同上	安徽凤阳府寿州	不详

说明：①本表内容主要依据“设立水志并各官报水责成部门咨”（见《南河成案》卷一二，“中华山水志丛刊•水志”，北京：线装书局，2004 年，第 411-413 页）。

②咨文中正阳关志桩测验人员未明确说明，仅可知驻扎正阳关的通判负责管理传报事宜。

从志桩选址来看，当时考虑了管理便利性和地理适宜性等诸多因素。志桩应设于临河之地，河南汝宁府正阳县、光州光山县境，均为淮河所经，但是由于县治距离淮河干流较远，传达颇费周折，所以两处没有设立志桩。淮河上源南阳府桐柏县水势较小，对下游涨水影响不大，亦无须设置。信阳州境北长台关为临淮著名大镇，处于南北交通之孔道[①]，官方驿路经由此地，北有明港驿、南有信阳州州城驿[②]，水报可以利用已有的信阳州驿站配置。淮河过长台关，入罗山县境，罗山县城不似正阳县和光山县，距离淮河干流较近[③]，罗山县周家渡口更为临淮之地。同样息县县治南关大埠口也位于淮

① 武同举：《淮系年表全编》第 4 册《全淮水道编》，两轩存稿，1928 年，第 6 页。

② 乾隆《信阳州志》卷二《建置志•邮政》。

③《罗山县志》卷一《舆地志•疆域》，“北二十五里过淮河”，乾隆十一年（1746 年）刻板重修。

河之滨[①]，志桩设于这两处，有利于县级衙门就近管理和监督。另外，罗山县和息县上游河段集中了较多支流河水入淮，如淮南的浉河、涤清河、竹竿河、小黄河及淮北的清水港等[②]，这两处志桩又可以同时监测干支流的涨水情况。乌龙集属息县，在县东一百五十里[③]，地处豫皖交界地区，“群盗往往出”[④]，乾隆二十一年（1756年）将光州州判移驻于此[⑤]，就近镇压贼匪，维护地区稳定。固始县三河尖，“奸匪易藏，难于稽查，兼之离县窎远，不无顾此失彼之虞”，早有防汛兵驻守[⑥]。固始县巡检原本驻扎在朱皋镇，为了策应其东面的三河尖，雍正时河东总督王士俊奏请“于三河尖适中之往流集，复设巡检一员，往来巡缉，以资弹压”[⑦]，乾隆年间巡检仍驻往流集[⑧]。乌龙集、往流集和三河尖三处设置的佐贰、杂职等员原为地方防务所需，此时又在其原有防汛任务之上，安排了水报的管理工作。又淮北较大支流汝河，至往流集上游的朱皋镇入淮[⑨]，淮南支流史河与淮河交汇于三河尖，这两处志桩可以测验这些支流的涨水情况。

清政府上下无疑更为重视正阳关志桩的作用。正阳关位于凤阳府寿州西南六十里的正阳镇，“一名东正阳，与颍上县之西正阳夹淮

---

① 嘉庆《息县志》卷一《图经上•疆域》中县境图中标注了“大埠口”位于息县县城南临淮处；卷一《舆地下•山川》，“淮河在县南四里”。

② （清）齐召南撰:《水道提纲》（三）卷七，“淮水”;《罗山县志》卷一《舆地志•疆域》;嘉庆《息县志》卷一《图经上•疆域》；等。

③ 嘉庆《息县志》卷一《舆地下•里镇》。

④ 嘉庆《汉州志》卷三八《艺文・墓志铭》，“云谷张公墓志铭”。

⑤《清高宗实录》卷五二一，“乾隆二十一年九月丁亥”条。

⑥ “北乡三河尖防兵五名，马兵一名，步兵四名”，见乾隆《固始县续志》卷九《武备》。

⑦ 雍正《河南通志》卷七六《艺文五》，文渊阁四库全书本。

⑧ “巡检司署，明初置旧在朱皋镇，国朝康熙四年裁，雍正十二年河南巡抚王士俊奏请复设于往流集”，见乾隆《重修固始县志》卷一一《衙署》。

⑨ 嘉庆《息县志》卷一《舆地下•山川》。

相对”[①]，志桩设立在正阳镇三官庙的石岸旁[②]。白钟山的奏报、中央的上谕以及河南地方政府的报告，都明确肯定了正阳关“挟七十二道山河之水”的关节点作用，三河尖上游河南境内“难为定准”，该处设立志桩“测量始为明确”，“传报最为切近”[③]。淮河干流及其支流都集中汇聚于此，同时正阳关处于淮河的适中位置，所指示的涨水情况对于下游河工有直接而重要的影响。无外乎，在水报建立之后，“正阳关”这一名称在相关的官方文献中频繁出现，关注度远胜于其他志桩。正阳镇在明代成化元年始设关，“移凤阳府通判管理”，清代这里仍是“皖省要衢，舟车如梭，商贾如云”[④]，亦“権课之所”[⑤]，驻有凤阳府钞关、督粮通判等政府机构，原有查收过路关税的职责，纳入水报体系后，该处所驻通判又肩负了志桩水报的管理。

2．水报制度规定

志桩设置位置确定后，河南提出了关于志桩观测和水报运作的具体方案，包括志桩的日常测报、水位标准、水情记录形式、水报传递路径等内容[⑥]。

水报制度主体由测报人、传报人以及接报人组成。长台关“责令地方保长乡约轮日看管”，同时信阳州地方衙门“每月派一头役巡查”，监督志桩测报情况。罗山县周家渡口及息县大埠口，仍由保长

① 乾隆《江南通志》卷二八《舆地志•关津》。

②（清）黎世序等纂修：《续行水金鉴》卷六四《淮水•工程》，上海：商务印书馆，1937年，第1428页。

③（清）康基田：《河渠纪闻》卷二三，嘉庆霞荫堂刻本。

④ 武同举：《淮系年表全编》第4册《全淮水道编》，两轩存稿，1928年，第27页。

⑤ 乾隆《江南通志》卷二八《舆地志•关津》。

⑥ 本小节内容，除特别说明外，全部参考“设立水志并各官报水责成部门咨”的内容（《南河成案》卷一二，“中华山水志丛刊•水志”，北京：线装书局，2004年，第411-413页）。

乡约“一例看管巡查”。乌龙集、往流集、三河尖三处志桩，“亦令地保乡约轮日看管，州判、巡检每月派役巡查，令汛弁每月派兵巡查”。河南境内的志桩基本上都由保长乡约进行日常观测记录，而地方县级衙署委派吏役或汛兵进行监督。

传报水情有一定标准，长台关志桩“一见淮水比寻常水势长至五寸以上”，即向下游传递水情，其他志桩则遇“水长”或“水发”便要传报。水报传递路径分两个层面进行，一方面，超过警戒水位，志桩观测点的保长乡约需要向所属州县长官报告，长台关向信阳州，大埠口向息县，周家渡口向罗山县，乌龙集、往流集、三河尖三地，先由保长乡约分别通报三地驻守之州判、巡检和汛兵，然后乌龙集州判向息县，往流集巡检和三河尖汛兵向固始县报告，行政隶属关系非常明确，这样水报信息就实现了政府内部上下层的纵向联系。另一层面是各个志桩观测点间横向连接的过程，这一过程尤其需要时效性高。各州县印官得水报，即“填单飞报下游”，传递路线次序基本由信阳州→罗山县→息县→乌龙集→往流集→三河尖→正阳关，“其下汛接得此单”，另将本汛水情填入滚单，再向下游“逐程传递”，上游的水报滚单至正阳关后，最后由“正阳关通判逐程转报江南河院察核”，实现了地方官与河官间的水报合作接递。至于水报传递方式，是当时交通条件下最为快捷的马递传报，信阳州有驿站配置，但罗山、息县、固始等县仅有少量的塘马，乌龙集州判和往流集巡检衙内甚至没有马匹。为了保证水报的及时有效，相应的解决办法是向民间“雇募民马”，委派人员进行传递，费用由所管州县公费中划拨。但是考虑到基层人员传报经验、驿马配置等情况，河南方面提出了淮河不照黄河水报的“六百里”，请宽以“日夜行四百里”。

纵、横两方面的传递，不仅有利于地方政府对于所属志桩的监督和管理，而且在时效程度要求高的水报过程中，又免于官府层级间烦琐的公务程序，将信息直接送达河工前线，有利于防洪效率的提高。此外，信阳州除了通过“填滚单”的方式向下游传递水情外，还需通报驻信阳州的南汝光道台，便于道员的监察备案，并以正式的官方文报形式传达给江南河道总督，使水情信息多渠道地到达下游。

接报人是江南河道总督及其所属河务官员，当汛期来临时，江南河道总督等员常常驻扎或巡查于河工一线，水报可直接递送至其驻所。江南河道总督接上游水涨报告后，需要参考山盱五滚坝的过水情况，适时实施拆、展清口东西坝等工程调节措施。

水报文本形式和执行过程也有严格的规定，地区间横向联系的水报文本称为“滚单”，选用坚实的木板，上刻“某州某县，为飞报淮河水势情形事，今查得卑州县境内某处淮河水势，于某月某日某时，长发几尺几寸几分”等信息。滚单每到一地，需要记下到站日期，并将本地志桩所测水情照单填入，各用印信钤记证明，这样可以较为合理地记录涨水的情况，同时又可以监督各处志桩的传报工作。水报制度的维护有严格的奖惩办法，强调各相关州县，如果有上游测报不够及时，不需要等候，下游可以将本境涨水尺寸填单，直接飞递下汛，将上游迟误的原因禀报南汝光道员严厉查办，以此督促水报的顺畅，杜绝互相徇私。

工部在分析了河南政府的报告后，认为整个水报设计合理，仅就河南地方提出的将驰报改为“日夜行四百里”的建议驳回，仍要照黄河水报日行六百里，同时要求本年大汛在即，水报事宜要认真办理。

水报信息是否要上达中央，咨文中没有提及，但是从水报施行之后来看，河道总督等官员在向中央奏报汛期间水势、工程修守及被灾情况的奏折中，淮河水报的信息是包含其中的。奏报中一般仅列正阳关所报水情，包括其涨水时间和尺寸等情况；次列洪泽湖水势，包括湖内存水或涨水尺寸，以及山盱滚水坝过水情况；再列官员们应对涨水的措施，包括清口束水坝的筑拆以及实施后的效果等内容①。由于信息传递技术条件的制约，在上达中央的传递层面上，江南河道总督并不需要将水报情况实时上呈中央以求批复，中央得到的水报信息往往相对滞后，水情内容也呈现出简练的特点，关于淮河上游涨水变化等环境信息并不能省去，以此中央可以监控到水报运作的进行，同时又可以从这些内容中提取出用于其统筹和制定治河管理措施的参考信息。

经过白钟山的上奏、皇帝的批复以及河南地方政府的调查和提议，淮河水报制度最终确定下来。这一构建过程中，清中央政府通过已有的官僚机构设置，整合了沿淮官员力量，使水报工作得到了有序开展。在现实河患的形势下，中央高层逐渐开始关注淮河上游水环境情况，在河官力促下，水报构想进入了实施阶段。开始，中央和河道总督都希望河官体系可以委员驻正阳关介入到淮河上游水报事宜②，但从河南和安徽地方政府角度来看，地方责任与管理权力是相对应的，淮河上游的管理一直以来是地方传统事务之一，在地方主义意识下，河南还是希望由本省来管理，因此就可以理解其在水报制度建立过程中表现出来的积极态度，并最终全权负责上游水报事务。作为水报的倡议者，江南河道总督希望水报可以尽快落实，这样通过水报制度的运行，可以为下游防洪提供较为正确的导向，

① 参见水利电力部水管司、水利水电科学研究院：《清代淮河流域洪涝档案史料》，乾隆二十六年六月二十四日高晋奏，北京：中华书局，1988 年，第 289 页；等。

② 第一历史档案馆整编：《乾隆朝上谕档》（第 3 册），乾隆二十二年六月二十九日，北京：档案出版社，1991 年，第 60 页。

以增加河官任职的安全系数。另外，如果由江南河道总督委员至上游，又可以伸展其职权范围，但这一想法最后没有实现。清中央在不同官僚体系利益间，平衡了各方的权责诉求，整合了区域间地方官与河官间的配合，使各方都积极投入到水报建设之中，满足了其对于辖境内环境信息掌控的要求，淮河水报制度的建立反映出了中央政府进行有效管理和制衡的能力。

第四节　清政府对黄河中游洪水环境的认知与信息掌控

一、清政府环境信息掌控意识的强化

淮河水报制度建立后，清政府基于黄河中游河南境内陕州万锦滩、武陟县沁河木栾店和巩县洛河北洛口等地志桩，通过委派专员观测其水位的变化情况，利用快马飞递等传报途径，将黄河中游水情传递至下游河工，以此形成了黄河中游防洪监测预警联防体系。

万锦滩位于清代陕州州城北门外，属于黄河之滨的滩岸之地。陕州州境在河南偏西部，明至清初属河南府，雍正二年（1724 年）八月升为直隶州，治所在陕州[①]，即民国时河南省陕县旧县城，现属河南三门峡市辖区，已开辟成为三门峡水库陕州风景区的一部分。陕州州城西北临黄河干流[②]，万锦滩“在州城北门外，州城高河滩十

① 牛平汉主编：《清代政区沿革综表》，北京：中国地图出版社，1990 年，第 211 页。

②“黄河……又东经州城西北三里”，据（清）穆彰阿等编撰：《大清一统志》（嘉庆）卷二二〇《陕州直隶州・山川》，四部丛刊续编，影印旧抄本。

余丈，滩距水面二丈余”①，据此可知，清代陕州州城与万锦滩高差达 30～60 m，万锦滩高出黄河干流水面 6～12 m②。这里景色绮丽，滩名得于“每春花卉盛开，如锦绣争辉”之意，构成了陕州八景之一“金沙落照”的景致③，成为文人墨客驻足流连之地④。

偏处豫西的陕州万锦滩等地为什么能进入清政府官方视野，并最终被选定为测量标准地点呢？实际上，这一设置正是清政府在治河实践中，对于黄河中游洪水自然特性认识不断深化的结果，说明了黄河中游水情的监测对于政府防洪工作的重要作用。

清政府治理黄河，往往用心于下游豫东和江南地区的河防建设，而豫西及以上地区，正如时人所谓，“豫省黄河，在河阴以上土性坚硬，从来不事修防”⑤，“上自阌乡，下讫荥泽六百里，大抵山多而土坚，不甚溃决，不具论”⑥，洪水对于当地的影响较小，所以黄河“至荥泽县始有堤工”⑦，而河官设置和管辖范围也止于荥泽县境，并未涉及黄河上中游河段。这固然取决于清政府的政权实力、现实防洪形势以及维护漕粮运道等原因，但并不代表政府没有关注到黄河上中游对于全河防洪形势的影响，相反，清政府在王朝疆域形成

① 水利电力部水管司、水利电力部科技司、水利水电科学研究院：《清代黄河流域洪涝档案史料》，道光二十三年十一月十六日钟祥等奏，北京：中华书局，1993 年，第 631 页；乾隆《重修直隶陕州志》卷一《地理・山川九》，“图考”。

② 按照清营造尺，每尺折合公制为 0.32 m，1 丈为 10 尺。

③ 乾隆《重修直隶陕州志》卷一《地理・山川九》，“图考”。

④ 光绪《陕州直隶州志》卷一三《艺文二・诗》，“春日万锦滩”“万锦滩看花”“游万锦滩”等。

⑤（清）傅泽洪等辑录：《行水金鉴》卷五七《河水》，上海：商务印书馆，1936 年，第 841 页。又河阴县属河南开封府，乾隆二十九年（1764 年）十二月裁河阴县，并入荥泽县，见牛平汉主编：《清代政区沿革综表》，北京：中国地图出版社，1990 年，第 209 页。

⑥（清）靳辅：《治河余论》，（清）贺长龄辑：《皇朝经世文编》卷九八《工政四・河防三》，清道光年间刻本。

⑦（清）傅泽洪等辑录：《行水金鉴》卷五六《河水》，上海：商务印书馆，1936 年，第 817 页。

的过程中，不断追求对非中原统治区域环境信息的掌控。

以黄河为纽带，对其上游地区的探求，是清政府疆域识别和确认的重要策略之一。17 世纪末，为了平定漠西蒙古准噶尔的叛乱，康熙帝曾三次亲自西征，康熙三十六年（1697 年）第三次亲征过程中，康熙帝坐镇宁夏统筹布局。这次宁夏之行，不仅取得了平息叛乱的政治成果，而且康熙帝有机会身处西北疆土环境之中，切身感受到了那里的风土民情，尤其在其返京时又由黄河水路行，对黄河上游形势有了更为直观的经验认识。在后来的治河决策之中，康熙帝多次提及其在宁夏的黄河见闻，在谈到清代治河皆在“徐州以下修筑”的情况时，表达了“嗣后徐州以上地方河臣亦当留意”的希望[①]。出于对辽阔疆域的控制和留心地理的旨趣，康熙帝还多次派遣人员探视黄河之源[②]，对黄河上游的关注随着皇权力量的倡导和介入不断深化。

至康熙四十八年（1709 年）十一月，康熙帝在上谕中称，黄河上游宁夏的涨水可能影响到中下游河水的涨发，“上流水长，则陕西、河南、江南之水俱长”，命时任河道总督赵世显，“行文川陕总督、甘肃巡抚”，责成宁夏同知，如果遇到宁夏黄河洪水涨发，要求其限二十日，将涨水情况迅速传报于下游河道总督和河南巡抚，便于下游河工及时修防御险[③]。从对黄河上游环境的探寻和认识，到建立宁夏水报制度，清政府终将黄河上游洪水环境变化纳入其监控之中，宁夏水报实际上开创了黄河水报预警的先例，成为之后清代水报体

---

①《清圣祖实录》卷二〇九，“康熙四十一年秋七月乙丑”条；卷二〇九，“康熙四十一年九月丁卯”条；等。

②《清圣祖实录》卷二一七，“康熙四十三年八月甲申”条；卷二九〇，“康熙五十九年十一月甲申”条。

③《清圣祖实录》卷二四〇，“康熙四十八年十一月庚寅”条；（清）黎世序等纂修：《续行水金鉴》卷四《河水・章牍一》，上海：商务印书馆，1937 年，第 91 页。

系构建的重要蓝本[①]。

康熙末至雍正年间，在江南黄河河工安澜有序的同时，中游河南段黄河却渐成为河患中心[②]，黄河中游豫东的防洪形势愈加严峻，雍正年间为了适应这一变化，对河政管理做出了必要的调整，将河南山东境黄河治理的从属地位，提高到了与江南治河的并立程度，新设的河东河道总督一职并不是作为江南河道总督的副手而存在，他可以在其管辖范围的河南、山东等地黄河治理中拥有独立的权责。黄河洪水形势的变化以及河政管理的调整，无不体现了清政府全河“通局合算”的治理理念[③]。

二、李宏对志桩报汛体系建立的贡献

清代治河设有以河道总督为首的河务专官体系，河官作为一种“技术官僚”，其最大特点是拥有治河实战中积累的丰富经验，这一群体往往是那些在治河实践中学识和经验不断得到历练的官员，他们在治河中成长，并为政府赏识和选用，为政府治河提供更为合理的决策导向。黄河中游志桩水报的创设，就源于乾隆朝时任江南河道总督李宏的倡议[④]。李宏初名“李弘”，由于避乾隆帝“弘历”之

① 之后乾隆年间在淮河上中游及黄河中游水报体系建立过程中都提到参考“宁夏”之例的情况。

② 参见席会东：《台北故宫藏雍正〈豫东黄河全图〉研究》，《中国历史地理论丛》2011年第3辑。

③《清高宗实录》卷一九，“乾隆元年五月壬子”条。

④ 乾隆三十年（1765年）三月上谕，授原江南河道总督高晋为两江总督，原河东河道总督李宏调任江南河道总督，但由于伏秋汛期，仍需李宏留守河东任上，同接任河东河道总督的李清时协同办理，其时李宏以江南河道总督职仍在河东任上。参见第一历史档案馆整编：《乾隆朝上谕档》（第4册），乾隆三十年三月二十日，北京：档案出版社，1991年，第638页。

讳，遂作“李宏”，后世文献亦沿用此名。汉军正蓝旗人，监生出身，入仕即效力于南河河工，从河官基层官员山阳县外河县丞、扬州府扬河通判、淮安府山安同知以及徐州府宿虹同知，一步步升任江南河库道、淮徐道员，其在河工任上二十余年，治河经验相当丰富[①]。乾隆二十九年（1764 年）被擢升为河东河道总督，任内因治理耿家寨险工而“得旨嘉奖”。乾隆三十年（1765 年）三月奉谕调任河工部门权职最盛的江南河道总督，达到了其仕途的顶峰[②]。

乾隆二十九年（1764 年）六月，李宏由江南淮徐河道迁河东河道总督。任内其进行了一次豫西黄河调查，到达了黄河沿岸的陕州、怀庆等州府，勘核境内的黄沁、上南等河防厅汛汛期的备料防汛情况，“审察河势源流，并历年水浪大小”。这一次实地考察加深了李宏对豫西地区黄河河形、走势、源流及河工等形势的了解和掌握。乾隆三十年（1765 年）七月初九日，已调任江南河道总督（现管河东河道总督事）的李宏上“奏查过豫省上游河道泉源及办理情形折”。奏折内容分为两个部分，首先在分析黄河自然形势的基础上，提出了设立万锦滩等地志桩，建立黄河中游水报预警体系的想法。后一部分，就河南境黄河以北沁河等河泉水源的调查，较为简略地叙述了大舟河（即丹河）入卫济运工程情况，进一步明确了接济运河和灌溉民田的关系等问题。当然，李宏这一奏折主要内容还在于黄河中游水情的关注之上。奏折一开始先陈述了其巡察路线、地点以及

① 第一历史档案馆整编：《乾隆朝上谕档》（第 4 册），乾隆二十九年六月初八日，北京：档案出版社，1991 年，第 443 页。

② 李宏事迹见于《清国史》卷一六六（7 册）（北京：中华书局，1993 年，第 145-148 页）；《清史稿》卷三二五（北京：中华书局，1977 年，第 10856 页）；汪胡桢、吴慰祖辑：《清代河臣传》卷二（周骏富辑：“清代传记丛刊·名人类”，台北：明文书局，1986 年，第 111-112 页）等。另参台湾“中央研究院”历史语言研究所明清档案工作室，http：//archive.ihp.sinica.edu.tw/ ttscgi/ttsquery？0：17650828：mctauac：TM%3D%A7%F5%A5%B0.

目的，接着就阐述了其查勘所得：

查得黄河发源星宿，自积石以下至陕州之三门砥柱，两岸崇山高岸，河不为患。曰砥柱一带，峭壁横河，水从石出，名曰三门。总而计之，宽不过七八十丈，关锁洪流，势甚湍急。

至孟县，两岸渐无山冈，河面宽阔约计十数里。北岸之武陟县，南岸之荥泽县，始有堤工防卫。北岸有丹、沁两河，由武陟木栾店汇入黄河；南岸有伊、洛、瀍、涧四河，由巩县洛口汇入黄河。源远流长，河面亦宽，每遇雨多水发，亦俱挟沙而行，势甚浩瀚。是以上南河厅属之胡家屯、杨桥等处，首撄其锋，溜势忽来忽去，工程旋险旋平，变迁靡定，修防最为紧要。迤下各厅河道，多系顺轨东流。惟因土性虚松，逢湾扫刷。究之，临河工段有限，修易于防。

若黄河与沁、洛之水，同时并涨，则大河漫滩，两岸工程，节节均须防护。乾隆二十六年（1761 年）七月内沁、洛等河，长水一二丈。水头甫至，而宁夏又三次报长水丈余，一时并下，势若建瓴，两岸处处受险者。职此之故，若黄河与沁洛之水先后长发，则大河仅可容纳，工程易于修防。本年夏间，伊、洛等水，并未长发。其六月初十日，宁夏长水五尺二寸，已在沁河水发之后。维时三门以上，陕州城外临河之万锦滩尚亦长水三尺五寸，而下游各厅，仅报长水数寸至尺余不等，道远流微。又有三门关锁，是以水势递减，工程稳固，又其明证。此豫省黄河之情形也。

奴才伏思黄河来源，两岸山沟汉港，汇归入黄河之处众多，俱在三门以上，若三门以下沁、洛二支，伏秋水发，实增黄河水势之二三。是上游长落大小，攸关工程平险，不可不一体留心，以资防备。[①]

李宏分析了黄河上中游流经地区的河形特点，从河源直至三门峡，基本为峡谷地带，洪水对两岸的危害较小。至三门峡峡间较窄，水流湍急，而一过三门峡至孟县进入平原地带，河面逐渐展宽。孟县至武陟及荥泽县黄河区间，是诸多支流汇入的集中段，北有沁河由武陟县、南有洛河经巩县等入黄。过此区段，北岸自武陟县、南岸自荥泽县以东开始有堤工建设。如果遇到大雨水涨时节，上南河厅范围内的郑州胡家屯、中牟县杨桥等地防洪形势首当其冲[②]。再以下的河段，由于“土性虚松”，容易被冲刷河岸，如果河道通畅平顺，就不会发生大的险情。

最为危急的情况，是黄河中游干流与支流沁、洛等河同时涨水，下游的防洪就变得形势严峻。李宏奏折中，接下来特别提到了乾隆二十六年（1761 年）七月大水，此次大水“沁、洛等河，长水一二丈”，而黄河干流由于宁夏“三次报长水丈余”波及而来，两厢结合，使得“南岸处处受险”。这次大水被着重提及，可见当时大水的威力在时人中印象深刻。相关研究通过梳理河南、山西等地方府州县志，复原了本次洪水的特点，当年黄河伊洛河、沁河及干流区间洪水同时遭遇、峰高量大、持续时间长，是自明嘉靖三十二年（1553 年）

① 故宫博物院图书文献处文献股编：《宫中档乾隆朝奏折》（第 25 辑），“奏为查过豫省上游河道泉源及办理情形折”，台北：故宫博物院印行，1984 年，第 445-446 页。

② “上南河厅”是指清代河政管理体系中划分的河道管辖区域名称之一，具体包括河南境黄河南岸荥泽县、郑州以及中牟县一部分的沿黄堤工范围，参见《续行水金鉴》卷首“黄河图”等。清代将黄河、运河、海河等流域堤工河段以“厅”“汛”为组织单位划分管理。其中同知、通判等文职官员管辖的较大区域为“厅”，“厅”以下领有若干“汛”，“汛”负责文职官员有县丞、主簿、典史、巡检等，武职如分防等名目，“厅”“汛”存在实际的分界线。

以来最大的洪水[①]。

在官方奏报等资料中，对于该年水情有更为详细的记载。乾隆二十六年（1761 年），山西通省六七月间雨水不断，尤其是七月十五、十六、十七等日，大雨连绵，汾、涑等河水势猛涨，晋南沿河二十多州县先后呈报其境内田地、房屋被水淹及[②]。七月初陕西境内也普降雨水，渭河下游同州府的华州、华阴县报告了河水涨发、水淹滩地的情况[③]。沁河涨水的影响较为严重，七月十四至十六日，河南怀庆府昼夜大雨如注，丹河和沁河同时“异涨”，又有山水的加入，漫决堤埝，涨水由怀庆府城北门灌入，造成了较大的破坏，黄河中游各大支流均出现了不同程度的涨水[④]。而下游，七月间，河南、山东等黄河九厅，“上游六厅均有漫溢，且皆在十八、十九两日之内，南北两岸漫口共计十处”，其中七月十八日河南下南河厅时和驿各堡涨水较大，冲破堤防，洪水绕省城开封而过[⑤]。同日晚黄河冲决兰阳头堡堤工十丈，出东南经杞县入惠济河[⑥]。七月十九日上南河厅中牟南

① 王宝玉等：《黄河三花间 1761 年特大洪水降雨研究》，《人民黄河》2002 年第 10 期。

② 水利电力部水管司、水利电力部科技司、水利水电科学研究院：《清代黄河流域洪涝档案史料》，乾隆二十六年七月十二日、二十四日、八月十七日、八月初六日鄂弼奏，北京：中华书局，1993 年，第 230-231 页；八月初五日、二十五日宋邦绥奏，北京：中华书局，1993 年，第 231-232 页。

③ 水利电力部水管司、水利电力部科技司、水利水电科学研究院：《清代黄河流域洪涝档案史料》，乾隆二十六年七月十八日钟音奏，北京：中华书局，1993 年，第 231 页。

④ 水利电力部水管司、水利电力部科技司、水利水电科学研究院：《清代黄河流域洪涝档案史料》，乾隆二十六年七月十九日、八月二十六日田金玉奏，北京：中华书局，1993 年，第 233-234 页；十月初二日裘曰修奏，北京：中华书局，1993 年，第 234 页。

⑤ 水利电力部水管司、水利电力部科技司、水利水电科学研究院：《清代黄河流域洪涝档案史料》，乾隆二十六年七月二十四日张师载奏，北京：中华书局，1993 年，第 236 页；七月二十四、二十八日常钧奏，北京：中华书局，1993 年，第 235、237 页。

⑥ 水利电力部水管司、水利电力部科技司、水利水电科学研究院：《清代黄河流域洪涝档案史料》，乾隆二十六年八月初六日常钧奏，北京：中华书局，1993 年，第 237 页。

岸杨桥发生漫溢，口门冲宽五六十丈，河水散漫二溜，一入贾鲁河，一走惠济河，漫及陈州府和归德府地区[①]。七月二十日山东曹县十四堡、二十堡堤工漫溢，黄河漫水冲入山东曹县、成武城内，并漫及菏泽、定陶、单县、范县、濮州等地，由兖州府济宁等境入于运河之中[②]。不过，经过地方巡抚及河东河道总督等及时组织堵筑，“自二十三、四日起，各漫口断流，水渐平落”，此时唯有杨桥水势汹涌，漫口已达二百余丈，八月间“黄河大溜已夺，出杨桥往东南”[③]。八月初清廷特派钦差大学士刘统勋、协办大学士公兆惠至受灾地区，与巡抚和河东河臣“督办堵筑”、勘灾和赈济等事务，江南河道总督高晋“亦奉命到工，并率领南工将弁，一体攒办”，直至十一月初一日方使漫口合龙，“河流顺轨”[④]。

刘统勋在勘灾过程中上奏称，“豫省统属共一百九州县……通计阖省共有五十三州县被水”，“其水入城者共十州县”，淹毙数万人口，秋禾被水，收成无望，本次大水“实属异涨”[⑤]。洪水波及范围广，危害影响深，黄河夺溜南下，造成“沿河三百余里村庄现为黄水所

① 水利电力部水管司、水利电力部科技司、水利水电科学研究院：《清代黄河流域洪涝档案史料》，乾隆二十六年七月二十四日张师载奏，北京：中华书局，1993 年，第 236 页；七月二十八日、八月初六日常钧奏，北京：中华书局，1993 年，第 237 页。

② 水利电力部水管司、水利电力部科技司、水利水电科学研究院：《清代黄河流域洪涝档案史料》，乾隆二十六年七月二十四日张师载奏，北京：中华书局，1993 年，第 236 页；八月初六日崔应阶奏，北京：中华书局，1993 年，第 242 页；八月初八日阿尔泰奏，北京：中华书局，1993 年，第 243 页。

③ 水利电力部水管司、水利电力部科技司、水利水电科学研究院：《清代黄河流域洪涝档案史料》，乾隆二十六年七月二十八日常钧奏，北京：中华书局，1993 年，第 237 页；八月初二日张师载等奏，北京：中华书局，1993 年，第 247-248 页。

④（清）黎世序等纂修：《续行水金鉴》卷一四《河水·章牍十一》引《河渠志稿》，上海：商务印书馆，1937 年，第 331-332 页。

⑤ 水利电力部水管司、水利电力部科技司、水利水电科学研究院：《清代黄河流域洪涝档案史料》，乾隆二十六年八月十六日、九月二十四日刘统勋奏，北京：中华书局，1993 年，第 238-239 页。

占，此数万灾黎被水最为惨烈”[①]，洪水的水沙也一定程度上搅扰了淮河流域水文状况[②]。而下游江南河防，由于黄河初期水势未夺溜，水势猛烈，造成徐州府境内多次堤工出险，夺溜后江南水势才逐渐平复[③]。另外，洪水阻滞了清政府信息传播渠道，与黄河以北联系的文报“自七月十四日起阻隔，至二十八日始通”，对及时修防赈灾工作造成了不利的影响[④]。

李宏将乾隆三十年（1765 年）“黄河与沁洛之水先后长发”的情形，比拟乾隆二十六年（1761 年）大水，进一步强调其水报设想的意义。这次洪水的发生已届入秋汛，其主要源于黄河中游干支流地区，尤其是山西汾河、陕西渭河及河南沁河等流域持续性的暴雨和涨水。

李宏认为洪水来源一方面集中在三门峡以上的黄河干流及两岸注入的支流，上游宁夏方面的涨水有可能形成该年中游洪水涨发的基流[⑤]，而沿途“两岸山沟汊港，汇归入黄河之处众多”，如山陕北部、泾渭北洛河以及晋西南汾涑诸水[⑥]，距离近且汇流集中，使得它

① 水利电力部水管司、水利电力部科技司、水利水电科学研究院：《清代黄河流域洪涝档案史料》，乾隆二十六年八月初九日乔光烈奏，北京：中华书局，1993 年，第 238 页。
② 水利电力部水管司、水利电力部科技司、水利水电科学研究院：《清代黄河流域洪涝档案史料》，乾隆二十六年九月十一日裘曰修奏，北京：中华书局，1993 年，第 249 页；九月十五日王绶奏，北京：中华书局，1993 年，第 250 页。
③ 水利电力部水管司、水利电力部科技司、水利水电科学研究院：《清代黄河流域洪涝档案史料》，乾隆二十六年七月二十八日托庸奏，北京：中华书局，1993 年，第 247 页。
④ 水利电力部水管司、水利电力部科技司、水利水电科学研究院：《清代黄河流域洪涝档案史料》，乾隆二十六年八月初二日张师载等奏，北京：中华书局，1993 年，第 248 页。
⑤ 乾隆二十六年（1761 年）六月以来至七月十三日，江南及河东河道总督共收到上游宁夏三次“水报”，参见水利电力部水管司、水利电力部科技司、水利水电科学研究院：《清代黄河流域洪涝档案史料》，乾隆二十六年七月初五日高晋奏，北京：中华书局，1993 年，第 245 页；七月初八、二十日张师载奏，北京：中华书局，1993 年，第 246 页。
⑥（清）齐召南撰：《水道提纲》（二）卷五，“黄河”，影印文渊阁四库全书，第 583 册，史部 341，地理类，台北：商务印书馆，1986 年。

们成为三门峡上游洪水的主要来源，对于诸水汇流后水情状况的监测备显重要。

三门峡以下，黄河秋汛时沁河和洛河的涨水，“实增水势之二三”，成为洪水的另一个重要来源，黄河中游干支流洪水的地区性遭遇，可以增强洪水的威力。黄河出三门峡至武陟、荥泽的河段，今天称为三门峡至花园口区间（简称三花间），其干支流产汇流状况的地理条件，是影响洪涝致灾程度的重要因素。该区间北西南面环山，东部开敞，南北翼山脉自西呈现出向东扩展的喇叭地形。该河段河网密集，产汇流情况复杂，河之北有沁河等由武陟县木栾店汇入黄河，南有洛河等由洛口汇入黄河，三门峡迤下诸多支流河道呈辐射状交汇于干流，二级支流如丹、伊、瀍、涧等河流，呈羽状交汇于一级支流，沁河与洛河的汇口间距离较近、汇流集中[①]。由于距离较远和工程防护等因素，黄河干流上游宁夏、山陕等地的单方面涨水，可能不会引起下游大的事故，但是“黄河与沁、洛之水，同时并涨”，洪水于三花间遭遇，则可能造成类似乾隆二十六年（1761 年）洪水的严重后果。

第五节　黄河中游志桩水报制度建立

一、万锦滩、沁河、洛河志桩选址

基于黄河形势和洪水来源等情况，李宏在奏折中阐述了自己对

① 高治定等：《黄河流域暴雨洪水与环境变化影响研究》，郑州：黄河水利出版社，2002 年，第 96-97 页。

于中游黄河、沁河、洛河防洪预报的必要性和可行性观点后，倡议在万锦滩、沁河、洛河等地设立志桩。

今查三门，系黄河出入之区，巩县城北洛口为伊、洛、瀍、涧入河总汇，奴才已咨明抚臣，并饬陕州、巩县各立水志，每年自桃汛日起至霜降日止，水势长落尺寸，逐日查明登记，据实具报。其沁河水势，虽向由黄沁同知查报，但水志不得其地，长落尺寸，恐难定准，并令该同知在于木栾店龙王庙前另立水志，按日查报。如伏秋汛内三处水势遇有陡长至二三尺以外，该厅、州、县即星速具报，并查照宁夏之例，一并飞报江南总河。如此上下关会，司河之员咸知长水尺寸日期，相机修防，于工程有益。[①]

引文中提到的陕州所立的“水志”即万锦滩志桩。关于万锦滩志桩的位置，民国时人对其设立的情况已语焉不详，“万锦滩报水，今日颇为重要，而不知起自何时，不惟治河书中未之一见，即查各地志中亦未见万锦滩之名……书籍案牍无传，一百六十余年之事，已不可详考……水志之设由来已久，其详不得而知”。[②]清道光年间陕州知州丁作霖造陕州直隶州“宪纲事宜、官员履历”清册，册中“陕州舆图”标注“志桩”名称及图示于陕州州城北门外万锦滩之上。[③]中华人民共和国成立以来，为了配合三门峡水库的建设，黄委会等机构组织人员进行了历史水文和洪水的实地调查，在这一过程中，考察人员对于万锦滩志桩的位置进行了走访考察，据 1976 年黄委会整

① 故宫博物院图书文献处文献股编：《宫中档乾隆朝奏折》（第 25 辑），“奏为查过豫省上游河道泉源及办理情形折”，台北：台北故宫博物院印行，1984 年，第 446 页。

② 陈同善、王荣搢编撰：《豫河续志》卷五《沿革第二•水志水报》，河南河务局印，1926 年。

③（清）丁作霖撰：《陕州直隶州宪纲册》，“陕西舆图”，道光二十八年（1848 年）抄本。

理的资料摘录中载，志桩在民国旧陕县城的北门外，万锦滩上的一排小店铺前，并确认了它位于民国陕县水文站的基本断面上游 1 km 处。[①]万锦滩正处于黄河上游与三花间过渡地带，是掌握三门峡上游来水的重要节点。当时没有选择“黄河出入之区”的三门峡，而是设置在偏上游的万锦滩[②]，可能考虑到三门峡水流“势甚湍急”，设置观测设施不易，所得预报信息可能有偏差的顾虑，而万锦滩相距三门峡不远，地势远非三门峡之险峻，同时位于州境政治中心，方便配置人力和物力，便于测报工作的进行。

沁河志桩据李宏所言早有设立，我们可以从雍正年间官员所上沁河水位涨落的奏折中看到其运作的一些线索[③]。但此次黄河中游水报创建中，李宏改置其所立位置，认为之前的沁河志桩“不得其地”，所测水位“恐难定准”，奏请将其改立于木栾店龙王庙前。沁河志桩原设置地不得而知，但改置后志桩位于武陟县城隔沁河东岸一里处的集镇木栾店境内，具体位于木栾店西北、临沁河的龙王庙前[④]，此处正处于沁河河道“自西折而南流”的东岸拐点[⑤]。洛河与黄河在黄、

① 转引自史辅成等：《黄河历史洪水调查、考证和研究》，郑州：黄河水利出版社，2002年，第 168 页。

②《豫河续志》卷五《沿革第二•水志水报》中载：“但立桩未必即得其地，又因流势变迁而随时移置……是水报本在三门，万锦滩又在三门上游三十里，地势必较三门为善，故初在三门，而后移于万锦滩也。”认为志桩开始设在三门峡，后移至万锦滩，总之万锦滩选址是比较合理的。

③ 中国第一历史档案馆编：《雍正朝汉文朱批奏折汇编》（第 12 册），雍正六年三月二十五日“河南总督田文镜奏报桃汛已过工程平稳折”，第 33 页；（第 15 册），雍正七年七月二十日“东河总督嵇曾筠等奏报伏秋交会水势工程平稳情形折”，第 802 页；（第 24 册），雍正十一年六月二十四日“都察院佥都御使总督河南山东河道奴才朱藻谨奏为恭报伏汛平安仰慰圣怀事”，第 713 页，南京：江苏古籍出版社，1989—1991 年。

④ 参见道光《武陟县志》卷三，“沁河图”。沁河志桩改立后，基本上沿袭下来，至少至光绪年间沁河水报仍以其为准，见水利电力部水管司、水利电力部科技司、水利水电科学研究院：《清代黄河流域洪涝档案史料》，光绪二年八月初六日曾国荃奏，北京：中华书局，1993 年，第 689 页，“武陟汛龙王庙志桩于二十四日申酉戌亥四时之间陡长水一丈二尺之多”。

⑤ 参见道光《武陟县志》卷三，“沁河图”；卷九《山川志》，“沁水”。

沁汇合处下游交汇，洛河志桩即设置于此交汇处——北洛口。[①]

万锦滩、沁河、洛河三处志桩分别指示了黄河中游干支流的水情状况，是掌控三花间干支流汇流状况的标准测量点，之后奏折中所报黄河汛期水势时，基本上都以三地所测水位信息来衡量黄河汛期水情，三地的水位信息大多情况下被同时提到，形成了以监测黄、沁、洛洪水为重点的中游联防预警体系，其中万锦滩志桩监测范围主要是三门峡以上黄河干支流的水情状况，是该体系中的重要组成部分。

二、黄河中游水报制度特征

1．宁夏水报成例

万锦滩、沁河和洛河志桩在观测、传递、预报等程序上，参考了黄河上游已存在的宁夏水报之例。康熙四十八年（1709 年）黄河上游建立的宁夏水报，康熙帝要求相关地方官员和河务官员参与其中，相互配合完成黄河上游水报工作。宁夏水报由当时的川陕总督和甘肃巡抚督办[②]，具体由宁夏府同知负责[③]。

① 洛河与黄河汇合有新、旧两个洛口，可能是由于黄、洛河道变迁的缘故。旧洛口靠西，在巩县县城北；新洛口则在巩县县城东北，将入河南府汜水县西北境，是当时洛河入黄处，志桩应该设于新洛口处。参见《水道提纲》（二）卷五，“黄河”；（二）卷六，“入河巨川·洛水”，日本早稻田大学图书馆，传经书屋藏版。

② 清代“川陕总督”名称历朝多有变化，与管辖四川与否有重要关系，但陕西和甘肃二省是其基本职权范围。甘肃巡抚于乾隆十九年（1754 年）被裁。参见《清史稿》卷一一六《职官志三》，北京：中华书局，1979 年，第 3339 页。

③（清）黎世序等纂修：《续行水金鉴》卷四《河水·章牍一》，上海：商务印书馆，1937 年，第 91 页。又嘉庆《宁夏府志》卷五“公署”中记载有“水利同知署在城隍庙西旧右卫署”，负责“水报”的“宁夏同知”可能即此“水利同知”。另见水利电力部水管司、水利电力部科技司、水利水电科学研究院：《清代黄河流域洪涝档案史料》，乾隆五年八月十八日甘肃巡抚元展成奏，北京：中华书局，1993 年，第 151 页。

目前所知宁夏志桩水报没有留下具体传报标准等信息，仅可知其在“水大之年”或“遇黄河水长时”，需将“长水情形”迅速传递至下游，要求二十日左右完成一次传递过程。至于水报途径，有“羊报”形式的记载。宁夏驻防军械定制中配备有羊皮混沌[①]，它是一种以羊皮为材料的充气革囊，甘肃沿黄地区一直有利用皮混沌进行运输的惯例[②]。文献提到有运用皮混沌装载文报顺流知会下游河工[③]，或由“黄河报汛水卒”乘羊皮革囊浮水至下游“先传警汛”等内容[④]，但是这一传递途径的利用情况不甚明晰。较为明确的是，宁夏水报由川陕总督及甘肃巡抚“督办”，宁夏府水利同知负责志桩管理的日常运作，一旦有涨水情况，志桩测量一线的兵弁报告宁夏府同知，同知再呈报于宁夏府知府，宁夏府知府据文直接向下游河道和地方官员传报[⑤]。下游河东河道总督、江南河道总督及河南巡抚为水报信息的接收方，水报传递的过程中实现了印官和河官事务上的联系和协作。

2．黄河中游志桩测报体系

李宏在奏疏中提出关于中游万锦滩、木栾店、北洛口志桩水报运作规定的设想，他指出，上述志桩“查报”涨水尺寸，应集中于

---

①（清）董诰撰：《军器则例》卷四，“宁夏驻防修制军械定限”，嘉庆兵部刻本。

②（清）王先谦：《东华续录》（乾隆朝）十八，“乾隆八年冬十月”，光绪十年（1884 年）长沙王氏刻本。

③（清）黎世序等纂修：《续行水金鉴》卷一四四《永定河水·章牍十》引《河渠志稿》，上海：商务印书馆，1937 年，第 3298-3299 页。

④（清）张九钺撰：《紫岘山人全集·诗集》卷二三《羊报行》，咸丰元年（1851 年）张氏赐锦楼刻本。

⑤ 清初宁夏地方承袭明代卫所建置，设立宁夏卫。至雍正二年（1724 年）十月，川陕总督年羹尧奏请改宁夏卫为宁夏府，始有府县制建置。乾隆朝以来的相关奏折中，在提到宁夏涨水情况时，多提及“据宁夏府或宁夏知府奏”，可以判断下游地方及河道官员“水报信息”从宁夏府知府处获得，宁夏府知府在宁夏黄河水报环节中发挥呈接作用。

黄河汛期的桃汛（亦称春汛，在清明前后，一说在清明后二十日内，取春暖桃花开之意）至霜降间，这就包括了一年中麦汛、伏汛和秋汛等主要黄河汛期。这里需要指出的是，中游陕州万锦滩志桩可能属于季节性的设置，曾有官员提到“陕州万锦滩，居三门山上游，每岁清明始立志桩，霜降即撤”[①]，万锦滩志桩集中于每年的清明至霜降进行测报。这些“水势长落尺寸”信息要“逐日查明登记”，如实汇报。在汛期内如遇到水位涨至“二三尺以外”，负责官员需要向下游进行水报传递，以期“上下关会”，掌握洪水情况，“相机修防”，及时有效地进行防洪预备。

万锦滩等志桩水位尺寸信息需要“飞报江南总河”，明确了传报对象为驻扎于下游江苏的江南河道总督，但从之后水报实际运作来看，河东河道总督和河南巡抚是主要的接报人，而江南河道总督的水报信息往往是从河东河道总督等处间接获得的。在整个志桩水报设计筹划过程中，身为河务官员的李宏一直处于主角地位，相应地其在志桩水报信息掌握方面也是主要管理者之一。李宏通过志桩设立和水报运作，将河政事务深入到非传统河官管辖的区域，同中游陕州等地方官员建立了事务上的联系，陕州、巩县等官员要向河道总督负责，需要向其传达水情信息，并受其监督。陕州等地毕竟属于地方职官体系，作为河南最高行政长官，河南巡抚在水报管理事务中的作用也是非常明显的，河官和地方官存在权责相互交叉的关系。

关于万锦滩等志桩测报内容及其水汛文报的文本形式，相关的资料比较缺乏，但通过对于同时期淮河上游志桩水报的考察，以及

① 中国水利水电科学研究院水利史研究室整编：《再续行水金鉴》，黄河卷三，“黄河三十四”，武汉：湖北人民出版社，2004 年，第 980-981 页。

清时人论及河政的言论中仍有线索可寻。在万锦滩等地志桩设立之前，乾隆二十二年（1757 年）清政府已于淮河上游河南、安徽等地设立了多个志桩（参见本章第三节内容）。在淮河水报操作规定中，至少存在两种文本形式，其一是由上游至下游各地志桩之间传递的“滚单”形式[①]，另一则为各地方官员之间相互交通的“文报”形式。志桩间的水报滚单用于紧急接递、及时验看，简洁明了，直接注明水势情况。而文报则需遵循一定的呈报和书写等复杂程序，传递相对滞后，较少要求时效性。嘉道时期的包世臣对河政多有见解，针对黄河水报，他提出了改良的新型样式，具体文本规格要“划一纸长七寸，宽四寸半，方筐宽三寸半，中空一寸，封折各得半寸”，这实际是滚单的一种标准化设计，单件保存要“逐一汇齐，钉成一册，便查”，文本管理更为规范。另外，在志桩测报内容和记录形式上，更为系统和全面，负责兵夫要“五日探量中泓”，各厅测报和记录项目如下：

某厅（营）某汛辖某堡、某工，有埽若干段。第某段立志桩，长若干丈、尺、寸，入土若干尺、寸。志顶平埽台，上年存底水若干丈、尺、寸，桩前实水深若干丈、尺、寸。

埽前顶溜水深若干丈、尺、寸。

埽前高水面若干丈、尺、寸。

……

本日长（落）水若干尺、寸。比较上年今日长（落）若干。比

① 宁夏黄河水报似也利用“滚单”，河南巡抚何煟曾上奏称其“接宁夏长水报单”（见水利电力部水管司、水利电力部科技司、水利水电科学研究院：《清代黄河流域洪涝档案史料》，乾隆三十八年六月初九日奏，北京：中华书局，1993 年，第 301 页），中游万锦滩等地水报极有可能沿袭其滚单形式。

较上年某月某日盛涨大（小）若干。

……[①]

水报新式样内容更为精细，几乎囊括了黄河各汛段工程、人员、料物配置等方面的河工情况，体现了时人为充分发挥水报作用所做出的努力。

3．沁河水报

沁河志桩改立木栾店后，测报事宜仍归黄沁同知管理。黄沁同知[②]，隶河南怀庆府，由河东河道总督下属彰卫怀道员管辖[③]，属于

①（清）包世臣：《南河善后事宜说帖》，《安吴四种·中衢一勺》附录四下，同治十一年（1872 年）重刊本，第 543-544 页。

②“黄沁同知”前身为怀庆府管河同知（即黄河同知），设置于雍正二年(1724 年)［参见第一历史档案馆整编：《雍正朝汉文朱批奏折汇编》（第 2 册），雍正二年正月初六日“兵部左侍郎嵇曾筠等谨奏请增豫省河员汛弁折”，南京：江苏古籍出版社，1991 年，第 485 页；《清世宗实录》卷二九，“雍正三年二月丙申”条］。怀庆府原有沁河通判一员，管理丹、沁诸河务，康熙年间怀庆府属武陟县黄河并没有专职河官管理。自雍正二年（1724 年）黄河同知设，分管武陟县、荥泽县黄河北岸丹、沁等河务。至乾隆七年（1742 年）总河白钟山议裁沁河通判，其武陟县木栾店埽工改归黄河同知就近兼理，该同知改名为“黄沁同知”［参见（清）允禄等监修：《大清会典》（雍正朝）卷二〇六《河渠五·河官建置》，“近代中国史料丛刊三编”（第 79 辑），台北：文海出版社有限公司，1995 年，第 13702 页；嘉庆《大清一统志》卷一八五；（清）阿思哈等撰：《续河南通志》卷二一《河渠志·河防》，乾隆三十二年（1767 年）刻本；（清）黎世序等纂修：《续行水金鉴》卷四五《河水·工程一》，上海：商务印书馆，1937 年，第 969 页］。乾隆五十二年（1787 年）因与黄河南岸睢宁通判互易，又改为“黄沁通判”，所以在之后上奏中央的折子中有“黄沁通判”禀报沁河涨水尺寸的记载（参见乾隆《新修怀庆府志》卷五《建置·公署》；水利电力部水管司、水利电力部科技司、水利水电科学研究院：《清代黄河流域洪涝档案史料》，乾隆五十九年八月二十日吴璥奏，北京：中华书局，1993 年，第 365 页；（清）黎世序等纂修：《续行水金鉴》卷四五《河水·工程一》，上海：商务印书馆，1937 年，第 969 页）。但至嘉庆十年（1805 年）又一次与睢宁互易，将“黄沁通判”改为“黄沁同知”（参见《清仁宗实录》卷一四七，“嘉庆十年七月庚辰”条；（清）黎世序等纂修：《续行水金鉴》卷四五《河水·工程一》，上海：商务印书馆，1937 年，第 969 页），“黄沁同知”再度成为沁河水报中的主角。

③ 乾隆《钦定大清会典则例》卷七四《工部·都水清吏司·河工》，文渊阁四库全书本，据乾隆二十七年（1762 年）版。

河防职官系统，驻扎武陟县沁河东岸嘉应观西二铺营[①]，专理黄沁河务，其所管辖的黄沁厅范围包括黄河北岸怀庆府阳武县以西武陟、河内、原武、修武、孟县等县的临黄、临沁河防工程[②]。黄沁同知下设有武陟县丞和武陟主簿，二者管辖范围称武陟汛，其县丞，专管黄河，驻扎于武陟县，管理汛内自沁堤尾起东至荥泽交界的堤工[③]。其主簿，专管沁河，管理汛内沁河民堤，自大樊堡起东至黄河汛的遥堤，驻扎在木栾店[④]，木栾店西北方向的龙王庙前沁河志桩[⑤]，很有可能就是由武陟主簿就近管理的。主簿领有堡夫十四名，长夫三十名，设有夫堡房十座，驻堤工之上，志桩一般设于堡房前，所以驻扎在夫堡房的堡夫是前线测量水位的实际操作人员[⑥]。

由此，沁河木栾店志桩水报运行形成了一个较为完整的测报链，沁河每至汛期水涨时节，由驻沁堤堡房的堡夫依例负责测量沁河的水位尺寸，并以一定的方式记录在案；当水位涨达警戒线以上时，堡夫及时通知驻木栾店的武陟主簿，主簿进而传报于驻二铺营（在木栾店的东南）的黄沁同知，同知得报继而呈报于下游的河南巡抚、河东河道总督或江南河道总督等官员[⑦]。

---

①《清世宗实录》卷六一，“雍正五年九月壬午”条；（清）王士俊：《河南通志》（雍正）卷一二，“河防职官”，文渊阁四库全书本；乾隆《新修怀庆府志》卷五《建置・公署》。
② 乾隆《新修怀庆府志》卷六《河渠・官守》，“怀庆府黄沁河原设同知”。
③ 乾隆《新修怀庆府志》卷六《河渠・官守》，“武陟汛原设县丞”。
④ 参见第一历史档案馆整编：《雍正朝汉文朱批奏折汇编》（第 2 册），雍正二年正月初六日“兵部左侍郎嵇曾筠等谨奏请增豫省河员汛弁折”，南京：江苏古籍出版社，1991 年，第 485 页；《清世宗实录》卷六一，“雍正五年九月壬午”条；雍正《河南通志》卷一二，“河防职官”；乾隆《新修怀庆府志》卷六《河渠・官守》，“武陟汛原设主簿”。
⑤ 乾隆《新修怀庆府志》卷一《图经》，“武陟县境全图”。
⑥ 乾隆《新修怀庆府志》卷六《河渠・官守》载，乾隆四十七年（1782 年）改设有武职分防外委一员，也驻扎于木栾店，领有战守河兵，此后沁河水报可能由武陟县主簿所辖堡夫与分防外委所辖河兵分工进行。
⑦ 按照李宏一开始的设计，志桩水报是直接传递至下游的江南河道总督处，但实际上却主要递至河南巡抚和河东河道总督，详见下文分析。

在奏折资料中还反映了，除黄沁同知传报途径外，下游各督抚信息的另一重要来源是武陟县知县，以及少量的河内县知县的呈报。实际上，在清代河官体系中，有所谓专管河官和兼管河官之分[①]，体现出清政府对于河、印两套官僚体系间相互监督的考虑。武陟县知县或河内县知县被融入水报程序之中，也是这一理念的实施表现。由此，产生了地方官和河官两个层面上的传报，这样既有利于信息多渠道、较为有效地到达下游，又可以使测报工作保质保量地进行，从而提高水报运行的效率。武陟县知县有兼管黄河、小丹河及沁河工程的责任[②]，出于全河防务的配合，兼及本地防洪的需要，获得志桩水报等河工信息也应属于其职权范围。而编于专职河官体系中的武陟主簿，本就是由地方官体系中调拨出来专管河务的[③]。专门负责河防事务的同时，作为武陟县的佐杂僚属，具有地方行政和专管河务的双重身份。所以武陟主簿在向黄沁同知传报沁河水势情况的同时，也需要向其上司武陟县知县例行呈报，武陟县知县再进行传递，就出现了下游官员得报于武陟县知县的记载。

关于“河内县知县禀报”的记载，应该类似于武陟县的情况。河内县知县也有兼管沁河工程的责任[④]，其水报信息应来源于河内县县丞。沁河流经河内县西北，沁河南北两岸筑有沁河官堤，设有堡房三座，堡夫十名，由驻扎河内县的县丞经管，他是隶属于黄沁同

① （清）傅泽洪等辑录：《行水金鉴》卷一六八《官司》，上海：商务印书馆，1936 年，第 2447-2455 页。

② （清）傅泽洪等辑录：《行水金鉴》卷一六八《官司》，“河南专兼管河官”，上海：商务印书馆，1936 年，第 2447 页；（清）允禄等监修：《大清会典》（雍正朝）卷二〇六《河渠五・河官建置》，台北：文海出版社有限公司，1995 年，第 13702 页。

③ 第一历史档案馆整编：《雍正朝汉文朱批奏折汇编》（第 2 册），南京：江苏古籍出版社，第 486 页。

④ （清）傅泽洪等辑录：《行水金鉴》卷一六八《官司》，“河南专兼管河官”，上海：商务印书馆，1936 年，第 2447 页。

知的专职河官[1]。河内县官堤堡房前或设有与木栾店形制相同的预报式志桩，此装置至少在嘉庆朝时期发挥了这样的作用[2]。水报由堡夫进行，再经河内县县丞呈报于河内县知县，从而下游督抚也就得到了河内县知县的水汛传报。

4．万锦滩与北洛口水报的管理

万锦滩和北洛口志桩，采取了不同于沁河志桩的管理方式，这是由黄河两岸地形和当时的堤工状况所决定的。

黄河过“两岸崇山高岸”山陕峡谷地段，自潼关以下“大河至此始折而东流”，至三门峡之间，穿北岸晋南之中条山和南岸豫西山地之崤山[3]，此间黄河河道自由摆动，对两岸侧蚀作用明显[4]，南岸河南陕州正位于其间。黄河向东“至孟县，两岸渐无山冈，河面宽阔约计数里”，但孟县以东的巩县境仍无官方堤防的设置，黄河南岸自荥泽县才开始修筑堤工，因此陕州和巩县境没有被纳入正式的国家河工堤防体系之中，清政府在这一段河道之上也没有配置河防厅汛[5]，更无所谓河兵和堡夫的驻守了。

---

① 乾隆《新修怀庆府志》卷六《河渠·官守》，“河内汛原设县丞”。

② 水利电力部水管司、水利电力部科技司、水利水电科学研究院：《清代黄河流域洪涝档案史料》，嘉庆元年七月十九日李奉翰奏，北京：中华书局，1993年，第369页；嘉庆二年闰六月十七日李奉翰奏，北京：中华书局，1993年，第370页；嘉庆二年七月初三日李奉翰奏，北京：中华书局，1993年，第371页；嘉庆二年七月十六日李奉翰奏，北京：中华书局，1993年，第371页；嘉庆二年七月二十四日李奉翰奏，北京：中华书局，1993年，第372页；嘉庆三年六月十九日司马騊奏，北京：中华书局，1993年，第374页；嘉庆八年六月初七日嵇承志奏，北京：中华书局，1993年，第399页；嘉庆八年六月二十五日嵇承志奏，北京：中华书局，1993年，第399页；嘉庆二十四年八月十四日叶观潮奏，北京：中华书局，1993年，第489页等。

③ 参见（清）齐召南：《水道提纲》卷五，“黄河”，台北：商务印书馆，1986年；李永文主编：《河南地理》，北京：北京师范大学出版社，2010年，第20-21页；等。

④ 史念海：《河山集》（二集），北京：生活·读书·新知三联书店，1981年，第129-137页。

⑤ 参见（清）傅泽洪等辑录：《行水金鉴》卷一六七《官司》；光绪《钦定大清会典事例》卷九〇一《工部·河工·河员职掌一》；乾隆《续河南通志》卷二二《河渠志·河防》，“黄河堤工”；光绪《河南通志》卷一二《河防·河南省黄河道》，“至汜水河阴至荥泽县而始有堤工”；等。

沁河志桩是在原有志桩基础上通过改移观测位置而重置的，陕州万锦滩和巩县北洛口之前没有测报的传统，完全属于新置，其志桩首先在测报主体上与沁河志桩有较大的不同，两处志桩的日常管理运行是由地方官员进行的。巩县曾设有河防职官——县丞一员[①]，针对境内洛河和黄河的防治[②]，驻扎在巩县县城，直至乾隆三十年（1765年）巩县北洛口志桩设立后其仍存在。但至当年十月，时任河南巡抚阿思哈奏请，将巩县县丞移驻同属河南府的宜阳县韩城镇，明确指出，一方面宜阳县韩城镇为“山陕江楚商贾冲道，应设官弹压”；另一方面巩县县丞所管境内水利等事较简，可以由巩县知县兼理[③]。这样所谓巩县原设之专职河官实际上被“取消”了，北洛口志桩的测报事宜由此完全交由巩县地方官员管理，其所得志桩涨水信息可直接传递至下游。

从奏报资料情况来看，万锦滩志桩的测报工作主要由陕州知州向下游报告。关于陕州知州和巩县知县的信息来源，即水报信息产生的过程和两地志桩运作的基层情况记载较为模糊，有两种可能，一种是陕州知州和巩县知县依靠自身衙门吏役人员或驻防兵弁力量进行测报，另一种是由河官部门专门委派河兵或夫役驻守万锦滩和北洛口进行测报，不过两种情况都绕不开陕州知州和巩县知县对于水报信息的掌握，不管地方吏役兵弁，或河兵人员，其水报信息终需通过两地正印长官，再向下游传递。陕州万锦滩和巩县北洛口志桩运作在没有增置机构和人员的情况下，利用地方官体系力量，委

① 雍正《河南通志》卷一二《河防》，“河防职官”，光绪二十八年（1902年）补刻本。

② 据乾隆《巩县志》卷三《建置》，“城池”“堤防”，巩县县城多次受到黄河水涨的侵袭，在其县城北五里处筑有神堤“以障黄流”，城北另有巩洛新堤创建于明代，巩县县丞应该负责上述工程的管理。

③《清高宗实录》卷七四六，“乾隆三十年十月癸丑”条。

任其管河事务，可视为一种兼职河官的形式。

陕州知州和巩县知县虽暗含有兼职河官的职责，但正式官方记录中并没有明确这一身份。陕州和巩县属于地方行政官员，受河南巡抚管辖，因为有这样的非专职河官的参与，同时又涉及不同地区间的接递联系，所以万锦滩和巩县的水报运行筹划过程中，李宏首先要解决的是河官与印官合作的问题，该体系依托于陕州和巩县地方官员的力量来实施和完成水报程序，李宏最需要河南巡抚的支持和配合。

黄河流经河南境，河南巡抚等地方官员有协同河官治河的任务，甚至有直接负责汛期黄河管理和修防的惯例①，但是由于责任、利益分配等缘故，清代以来河道总督与沿河督抚关系并不怎么和谐，中央曾多次饬令河印协同合作，但其中微妙的冲突关系一直存在。李宏在任河东河道总督之前，长期供职于南河，虽同属河官部门，但河东的情况对于他来说仍然比较陌生；而中央一开始对其任职河东河道总督颇持观望态度，甚至授意河南巡抚就近“监视”李宏的日常动向②，可想而知，李宏在河东任上开展工作更需谨之慎之。李宏任职河东河道总督时间较短③，但任内较好地处理了同河南巡抚阿思

① 参见光绪《钦定大清会典事例》卷九〇一《工部・河工・河员职掌一》；第一历史档案馆整编：《雍正朝汉文朱批奏折汇编》（第 3 册），雍正二年八月二十六日“河南巡抚石文焯奏请拣员补授河工员缺折”，北京：中华书局，1993 年，第 501 页；第一历史档案馆整编：《雍正朝汉文朱批奏折汇编》（第 3 册），雍正二年八月二十六日“河南巡抚石文焯奏报秋汛工程平稳折”，北京：中华书局，1993 年，第 502 页；第一历史档案馆整编：《雍正朝汉文朱批奏折汇编》（第 13 册），“河东总督田文镜奏报豫省黄河秋汛水势及中泓刷深丈尺情形折”，北京：中华书局，1993 年，第 115 页；等。

② 第一历史档案馆整编：《乾隆朝上谕档》（第 4 册），乾隆二十九年七月二十四日，北京：档案出版社，1991 年，第 465 页。

③ 李宏自乾隆二十九年（1764 年）六月起，至乾隆三十年（1765 年）三月间任河东河道总督。参见钱实甫编：《清代职官年表》，北京：中华书局，1980 年，第 1418-1419 页。

哈的关系，两人在河工防御和工程建设方面能够协作配合，如在被称为“豫东第一险要之区”的耿家寨险工引渠等工程建设中，两人同时受到了中央的褒奖[①]。因此李宏稳固了其河东任上的地位，减少了中央对于其任职的顾虑，并同地方官员建立了良好的关系。基于此，李宏的志桩水报构想首先在地方上得到了支持，他“咨明抚臣”阿思哈得到首肯，这样陕州、巩县地方官的配合也较为顺畅，地方上首先统一了意见。接下来李宏上奏中央以求制度上的认定，中央不管从李宏论述水报的合理性上，还是出于其同地方较好的关系基础上，都有充分的理由同意这一方案，由此黄河中游水报预警体系在制度层面上被正式建立了起来。[②]第二年，即乾隆三十一年（1766年）在臣工的奏折中即出现了黄河中游“万锦滩”“沁河”等志桩涨水尺寸的内容。[③]

① 第一历史档案馆整编：《乾隆朝上谕档》（第 4 册），乾隆二十九年十一月十二日，北京：档案出版社，1991 年，第 521 页。

② 嘉庆《钦定大清会典事例》卷六九四《工部・河工・岁修抢修》。

③ 水利电力部水管司、水利电力部科技司、水利水电科学研究院：《清代黄河流域洪涝档案史料》，乾隆三十一年六月十六日李清时奏，北京：中华书局，1993 年，第 262 页；八月二十八日何煟奏，北京：中华书局，1993 年，第 265 页。

第二章 清代黄淮志桩水报运作实态

上一章中主要对黄河和淮河志桩水报的设立过程进行了探究，本章将以水报为纽带，对清政府中央与地方之间相互联系的水环境测报管理运作方式进行具体考察。

第一节 “三汛”呈报中的水情预报

一、中央的关注——“三汛”呈报传统

清廷中央一直高度关注黄河河患，在河政建设方面投入了大量的人财物力。康熙时就曾将治河定为三大政之一[①]，无论从保漕或保民的角度，以后继任的几位皇帝不敢懈怠，不断增加河工的投入，积极应对洪涝对于其统治秩序的影响。中央对及时准确地了解江河流域的水环境情况，掌握河工的堤防建设实况的需求，催生了清代的“三汛”呈报制度。

①《清圣祖实录》卷一五四，“康熙三十一年二月辛巳朔”条。

所谓“三汛”主要指黄河的桃汛、伏汛和秋汛这三个涨水汛期[①]，康熙十二年（1673 年）曾规定，“嗣后三汛平稳，令各总河驰驿奏报”[②]，河道总督要在黄河桃汛、伏汛及秋汛等三汛平稳度汛后，向中央呈报本汛期间黄河水势、工程修守以及地区成灾的情况，由于资料的问题，这一规定在康熙朝执行情况不甚明晰[③]。至雍正朝始见有副总河关于黄河汛期的奏报，如雍正四年（1726 年）四月至九月间，副总河嵇曾筠分别呈报了当年立夏以后五月、六月、七月、秋汛及八月等黄河水情，几乎涵盖全年汛期的水势和工程情况[④]。多数奏报中未见有涨水尺寸的记载，但从几份少有的提到宁夏同知报告涨水尺寸的奏折中可知，从康熙四十八年（1709 年）以来建立的黄河上游宁夏府水报一直在持续进行[⑤]，而是否有必要在奏折中上报该类信息可能就取决于上奏官员了，但这不排除同期题本中会有较为详细的呈报内容。

雍正七年（1729 年）改原副总河为河南山东河道总督（也称“东

① 嘉庆《钦定大清会典事例》卷六九四《工部·汛候》。

② 光绪《钦定大清会典事例》卷九一三《工部·汛候·疏濬一》。

③ 该类内容的奏报在公开整理出版的《康熙朝汉文朱批奏折》（中国第一历史档案馆编，北京：档案出版社，1984—1985 年）及《康熙朝满文朱批奏折》（中国第一历史档案馆编，北京：中国社会科学出版社，1996 年）中未检索到，可能当时臣工“三汛”呈报主要是以题本形式上报，但该类型题本资料目前未收集到。

④ 参见《雍正朝汉文朱批奏折汇编》（第 7 册），雍正四年四月十六日“副总河嵇曾筠奏报立夏以后黄水涨落尺寸折”、五月二十八日“副总河嵇曾筠奏报五月内黄河工程水势平稳情形折”、六月二十九日“副总河嵇曾筠奏报六月内河南工程水势平稳情形折”、八月初一日“副总河嵇曾筠奏报七月内豫省河工水势平稳及河身刷深缘由折”、八月十六日“副总河嵇曾筠奏报秋汛工程平稳折”、八月二十日“副总河嵇曾筠奏报八月内工程水势平稳折”等（第一历史档案馆整编，南京：江苏古籍出版社，1991 年，第 141、344、553、805、888、935 页）。

⑤ 第一历史档案馆整编：《雍正朝汉文朱批奏折汇编》（第 3 册），雍正二年六月二十五日“副总河嵇曾筠奏近日河水安澜折”，南京：江苏古籍出版社，1991 年，第 245 页；（第 12 册），雍正六年六月二十三日“河南副总河嵇曾筠奏报六月水势工程平稳折”，南京：江苏古籍出版社，1991 年，第 792 页；等。

河总督”），专理河南和山东河务[①]，此后江南河道总督和河东河道总督继承了“三汛”呈报传统，其上报中涉及宁夏府和沁河涨水次数与尺寸等内容[②]。

二、“三汛”呈报文本形式和水报内容的变化

水报信息通过一系列的传报接递，最后以奏折或题本的形式递至中央政府，通过这些水文信息，皇帝和中枢决策机构可以对黄河水文环境有更清晰的认识和判断，从而便于中央河政政策的制定和调整。这种中央—地方水报呈接关系运作过程，实质上构成了中央政府对于地方官员行政作为的一种新的监督方式，它不仅满足了中央政府对于黄河水环境信息掌控的需求，更是加强地方控制的重要举措。为此，清代对上行文书中记录和书写志桩水报内容有一些相应的规定。

清代题本和奏折是臣工上行的两种主要公文形式，题本内容庞杂，上呈程序繁多，经历人手众多，且传递相对迟缓，所以官员在上报朝廷及地方事宜时，往往先奏后题[③]。河道总督等官员在上报“三汛”情况时，也分为题本和奏折两种形式进呈。为了迅速及时地传递该年汛期内水势情形，河道总督等首先上呈“三汛”奏折，简明

① 第一历史档案馆整编：《雍正朝汉文朱批奏折汇编》（第 14 册），“河南山东河道总督嵇曾筠奏谢特授河道总督折”，南京：江苏古籍出版社，1991 年，第 767 页。

② 第一历史档案馆整编：《雍正朝汉文朱批奏折汇编》（第 15 册），雍正七年七月二十日“东河总督嵇曾筠等奏报伏秋交会水势工程平稳情形折”，南京：江苏古籍出版社，1991 年，第 802 页；（第 24 册），雍正十一年六月十八日“江南河道总督嵇曾筠奏报伏汛水势骤涨工程平稳情形折”，南京：江苏古籍出版社，1991 年，第 691-692 页；六月二十四日“河南山东河道总督朱藻奏报伏汛期各处工程平稳折”，南京：江苏古籍出版社，1991 年，第 713 页；等。

③ 一言：《清代题本的式微》，《历史档案》2011 年第 2 期。

扼要地报告汛期内河道整治、工程修防以及人员配置等情况，雍正至乾隆朝时期“三汛”奏折中涉及黄河、沁河涨水尺寸的信息逐渐增多，但其所提到的黄河涨水情形，仅笼统地概括为“黄河水势长×尺×寸”[①]。而在接下来所上呈的题本内容较为详尽，在雍正末乾隆初任河东河道总督的白钟山，在雍正十三年（1735 年）至乾隆五年（1740 年）间关于黄河“秋汛”水势情况题本中，对黄河各个汛段水势情况逐一描述，基本格式是“据×府×同知或×通判×××呈称”，其境内黄河水势，“于×月×日起至×月×日止，陆续共长水×尺×寸，共消水×尺×寸，除长落相抵外，净长水×丈×尺×寸”，并奏明堤岸埽坝的安全情况，最后将本年该汛期内河南、山东两省黄河和沁河涨水尺寸做一总结[②]，题本中所提及的区域属于河道总督管辖范围。自乾隆三十年（1765 年）新置万锦滩、洛河志桩及改立沁河志桩后，除了题本的情况暂不明外，三地志桩水位尺寸等信息很好地融入“三汛”呈报之中，在奏折中基本上和宁夏等志桩构成了上中游“黄河水势”的水位标准测量点。如乾隆三十五年（1770 年）闰五月，时任河南布政使何煟上奏称：

节据黄沁厅禀报，沁河于初五、六、七等日长水六尺五寸。巩县禀报，洛河于初八日长水四尺三寸。陕州禀报，万锦滩于初八日长水四尺。其上游之杨桥、黑堽于初六、七、八、九等日，长水四尺五寸。其下游至铜瓦厢、三家庄等处，于初八、九、十及十一等

① 参见水利电力部水管司、水利电力部科技司、水利水电科学研究院：《清代黄河流域洪涝档案史料》，乾隆十年三月二十五日、七月初十日、七月二十日、九月二十八日完颜伟奏，北京：中华书局，1993 年，第 164-165 页；等。

②（清）白钟山撰：《豫东宣防录》卷一至卷六，“恭报秋汛安澜”，乾隆年间刻本。

日，长水五尺余寸至八尺余寸不等。[①]

这一年原任河南巡抚富尼汉被“召京”，官缺暂时由布政使何煟护理[②]。早在乾隆三十年（1765年）四月，何煟补任河南按察使时，就有兼管“河南南北两岸河道工程”之责[③]，自然黄河水报信息的接收和处理等事务也归其管理。奏折中除了其他各厅报告的水位情况外，最引人注目的就是具有河南巡抚身份的何煟折子开头就首列沁河、洛河及万锦滩的涨水尺寸，分别指示了黄河中游干支流的水势情况。河南巡抚有单独掌握水报信息的权力，可以直接接收黄沁厅同知、巩县知县以及陕州知州的“禀报”，不需要通过中间环节，诸如河东河道总督的“咨会”或“移会”。另外，折中何煟提到“节据”接到沁河的水情报告，虽连续三日都有涨水，但每次都是即时传报，并不是合并几日一起呈报。而何煟就水报信息上奏中央来看，具有一定滞后性，水位信息记录最晚至闰五月十五日[④]，何煟于二十五日始具奏上报，而且水情内容皆为合并归纳形式，因此可以看出，水报要求的时效性仍主要着眼于地方层面上下游之间的传递。

对于地方官员上呈的奏折、题报内容，中央政府并不盲目认同，而是基于涨水尺寸对河道、水势影响等情况进行敏感而细致的考察和判断。乾隆四十八年（1783年），江南河道总督李奉翰奏报了汛期水势工程情形折，中央政府就敏锐地提出，下游徐州等地的涨水如

① 水利电力部水管司、水利电力部科技司、水利水电科学研究院：《清代黄河流域洪涝档案史料》，乾隆三十五年闰五月二十五日何煟奏，北京：中华书局，1993年，第280页。
② 钱实甫：《清代职官年表》（第2册），北京：中华书局，1980年，第1621页。
③ 第一历史档案馆整编：《乾隆朝上谕档》（第4册），乾隆三十年四月初六日，北京：档案出版社，1991年，第646页。
④ 水利电力部水管司、水利电力部科技司、水利水电科学研究院：《清代黄河流域洪涝档案史料》，乾隆三十五年闰五月二十五日何煟奏，北京：中华书局，1993年，第281页。

果由上游来水所致，据往年经验，徐州等地志桩应该陆续会涨至一丈开外，今年却只“长水三尺四寸，连前长至八尺六寸”，与之前类似涨发情况并不相符，从而提出两种可能，一则为洪水水量小，另一可能是由于河底淤垫的缘故，所以应该将原来单一“从河底至水面为准”的测量方法，改为从河底至水面测量和“堤顶量至水面”并用的测量方法，这样一方面可以反映水位尺寸，另一方面又可以查看河道淤垫情况，以便于及时疏浚①。

至乾隆晚期，“三汛”呈报的实效性作用逐渐被淡化，书写水报信息多呈现出一种沿袭传统“成例”办法继续维持下去的状态，中央对于水报的作用似乎减少了关注，上行下效，在地方呈报水报信息内容时也往往成为一种填空式的书写，官员们只求于“三汛”的例行奏报，有流于形式之嫌。不过，乾隆帝曾针对这些问题，以上谕的形式，要求地方做出整改。乾隆五十八年（1793 年）时任河东河道总督李奉翰循例奏报了“河水安澜工程巩固”折，不同于以往，中央对于这份奏折中万锦滩等地涨水尺寸颇有批评，奏折中虽然尽述了陕州万锦滩志桩于当年七月二十二、二十四、二十六、二十八日的连续涨水尺寸，但中央责其记录不认真，有瞒报谎报之嫌，“竟似河水有长无消，积高至一丈四五尺，一齐下注，有是理乎”，认为这些水报“未免张大其词”，有“自叙勤劳”邀功之目的。中央在接下来的上谕中，针对这样的奏报陈式，规定之后统计“长水尺寸”时，要将“长水若干，消落若干，二次又长水若干，除初长之水业经消落外，现存底水若干尺寸，据实奏闻”，不得重叠累算，虚张声

① 第一历史档案馆整编：《乾隆朝上谕档》（第 11 册），乾隆四十八年六月初四日，北京：档案出版社，1991 年，第 697 页。

势。[①]但仅以个别皇帝主观力量推动，虽在水报内容的呈报上得到了一些改进[②]，从中央本身来看，这样的关注缺乏持久的稳定性，到乾隆以后水报又回到了官样的形式。

第二节　跨境域合作：河、印“协力料理”

“三汛”呈报沟通了中央和地方关于水情、工程等防洪管理信息的交流，而这一联系的建立和运行主要是基于沿黄地区间水汛文报呈递的合作。

为揭示水报呈接方的关系，笔者以陕州万锦滩志桩为例，对其水报的呈报和接报情况进行了初步的统计，通过梳理清乾隆三十一年（1766 年）至宣统三年（1911 年）相关奏折档案，统计出上奏涨水信息官员的统计表（表 2-1）。可以发现，万锦滩志桩水报过程中参与官员身份多样，水位信息散布范围相对公开，这恰恰反映了清政府施政行为的特点——专职与兼职相结合。专职河道机构的设立有利于凸显河务的重要性，但实际操作中仍需要地方政府的参与、配合和监督。

表 2-1　万锦滩涨水尺寸奏报官员记录统计表

官职	奏报数	官职	奏报数
河东河道总督	441	两江总督	107
江南河道总督	153	河南巡抚	54

① 第一历史档案馆整编：《乾隆朝上谕档》（第 17 册），乾隆五十八年八月十二日，北京：档案出版社，1991 年，第 504 页。

② 参见水利电力部水管司、水利电力部科技司、水利水电科学研究院：《清代黄河流域洪涝档案史料》，乾隆五十八年七月十五日、八月初五日李奉翰奏，北京：中华书局，1993 年，第 359-360 页等。

官职	奏报数	官职	奏报数
山东巡抚	19	其他	3
总计	777		

说明：①统计主要依据水利电力部水管司、水利电力部科技司、水利水电科学研究院汇编的《清代黄河流域洪涝档案史料》（北京：中华书局，1993年），利用（清）黄赞汤《河东河道总督奏事折底》（国家图书馆藏、文献缩微复制中心，2005年）、（清）麟庆《云荫堂奏稿》（国家图书馆藏、文献缩微复制中心，2005年）、《再续行水金鉴》（武汉：湖北人民出版社，2004年）等资料对《清代黄河流域洪涝档案史料》中部分缺失年份进行补充。

②表中“河东河道总督”及“江南河道总督”包括了署理“河东河道总督”及“江南河道总督”的情况，“河南巡抚”包括了河南布政使和按察使，“山东巡抚”包括了山东布政使和按察使，“两江总督”主要包括以两江总督和署理两江总督单独上报以及由其领衔署名的奏折。

表2-1中显示了河东河道总督奏报涨水尺寸的比例最高，可见其对于万锦滩志桩涨水信息的掌握和管理占主要地位。按照李宏当初设计的万锦滩志桩运作程序，涨水尺寸需要飞驰下游报告江南河道总督，但在实际运作中，报予河东河道总督的较多，江南河道总督得报情况明显少于河东河道总督，而且通过分析呈报与接报的关系，可以看出江南河道总督部分涨水信息也是通过河东河道总督“咨会”得知的。另外地方督抚在水报过程中也占有相当比例，且在咸丰五年（1855年）黄河铜瓦厢改道前后有较大的变化。

清代中央政府对于地方管理“有着相互重叠的管辖、独立的监察体系以及有意模糊官僚体制相互界限的特点”[①]。同样在国家治河事务上，也具有这种专职河官与地方官事务交叉、关系复杂的特性。顺治初年清政府沿袭前明“总河”一职，设置河道总督，总理黄运等河事务[②]，但当时以河道总督为代表的河官体系在力量和地位上明显较弱，“其势不足兼顾”，只能有重点地关注黄河下游南河及黄淮

① ［美］韩书瑞、罗友枝：《十八世纪中国社会》，陈仲丹译，南京：江苏人民出版社，2008年，第6页。

② 康熙《大清会典》卷一三九《工部·河渠三·河道钱粮》。

入海通道的管理。

在河南“河务号为专官者，惟管河道与南北河两同知、归河通判数人”，豫东地区河官体系“厅汛之事未备”，由开归睢陈道府州县兼管办理治河事务[①]。清代治河一开始实际上就需要地方官与河官相互配合、分工协作，甚至“一切受成于巡抚，平时工程之事，大率倚办于州县”，这一过程中河官和印官之间矛盾冲突不断[②]。之后为了提高河政管理的效率，康熙及雍正朝致力于河官力量的强化和治河队伍的专业化尝试。

基于清初在河南和江苏境的河官体系基础[③]，康熙朝开始增设管河县丞与主簿。康熙十七年（1678 年）又在山东和河南两省“特设管理道官”[④]。雍正朝对河道总督的设置进行了一系列的变革[⑤]，其中最主要的是雍正二年（1724 年）设副总河一人管理河南河务，至雍正七年授副总河为河东河道总督，与江南河道总督分治南北两河，全国范围内专业化的河官体系不断完善。

随着河患和治河重点向豫东地区的转移[⑥]，中游万锦滩等地志桩

---

① 中国水利水电科学研究院水利史研究室整编：《再续行水金鉴》，黄河卷七，黄河附编二，引《豫河志》，“堤埽坝工及经费官制”，武汉：湖北人民出版社，2004 年，第 2957-2958 页。

② 《行水金鉴》卷一六六引《河南管河道治河档案》[（清）傅泽洪等辑录，上海：商务印书馆，1936 年，第 2405-2406 页]，载顺治四年（1647 年）河道总督杨方兴上奏提请顺治帝督促沿河地方官员履行募夫役和办料物的责任，工部下旨申饬地方印官“务要同心协理，无误河务”，重者依例治罪，而顺治十年（1653 年）杨方兴再次因与地方印官的矛盾而上疏。

③ 康熙《大清会典》卷一三九《工部・河渠三・河道钱粮》。

④ 乾隆《钦定大清会典则例》卷一三一《工部・都水清吏司・河工一》。

⑤ 参见张轲风：《清代河道总督建置考论》，《历史教学》2008 年第 18 期；姚树民：《清代河道总督的综合治理功能》，《聊城大学学报（社会科学版）》2007 年第 2 期；贾国静：《清代河政体制演变论略》，《清史研究》2011 年第 3 期。

⑥ 席会东：《台北故宫藏雍正〈豫东黄河全图〉研究》，《中国历史地理论丛》2011 年第 3 辑。

测量涨水，对于距离其较近的豫东地区的指示作用更为直接，作为河务管理的专官，河东河道总督对于水报管理责无旁贷，而水报先期设计的传递指向——江南河道总督，由于路程和交通等因素的限制，其接报不管从时效性还是涨水影响等方面，都不如河东河道总督对于这些信息需求的迫切。

终清一朝，河东河道总督和江南河道总督设置较稳定①，但河道总督下辖官员多有变化，与印官体系多有交叉，这种关系首先体现在河官体系内部人员的构成上，河道总督下分管河务的文职长官管河道，分为专务和兼管（由地方巡道兼管），而管河道以下中下层河官人员，主要依托于原有的地方印官体系，分为专职和兼职两种类型，其中专职类型由地方府州县官体系中的佐贰、杂职充任，如同知、通判、县丞、主簿等名目，加“管河”职衔，专理管河事务，派驻河道堤工专司河防，以“厅”“汛”为单位划分管理范围，统辖河兵或堡夫进行修防事宜②。上文提到的沁河木栾店志桩，其在基层测报管理中，就构成了由兵夫→武陟县主簿→黄沁厅同知完整的传递联系。

另外交叉关系还表现在河官与地方印官治河事务上的“协同办理”。清政府河官专业化的程度有限，专职河官等技术型官员非常缺乏，当初设置河官时，就只能将有限力量施之重点地区，而一些次重点河道以地方印官兼职管理。即使设有专职河官的沿河地区，清

① 钱实甫：《清代职官年表》（第 2 册），北京：中华书局，1980 年，第 1512-1514 页。

② 据乾隆《钦定大清会典则例》卷一三一《工部・都水清吏司・河工一》；嘉庆《钦定大清会典事例》卷六八九《工部・河工・河员职掌》；光绪《钦定大清会典事例》卷九〇一《工部・河工・河员职掌一》；《清史稿》卷一一六《外官》、卷一三一《绿营》；《行水金鉴》卷一六七《官司》、卷一七一《夫役》；张德泽：《清代国家机关考略》，北京：中国人民大学出版社，1981 年，第 233-234 页；等。

政府也不断去整合河官和沿河印官两者的力量。对于河官及沿河官员的选用，“遇有厅汛员缺及沿河州县缺出，酌量人地可以通融升调者”[①]。在日常的管理、险工抢修以及工程建设中，地方印官多有储备物料、征募河夫的责任。所以在沿黄地区，统摄府州县的地方最高行政长官河南巡抚和两江总督在治河事务中处于举足轻重的地位。

康熙时期，由于河道总督忙于南河事务分身乏术，中央就常谕令河南巡抚就近料理河南河道的一些河务工程，并享有一定的独立管辖权力，“不必行总河往察”[②]，河南巡抚官衔常加“兼理河务”，治河对于地方官力量仍有较大的依赖性。雍正三年（1738年），清政府虽增设了河南的河官数量，但在遇到黄河紧要工程时，还是需要当地印官的配合[③]。当时任河南巡抚的田文镜常常上奏有关黄河汛期水势和工程修防的情况[④]。在江南黄河的治理上，乾隆年间两江总督开始居于总摄治河的地位，江南河道总督处于治河前线，凡有关工程所用钱粮、料物及水势情况都需要通报两江总督[⑤]，这就是这时期的两江总督上奏涨水尺寸的奏报明显增加的原因了。

黄河汛期到来，河东河道总督常巡视于河南境内的黄河区间，

① 参见王志明：《雍正朝官僚制度研究》，第三章“文官题补制度”中“河缺题补”，上海：上海古籍出版社，2007年。

② 雍正《大清会典》卷二〇六《河渠五・河官建置》。

③ 乾隆《钦定大清会典则例》卷一三一《工部・都水清吏司・河工一》。

④ 第一历史档案馆整编：《雍正朝汉文朱批奏折》（第12册），南京：江苏古籍出版社，1991年，第33页；等。

⑤（清）黎世序等纂修：《续行水金鉴》卷一五《河水》，上海：商务印书馆，1936年，第349页，乾隆三十年八月“高晋奏定总督总河会办章程一文。武官题补题署、咨补咨署，并由河臣主稿，知会督臣商定，然后题咨。一、工程所用钱粮三道，一体详报督臣衙门查考；一、各厅工程，用存料物、各工水势，责成道厅营汛一体通报督臣”，原著《南河成案》按语：“自此两江总督兼河务遂为例。”又参见刘凤云：《两江总督与江南河务——兼论18世纪行政官僚向技术官僚的转变》，《清史研究》2010年第4期。

江南河道总督至徐州与河南方面进行“会商酌议”，密切中下游的防洪联系，两江总督则北上坐镇淮安进行统筹。而此时中游万锦滩等志桩水报传递发挥了沟通中下游防汛协防的作用，通过对中游涨水情况的掌握，结合下游诸地志桩的实时水势状况，可以及时进行工程的修防和调控。

乾隆三十六年（1771 年）自正月到桃汛间黄河水势平稳，但至五月底、六月初河南“大雨时行”，黄河节次涨水，其间沁水也涨水七尺八寸，万锦滩于五月十七日涨水三尺六寸，“旬日内两处同时长发”[①]。河南巡抚何煟督率河员防护，五月二十三日后水势逐渐消落，河防堤工较为平稳。上游涨水使下游徐州工程吃紧，江南河道总督李宏于五月二十三日启放毛城铺等石坝分泄洪水，涨势得到控制。但六月下旬以后，河东河道总督吴嗣爵和河南巡抚何煟先后奏报豫东黄河时涨时消，何煟会同吴嗣爵督率人员防护，二十四日后水势平定，“漫滩之水仍渐次归槽，大溜循轨安流”[②]。不期，豫东涨水对下游江苏等地却有严重影响，六月下旬徐城志桩已涨至一丈二尺四寸，“实为数年来所罕有”，两江总督高晋命将南岸毛城铺、峰山等闸先后开放，并抢护险工[③]。至七月初二日徐城志桩仍在加涨，直至一丈三尺二寸，宿迁县境内黄河与运河连接段漫水还灌入了运河。高晋于七月初六日奏称，河南沁河和万锦滩水势并涨，虽然前期已将毛城铺和峰山开闸

① 水利电力部水管司、水利电力部科技司、水利水电科学研究院：《清代黄河流域洪涝档案史料》，乾隆三十六年六月初四日何煟奏；六月初六日吴嗣爵奏；六月初六日李宏奏，北京：中华书局，1993 年，第 288-289 页。

② 水利电力部水管司、水利电力部科技司、水利水电科学研究院：《清代黄河流域洪涝档案史料》，乾隆三十六年六月二十六日吴嗣爵奏；六月二十八日何煟奏，北京：中华书局，1993 年，第 290 页。

③ 水利电力部水管司、水利电力部科技司、水利水电科学研究院：《清代黄河流域洪涝档案史料》，乾隆三十六年六月二十八日高晋等奏；七月初二日高晋等奏，北京：中华书局，1993 年，第 290 页。

泄水，但是来水较大，漫水现象严重，用料加厢和抢筑堤坝子堰收效甚微。高晋参考中游万锦滩、沁河等涨水情况，“计其长水日期尺寸”，将王营减坝开放泄黄河涨水，将刘老涧开放泄运河余水，同时赶赴宿迁县堵筑堤根坐蛰之处，防止黄河夺溜。李宏赴上游桃源等地维修漫水坐蜇堤工①。十二日高晋等上奏称，邳睢、丰砀厅两岸堤工均“抢护稳固”，而且自开放泄水后，徐城水志和老坝口水志陆续消落②。

事后何煟和高晋总结该年涨水“大而且久”，比较乾隆二十六年（1761 年）“盛涨之水，尚大四五寸”，“实为十数年来所未有”③。清代各减水坝的启放有严格要求，“各处闸坝开闭，则应以就近各工一定不易之尺寸为度，如黄河则有徐州城外石堤可验，清水则有洪湖山盱石滚坝可验。于此立准定则验度启闭，在工人员，皆得遵循无误”，黄河南岸泄水通过砀山毛城铺坝、王家山天然闸、睢宁峰山四闸等地，毛城铺坝以徐州石堤连底水长至七尺为标准开放，到秋汛过后，至九月朔，即行堵闭；天然闸以徐州石堤为标准，洪水连底水涨至八尺就开闸放水，水落即闭，没有规定的开闭日期；峰山四闸，不是遇到特大洪水一般是不开启的。黄河北岸泄水主要通过宿迁竹络坝、清河王营减坝、安东马家港，其中王营减坝、马家港非特殊情况也是不开启的④。

万锦滩等地的水报信息，无疑为高晋适时开启王营等减坝提供

① 水利电力部水管司、水利电力部科技司、水利水电科学研究院：《清代黄河流域洪涝档案史料》，乾隆三十六年七月初六日高晋等奏，北京：中华书局，1993 年，第 290-291 页。

② 水利电力部水管司、水利电力部科技司、水利水电科学研究院：《清代黄河流域洪涝档案史料》，乾隆三十六年七月十二日高晋奏，北京：中华书局，1993 年，第 292 页。

③ 水利电力部水管司、水利电力部科技司、水利水电科学研究院：《清代黄河流域洪涝档案史料》，乾隆三十六年七月十二日何煟奏；七月十七日高晋等奏；七月二十七日高晋奏，北京：中华书局，1993 年，第 291-292 页。

④（清）黎世序等纂修：《续行水金鉴》卷一二《河水・章牍九》引《高斌传稿》，上海：商务印书馆，1937 年，第 270 页。

了重要的依据，在工程调节中发挥了指导作用。

咸丰五年（1855 年）六月，黄河于河南兰阳汛铜瓦厢三堡北决[①]，成为黄河变迁史上一次重要的改徙，黄河 700 多年由淮入海的南流至此告一段落。而清政府的河政体系也相应地发生了重大变化，黄河改道之争以及河段管理归属问题一直悬而未决，再加上内忧外患使国家深处严重的政治危机之中，致使水报工作在改道后很长时间内都处于不稳定的状态。仅仅五年后，即咸丰十年（1860 年）清政府裁撤了包括江南河道总督及其所属厅汛官员在内的江南境内河官体系[②]，至此也宣告江南河道总督退出了黄河水报事务，两江总督也不再肩负黄河防汛的工作。咸丰中晚期至同治年间，水报信息呈现出减少的趋势，一方面可能由于资料文献的缺失，但不可否认的是当时水报确实受到现实形势的影响，这一时期呈报水情奏折多出于河东河道总督。

黄河河道北徙穿运，由大清河经山东境内入海，黄河中游水报实际又指向了下游山东境。改道以来，清中央政府既没有在山东境内新河道设置厅汛和河官，也未明确各督抚关于黄河区段的管理权责问题，对于由山东巡抚兼管河务的态度模棱两可，而当时的河东河道总督仅仅固守其河南河务，对于运河以西治河责任也极力摆脱。在多次与中央和河督交涉河务无果的情况下，山东巡抚事实上已被推到了黄河下游专职“河官”的位置上，不得不承认既成事实而勉为其难[③]，几任山东巡抚对于下游河防实行了一系列重要措施，逐渐

① 宣统《山东通志》卷一二二《河防志第九·通志九之四·黄河考中》。

② 中国第一历史档案馆编：《咸丰同治两朝上谕档》（第 10 册），桂林：广西师范大学出版社，2008 年，第 381-391 页。

③ 贾国静：《清代河政体制演变论略》，《清史研究》2011 年第 3 期。

建立起地方级别的专职治河体系[①]。随着太平军与捻军等叛乱的平息，清王朝国家系统亦渐归正常，各项事务逐渐恢复，水报运作又恢复进行。光绪十一年（1885 年）后出现了山东巡抚陈士杰呈报万锦滩等地水情的奏折[②]，黄河中游水报与下游山东建立了传报联系，此后山东巡抚成为奏报中游万锦滩等地涨水的新的主角[③]。

这一时期处于中游河南境内的黄河，由于河东河道总督权职集中于此，河南巡抚参与水报的情况相对减少，但并不意味着河南巡抚可以完全抽身事外，河东河道总督极力想将河防事务转移到地方督抚手中，甚至自动要求“裁汰总河一职”[④]，虽未通过，但从中亦可觉察到河官体系内部已渐入消沉，这对于水报，甚至整个国家河防都是一个严重衰落的标志。水报事务在河东河道总督与河南巡抚相互推诿中仍旧艰难地进行着，终至光绪二十八年（1902 年）河东河道总督及其所属厅汛被裁撤，河南巡抚实际上成了河南治河唯一的政府力量，“专管豫省黄河”[⑤]，黄河水报完全交由河南、山东两省巡抚管理[⑥]。彼时已近清亡时，但中游水报还是一直持续到了清末

①《清史稿》卷一二六《河渠一・黄河》；宣统《山东通志》卷一二〇《河防志第九・河工职官营汛表》。

② 中国水利水电科学研究院水利史研究室整编：《再续行水金鉴》，黄河卷五，“黄河六十四”，光绪十一年七月十六日陈士杰奏，武汉：湖北人民出版社，2004 年，第 772 页。

③ 参见《清代黄河流域洪涝档案史料》，光绪朝。

④ 中国水利水电科学研究院水利史研究室整编：《再续行水金鉴》，黄河卷四，“黄河四十九”，同治十三年十月十二日乔松年奏，武汉：湖北人民出版社，2004 年，第 1443-1445 页。

⑤ 第一历史档案馆编：《光绪宣统朝上谕档》（第 28 册），光绪二十八年正月十七日，桂林：广西师范大学出版社，1996 年，第 18 页；中国水利水电科学研究院水利史研究室整编：《再续行水金鉴》，黄河卷六，“黄河八十八”，光绪二十八年二月二十一日锡良奏，武汉：湖北人民出版社，2004 年，第 2696-2699 页。

⑥ 参见水利电力部水管司、水利电力部科技司、水利水电科学研究院：《清代黄河流域洪涝档案史料》，光绪二十八年至宣统元年，北京：中华书局，1993 年，第 885、891、893、895、898、903、910、913、917 页；等。

宣统三年（1911年）[①]。

第三节　黄河水报传递方式的嬗变

一、“马上飞递”

良好的预警系统不仅包括了完善的制度结构和管理形式等诸多要素，还需要坚实的物质基础予以支持，同样水报体系在机构建设、人员配置及权责划分的基础上，要想最大程度地发挥其预警防汛的作用，需要依托有效的传播途径。水报能够及时上传下达，以及对可能性洪水灾害的有效控制，都需要凭借畅通便捷的传递方式和路径。

清代不断完善的驿传体系，提供了这样的传递平台。中游万锦滩等志桩水汛文报或滚单就是通过马递的方式传至下游。“河工向例三汛时，各厅俱备塘马，以送文报”[②]，各厅专设塘马进行水报。

所谓“塘马”是一种准军事化驿传马匹，多设于边疆或战争前线地区，如西藏和甘肃地区。“塘”有“塘汛”之意，“汛”是清代兵制中最基本的单位，河工即以厅汛为单位，“凡塘汛，沿塘十里或五里为一汛，每汛设一斥堠在汛，各兵昼夜分巡，以资防守”[③]，清代河工防汛有河兵驻守，分属不同汛段。“其各厅向有捐备塘马以通

---

① 水利电力部水管司、水利电力部科技司、水利水电科学研究院：《清代黄河流域洪涝档案史料》，北京：中华书局，1993年，第928-929页。

②（清）包世臣：《南河善后事宜说帖》，《安吴四种·中衢一勺》附录四下，同治十一年（1872年）重刊本，第535页。

③ 乾隆《大清会典》卷七四《工部·都水清吏司·河工》，文渊阁四库全书本。

文报之处”[①]，塘马之设属河工捐纳事项，是河工经费定例之外的开支，另外还应包括地方府州县调拨协济的马匹。各厅塘马与普通驿站体系相同，由“该管道员就近稽核”[②]。各厅内部汛与汛之间，以及上下游河厅之间，建立了联络关系，“除紧要公事由马递外，其余长水落水，亦应彼此知会，以便提防”[③]，水汛文报寻常事务一般由堡夫走递送达，类似于普通驿站体系的铺递类型。但如遇到紧急情况，一律以河兵马递驰报。各厅之间水报的路线除紧急事外，主要沿堤工行进，一般“由堤顶去，堤根底路回”，凡是由马递通过的堤顶，需要“垫高三尺”，并责成文武河官“通知地方官，令地保随时填垫”[④]。河南豫东地区的水报主要依上述方式进行，汛期内河东河道总督或江南河道总督等官员在沿河巡视防汛过程中，可以及时得到相关的水情信息[⑤]。

陕州万锦滩、巩县北洛口志桩水报与此颇为不同，两地均不在国家堤工体系之内，而且传报负责人为地方印官，其传报可能主要通过普通国家驿站体系进行。传报路线基本沿黄河一线，自陕州甘棠驿始，七十里至陕州硖石驿，七十里至渑池县蠡城驿，四十里至渑池县义昌驿，五十里至新安县函关驿，七十里至洛阳县周南驿，七十里至偃师县首阳驿，六十里至巩县洛口驿，可接递北洛口志桩水报，再九十余里至荥阳索亭驿，七十里至郑州管城驿，七十里至

① （清）麟庆：《云荫堂〈云荫堂奏稿〉》（第 2 册），国家图书馆藏、文献缩微复制中心，2005 年，第 797 页。

② （清）麟庆：《云荫堂〈云荫堂奏稿〉》（第 2 册），国家图书馆藏、文献缩微复制中心，2005 年，第 797 页。

③ （清）徐端：《安澜纪要》卷上，“大汛防守长堤章程”，敏果斋七种刊本。

④ （清）徐端：《安澜纪要》卷上，“大汛防守长堤章程”，敏果斋七种刊本。

⑤ 中国水利水电科学研究院水利史研究室整编：《再续行水金鉴》，黄河卷三，“黄河四十一”，咸丰十年七月初八日黄赞汤奏，武汉：湖北人民出版社，2004 年，第 1203 页。

中牟县圃田驿，七十里至祥符县大梁驿[①]，即可递至河南巡抚衙门处，这一路线可以称得上当时技术和道路条件下水报递送最为快捷的路径了。

沁河沿岸设有堤防，并驻有河兵，志桩水报一般由黄沁同知传达下游，通过厅汛塘马体系沿堤工传递。与此同时承担水报任务的地方官——河内县知县和武陟县知县，利用普通驿站体系进行传报，路线大致经由河内县驿，七十里至武陟县宁郭驿，四十里至武陟县驿，过黄河，七十里至荥泽县广武驿，四十里至郑州管城驿，四十里至中牟县圃田驿，七十里至祥符县大梁驿，也可至省城送达河南巡抚[②]。

传递路线并没有到此结束，省城接下来四十里至陈留县驿，六十里至杞县雍丘驿，七十里至睢州葵丘驿，五十里至宁陵县宁城驿，六十里至商丘县商丘驿，六十里至虞城县石榴堌驿，六十里至夏邑县会亭驿，六十里至永城县太丘驿[③]，以上基本为河南境内的路程。

出河南境的水报路线，在原有驿传路线基础上发生了一些变化，过永城县后，六十里至安徽宿州百善驿，七十里至宿州睢阳驿，五十里至宿州大店驿，七十里至灵璧县固镇驿，至此原有驿路南下至安徽凤阳府，连接了安徽南北境。而水报路线则向东至凤阳府虹县，再七十里最后递至江苏宿迁县归仁集。

---

① 乾隆《钦定大清会典则例》卷一二一《兵部·车驾清吏司·邮政下》；乾隆《荥阳县志》卷三《建置 · 驿递》；等。
② 乾隆《钦定大清会典则例》卷一二一《兵部·车驾清吏司·邮政下》；乾隆《荥阳县志》卷三《建置 · 驿递》；等。
③ 乾隆《钦定大清会典则例》卷一二一《兵部·车驾清吏司·邮政下》；乾隆《荥阳县志》卷三《建置 · 驿递》；等。

为了配合水报的进行，沿线宿州属睢阳、大庄、夹沟三个驿站，轮流调拨驿马三匹“协济”虹县，后乾隆四十二年（1777 年）划虹县入泗州，并将泗州州治定于虹县城，所以泗州原设棚马五匹也归至虹县，但由于“黄河水报一交桃汛亦复频仍”，五匹之数仍“不敷”，时任泗州知州的刘作垣呈请“令宿州照旧协济”，得到批准。这一路线实际上在康熙年间宁夏水报时即已开辟利用[①]，黄河中游万锦滩等地水报也循此向下游传报，并在此基础上不断完善。

另外，为了方便水报的进行，清政府还开辟了临时的应急路线。河南东部归德府与江苏徐州府一直未有正式的驿站、驿路相连接，考虑到江南河道总督每年夏秋黄河汛期时常赴徐州防汛，便于与河东河道总督就近协商办理河务等情况，乾隆四十年（1775 年）在江苏徐州府和河南归德府之间，通过在商丘县设立腰站的方式，使河南归德府经由江苏砀山县直接到达江苏徐州府，计程三百余里，从而便利了黄河汛期紧急水汛文报的传递，有利于河东与江南防汛的及时沟通[②]。

河官或地方官得到水报信息后，一方面协调各方力量加强修防，应对可能出现的洪灾；另一方面需要具文上报中央朝廷，这一信息传递层面，清政府有明确的规定。康熙四十五年（1706 年）中央曾对河道总督呈报秋汛延迟二十日的情况颇为不满，要求奏报水汛之事较早到达，便于中央及时了解水情，对于防汛事务作出决策和指导，所以河工奏报要限两三日飞递送达中央[③]。河道总督关于河务紧急题奏本章，可交由驿站迅速驰送，“于牌票上书明紧急字样，限日

① 乾隆《泗州志》卷二《建置・马递》。

② 光绪《大清会典事例》卷七〇二《邮政•邮递》。

③ 雍正《大清会典》卷二〇七《工部都水司・河渠六・工程》。

到京，沿途司驿官将接收交送时刻，于牌票上填注，缴部稽察，如有违误，照例查参”[①]，从而有助于中央与地方及时的联系和沟通。

河道总督奏报“三汛”情形时，要分河工事务缓急，而定是否动用驿传[②]，“著河臣酌量宽期”递达[③]。河道总督初设时驻地在山东济宁州，后因江南事重，移驻江苏淮安府清江浦。雍正七年（1729年）河南山东与江南河务分治后，江南河道总督仍驻清江浦，而河东河道总督驻济宁州。乾隆元年（1736年）设江南副总河，驻徐州府城[④]，后江南副总河裁，但两江总督总摄河务后，江南河道总督多在汛期赴徐州指挥防汛，而河东河道总督在汛期间也常至河南黄河沿线巡视防务，道光年间又在伏汛前驻扎兰仪庙工[⑤]，就近与江南河道总督协调全河防务。雍正时期规定了“寻常本章酌定到京日期”，其中“河东河道总督驻扎山东济宁拜发者限七日，巡防黄运两河在途次拜发者，按道里远近将日期增减……河南巡抚限十一日二时；两江总督、江宁将军均限十三日四时……江南河道总督驻扎清江浦拜发者限十日……如遇巡勘工程在途次拜发者，按道里远近将日期增减”[⑥]。河南、山东、江南各地向京师传递的驿路在清前期的基础

① 光绪《钦定大清会典事例》卷七〇二《邮政•邮递》。

② 第一历史档案馆整编：《雍正朝汉文朱批奏折》（第 32 册），“南河总督高斌奏覆凡报汛水平稳之本章不再由驿马递送片”，南京：江苏古籍出版社，1991 年，第 597 页。该奏折未注明奏报时间，今按高斌曾两次出任江南河道总督，分别为雍正十二年（1734 年）十二月至乾隆六年（1741 年）八月和乾隆十三年（1748 年）至十八年（1753 年）八月，其奏中提到的河东河道总督朱藻，在任时间为雍正九年（1731 年）至十二年（1734 年）十二月，由此可推断该奏折时间应为雍正十二年（1734 年）十二月。

③ 光绪《钦定大清会典事例》卷九一三《工部・汛候・疏濬一》。

④ 乾隆《钦定大清会典则例》卷一三一《工部・都水清吏司・河工一》。

⑤ 光绪《钦定大清会典事例》卷九〇三《工部・河工・河兵河夫》。

⑥ 乾隆《钦定大清会典则例》卷一二一《兵部・车驾清吏司・邮政下》。

上也得到不断的完善[①]。

二、电报传递在水报中的运用

紧急水报虽然依托于当时最为快捷的驿递六百里加急，但是传报过程中也会遇到诸如道路不畅、天气恶劣、人为搅扰等状况，导致水报不能及时递达，甚至会延误时日，严重削弱水报的作用。光绪年间，电报作为一项新兴事业，已为世界发达国家广泛利用，受国际潮流的影响，面对自身传统驿递体系越来越不能满足国家事务运行等诸多问题，清廷内外要求改设电报的呼声不断[②]。

河工水情运用电报传递一定程度上起到了引领当时电报发展的作用。河南电政开办始于光绪十三年（1887 年）[③]，当年黄河于郑州决口，清政府斥巨资兴工堵筑，这次工程修防应用了一些近代化工具，如小铁路和电灯，而更为重要的是由此催生的开封至济宁的电报线也于光绪十四年（1888 年）正月二十四日架设完毕[④]，开封局亦在光绪十四年（1888 年）设立[⑤]。不晚于光绪十六年（1890 年）山

① 参见乾隆《钦定大清会典则例》卷一二一《兵部・驾清吏司・邮政下》；嘉庆《钦定大清会典事例》卷五二八《兵部・邮政・置驿一》；光绪《钦定大清会典事例》卷六八八《兵部・邮政・驿程一》、卷六八九《兵部・邮政・驿程二》；等。

②（清）李鸿章撰，吴汝纶编：《李文忠公奏稿》卷三八，“请设南北洋电报片”，上海：商务印书馆影印金陵原刊本，1921 年，第 315 页。

③ 民国《河南新志》（中册）卷一二《交通・电政》，河南旧志整理丛书，1988 年，第 736 页。

④（清）倪文蔚：《奏报山东济宁州至河南省城电报工竣日期事》，光绪十四年二月二十七日，国家清史工程数字资源总库，录副奏折 03-7148-004。转引自陈德鹏：《淮系督抚与晚清河南近代化的起步》，《安徽史学》2011 年第 3 期。

⑤ 民国《河南新志》（中册）卷一二《交通・电政》。

东巡抚可直接接收到河南关于黄河涨水的电报[1]，至此河南与山东、黄河中游与下游、河南巡抚与河东河道总督之间有了更为快捷的信息传递路径。

光绪二十七年（1901年），随着慈禧和光绪帝回銮，由陕西至河南、直隶的电报线架通，河南境内至洛阳，“电线即通过陕境”[2]，并北上经怀庆、卫辉、彰德等府至河北顺德府，称“庚乱回銮线”，线路接通的同时，光绪二十七年（1901年）四月陕州、怀庆电报局亦相继设立[3]。后该线又“由洛阳展至开封线，成于光绪二十七年（1901年），谓之‘回銮改道线’”[4]，至此陕州、怀庆等地电报可直达省城开封，为黄河中游水报电传化提供了可能性。

陕州万锦滩水情电报的运用，不能不提到时任河南巡抚吴重憙的推动，他本人与当时国家电政的推广与发展有着密切的关系，其曾参与了清政府电政初期开办和建设的事业。光绪三十四年（1908年）八月，吴重憙由邮传部左侍郎任上被授以河南巡抚，并兼管河工事务。之前，他在光绪二十八年（1902年）被任命为驻扎上海的会办电政大臣，并于光绪二十九年（1903年）三月收回了由外国控制的中国电报总局和各省电报局[5]。作为电政的推动者，吴重憙在任河南巡抚后，积极倡导黄河中游陕州万锦滩水情的电报传递。

其于宣统元年（1909年）五月饬令下属河北道员的公文中称，

---

① 水利电力部水管司、水利电力部科技司、水利水电科学研究院：《清代黄河流域洪涝档案史料》，光绪十六年六月十七日山东巡抚张曜奏，北京：中华书局，1993年，第785页。

② 民国《陕县志》（中册）卷一二《交通・电报》。

③ 民国《河南新志》（中册）卷一二《交通•电政》。

④ 民国《河南新志》（中册）卷一二《交通•电政》。

⑤ 钱实甫编：《清代职官年表》，北京：中华书局，1980年，第1747-1749、3112页；交通、铁道部交通史编撰委员会编辑：《交通史电政编》，交通部总务司出版，1936年，第45页。

万锦滩水报之前通过六百里驿递，需一日一夜到达省城开封，加上沿途山路崎岖，如果再遇到恶劣的天气，或洪水涨发阻断道路等情况，不管从文报驰递的时效性，还是递送文报人员的安全性上考虑，都有很大的问题。基于河南境内电报线路日臻完善，陕州已与省城及外省间实现了电报的连接，所以之后除日常“旬报水势”外，如“遇有陡长”，由陕州直接“电禀本部院”，河南巡抚接报后可“转电”山东、直隶等省，并及时委派各道厅进行防护工作。由于电报费用较昂贵，所以在电传水报内容上，“止须报明某日某时，陡长几尺几寸字样，其万锦滩等字，可无庸赘及”[①]。万锦滩水报的电报化对于紧急情况的传接和节省人物力开支方面大有裨益。由于沁河河防险工报告的需要，宣统元年（1909 年）河北道员石庚请于河南巡抚，设立三等武陟电报支局，路线大致“由黄河桥北取道御坝、小庄、南贾，越沁河经马棚童贯而达”，这样武陟县可以“南通郑州，北接卫辉”[②]，由此沁河等地水报也可实现电报的传达。万锦滩和沁河涨水电报需先发至省城开封河南巡抚处，然后由河南方面转发至下游山东巡抚[③]。

下游山东地区河防电报的建设较为突出，“山东官电，因河防而设”[④]。光绪二十九年（1903 年）山东巡抚周馥上“山东黄河安设电

① 中国水利水电科学研究院水利史研究室整编：《再续行水金鉴》，黄河卷七，“黄河九十三”，宣统元年五月，武汉：湖北人民出版社，2004 年，第 2865-2866 页。

② 民国《河南新志》卷一二《交通·电政》；民国《续武陟县志》，第五卷《地理志 · 交通 · 电报局》。

③ 水利电力部水管司、水利电力部科技司、水利水电科学研究院：《清代黄河流域洪涝档案史料》，宣统二年九月二十八日、七月初一日、十月十一日、宣统三年七月十二日、九月十八日孙宝琦奏，北京：中华书局，1993 年，第 922、923、925、926、929 页。

④（清）刘锦藻：《清续文献通考》卷三七三《邮传考十四 · 电政》，民国景十通本。

线片”，在山东境内黄河两岸设立了专管河工的电报系统[①]，主要是黄河山东省城下游“至利津彩庄北岸，由齐河下至利津盐窝”，共计设线八百里。省城又向上游开始延伸，宣统元年（1909年），因为山东黄河上游济宁“运河工程不能电达”，而且基于驻扎此地的兖沂曹济道在黄河防汛中的重要地位[②]，“因展巨野至济宁支线九十六里，并设济宁分局”。宣统二年（1910年）山东巡抚孙宝琦展拓河工电线，路线经由北岸齐河县起，经寿张县十里堡至菏泽县的贾庄，又从十里堡和贾庄之间的潘家渡，“分设支线至郓城县”，“又展设上游，自郓城县起，至巨野县止”[③]。至此济宁与省城济南的河工电报可直接通达，山东境内黄河沿线河工电报网基本建立了起来。

电报在清末迅速的发展，确实为水报的运作提供了更为便利的途径，但遗憾的是，清王朝此时也将寿终正寝，清代黄河中游志桩水报的近代化努力也半途夭折。

第四节　淮河水报制度的运作实态及其发展

一、淮河水报的实效及志桩的增设

水报制度运作完善过程，实际上也是清政府环境认识深入、施政管理不断调整的过程。淮河上游志桩的涨水信息以滚单或公文形

①（清）周馥撰：《周悫慎公全集·奏稿二》（第3册），民国十一年（1922年）秋浦周氏校刻本。

② 光绪二十八年（1902年）兖沂曹济道治由兖州府迁至济宁直隶州。参见牛平汉主编：《清代政区沿革综表》，北京：中国地图出版社，1990年，第191页。

③（清）刘锦藻：《清续文献通考》卷三七三《邮传考十四·电政》，民国景十通本。

式，递至河道衙门和省府衙门保存备案，但这批原始资料较难收集整理。所幸清代奏折中保存了相关的信息，利用它们可以展示淮河水报运作的一些情况。

依据现有奏折资料，水报信息最早出现于乾隆二十三年（1758年），即上游各志桩设立后的第二年。这一年六月二十五日具奏人江南河道总督白钟山称，驻扎正阳关委员（即通判）禀报“淮水涨发”，但是没有提及具体的涨水尺寸情况。另外，折中称接到河南息县呈报，该地淮河于“五月二十一日陡长九尺五寸[①]。一方面，奏折内容反映出，乾隆二十三年（1758年）淮河水报已经正式进入了实际运行之中，正阳关按照水报规定进行了传报，水报信息呈报人（正阳关委员，即通判）和接报人（江南河道总督）关系明确。但有一点，之前规定在河南境，只有信阳州可以与江南河道总督发生直接传报关系，而据此奏折来看，其他州县（如息县等）水报也可以直递江南河道总督，这样地方同河官信息接触范围比规定的扩大了许多。白钟山很重视上游水报信息，认为“上游水势既经陡长，则下游洪湖之水自必盛大”，为此将入江入海泄水闸坝酌量“早行开放宣泄”。由于洪泽湖水位有条不紊地随长随消，各滚坝过水少甚至尚未过水，所以白钟山未采取进一步调控措施。同年九月白钟山上奏，总结了淮河正阳关汛期的两次涨水呈报，“共长水一丈三尺”，但洪泽湖水位一直较低，滚水坝一直高出水面并未漫溢出水[②]。洪泽湖

① 水利电力部水管司、水利水电科学研究院：《清代淮河流域洪涝档案史料》，乾隆二十三年六月二十五日白钟山奏，北京：中华书局，1988年，第257页。
② 水利电力部水管司、水利水电科学研究院：《清代淮河流域洪涝档案史料》，乾隆二十三年六月二十五日、七月初六日、八月初一日、九月十二日白钟山奏，北京：中华书局，1988年，第257页。

始终安然无恙，秋汛过后黄运湖工程也一切平稳[①]。

从此年的形势来看，造成下游洪水涨发和消落的因素应该是多方面的，洪泽湖的涨水实况需要有高堰等志桩实时的测量，绝对不能简单地认为，上游涨水与洪泽湖水位上升存在线性的对应关系，水报的意义或水报能够长时期的持续运行，并不是清政府权宜性地应对洪水，而是基于洪水风险的考虑，注重长时段的监测对下游防御决策的参考作用。

实际上，水报“不能以上游之形势悉符于下游”的问题，早在水报构建过程中已被设计者提出，之后相关官员在实践中不断寻求更为合理的解决途径。河官出身的李宏，于乾隆三十年（1765 年）由河东河道总督调任江南河道总督，在东河任职期间时，其曾亲赴豫西沿黄地区的陕州、怀庆等州府，考察了黄河中游的河形、水势情况，并在此基础上成功地建立起了黄河中游万锦滩—沁河—洛河水报体系（详见第一章第四、五节）[②]，其本人乐于推进志桩水报体系的建设，并在这一方面富有经验。

乾隆三十二年（1767 年）十月，李宏在奏疏中提出，淮河涨水“上下全不符合”，希望通过实地查勘，找到更好的解决途径。此后李宏委派富有治河经验的山盱厅同知唐赞宸去淮河上游勘察，“偏历各县，归呈图说”，通过调查得出了“若正阳以上水未长，而颍、涡诸水骤长，湖必涨，正阳不知也；正阳报长，而颍、涡诸水不长，淮至正阳下，且将倒盈诸水之科而后进，迨归湖十仅二三，是以湖

① 第一历史档案馆整编：《乾隆朝上谕档》（第 3 册），乾隆二十三年十月初六日，北京：档案出版社，1991 年，第 258 页。
② 另参见庄宏忠等：《清代志桩及黄河“水报”制度运作初探——以陕州万锦滩为例》，《清史研究》2012 年第 1 期。

不与正阳相应”的结论[①]。以此，十一月李宏上呈了一份调查报告并附勘察地图，报告中描述了淮河流经形势，说明了由于正阳关下游仍有许多支流河道注入的原因，造成了上游水势涨消与下游不符的情况，这些下游支流水势在一定程度上对于洪泽湖涨水影响更为直接。参考了唐赞宸的意见，李宏奏请在凤阳府怀远县“荆山涂山之间，添设志桩一处”，并令怀远县知县在汛期进行测报，“以验沙、肥、洱、洛诸水之长落”。在“临淮镇添设志桩一处”，令驻扎在临淮的巡检进行探报，“以验涡、濠诸水之长消”，中央肯定了添设志桩的方案[②]，之后两处志桩按预设开始了水报运作。文献中对这两处志桩情况记录较少，但仍有资料可寻，如奏折中记载了嘉庆八年（1803 年）六月初五日江南河道总督吴璥上奏，提到了安徽怀远县呈报淮河涨水次数[③]。又道光二十一年（1841 年）九月二十四日江南河道总督麟庆奏，其亲临临淮关，验看水志的情况[④]，两处志桩运作模式应与淮河正阳关等相仿。

二、水报传递：沿淮驿路体系的变革

乾隆二十二年（1757 年）工部咨文成为淮河水报制度建立的纲领性文件，但其中主要就河南辖境内淮河水报传递方式和路径等情况进行了规划，而正阳关以下“转递”的具体传报事宜却没有说明。

①（清）阮元：《揅经室集》（二集），邓经元点校，卷六，“山东分巡兖沂曹济道唐公神道碑铭”，北京：中华书局，1993 年，第 506-509 页。

②《清高宗实录》卷七九八，“乾隆三十二年十一月庚寅”条。

③ 水利电力部水管司、水利水电科学研究院：《清代淮河流域洪涝档案史料》，嘉庆八年六月初五日吴璥奏，北京：中华书局，1988 年，第 435 页。

④ 水利电力部水管司、水利水电科学研究院：《清代淮河流域洪涝档案史料》，道光二十一年九月二十四日麟庆奏，北京：中华书局，1988 年，第 723 页。

而恰恰正阳关以下的传报是淮河水报中最为关键的一环，“历来总以正阳关驰报水势加长，酌视山盱五滚坝高出水面尺寸，以次拆展清口东西坝”[①]，它是下游河工调控的重要参考。实际上，清政府在正阳关以下的水报传递也进行了诸多建设和调整。

水报建立初始，正阳关下游传报也要求利用马递的方式，但该区段内沿河大多州县并没有自己独立的马匹和马夫设置。乾隆时期，国家的驿传系统已日臻完善，覆盖到了全国的主要地区，但是由于政区划分以及自然形势等因素，安徽境内驿路走向主要是沟通南北的纵向路径[②]，沿淮河东西一线凤阳府属寿州、怀远县以及泗州属五河、盱眙等州县境内，没有安设国家正式的驿站，府县之间的公文来往主要靠人力走递的铺递系统联系[③]。

乾隆二十二年（1757年）正阳关设立志桩后，为适应水报快捷性的要求，临近的庐州府合肥县金斗、派河、护城、店埠四个驿站派拨马匹和马夫专供水报使用，但当时规定征用期限为自清明起至霜降止，汛期过后即将夫马撤回合肥县四驿站[④]。乾隆《泗州志》载：“乾隆二十二年（1757年），正阳关立淮河水志，令下游州县添设腰站，飞报河院衙门。”[⑤]正阳关下游各州县，如寿州、怀远县、五河县等，均分别设立了腰站，水报运作运用了马递，马匹来源也似河南民间雇募，或由其他府县调拨驿马进行“协济”。另外，水报所经

① （清）康基田：《河渠纪闻》卷二三，嘉庆霞荫堂刻本。

② 乾隆《大清会典则例》卷一二一《兵部・车驾清吏司・邮政下》。

③ 参见乾隆《寿州志》卷二《铺舍》；嘉庆《怀远志》卷五《兵防志•驿传》；嘉庆《五河县志》卷三《经制志•邮驿》；乾隆《泗州志》卷二《建置•马递》。

④ 光绪《寿州志》卷一〇《武备志•驿传》。

⑤ 乾隆《泗州志》卷二《建置•马递》。

凤阳府府城本身设有驿站，可兹利用[①]。洪泽湖西南的泗州盱眙县，由于泗州州署因水灾"侨寓"盱眙县盱山之麓，当时泗州治在淮河北岸，盱眙县城在淮河南岸，二者临淮之处"河水长落相同"，所以当时泗州委员"查考"水情，而令盱眙负责"转报"，二者相互配合，泗州的棚马也投入到了水报传递之中[②]。以上各正站、腰站和临时拨给相连接，就构成了初期由正阳关下达洪泽湖河工的水报传递路径。

乾隆后期，对淮河沿线驿站又进行了调整，使水报传递环境大为改观。泗州直隶州州城于乾隆四十二年（1777 年）从盱眙境迁至虹城后，水报马匹的配置也做了相应的调整。泗州州城北移，"距淮近者九十里，远者百五十里"，而盱眙"转报为尤宜"[③]，泗州州级机构不再参与水报工作。时任泗州知州刘作垣"以水报紧要，请仍拨马二匹，于盱山安站"[④]，盱眙有了自己专门的水报配置，从而保持了泗州州驿退出后水报接递的连续性。

上文提到正阳关水报所需驿马和马夫由合肥县提供，并且限期使用，这些情况与水报即时传递的要求相互矛盾，在一定程度上会限制水报作用的发挥。乾隆五十四年（1789 年）安徽巡抚陈用敷上奏中央，就本省驿站等相关事务进行了一番调整，中央予以支持[⑤]。正阳关在此次调整期实现了正式的驿传配置，设置了正阳关驿，"设递水报马三匹、夫三名"[⑥]。寿州设置了州驿，"设马四匹，马夫三名"。泗州五河县也设置了驿站。之前由于泗州原有马匹，集中于虹

① 凤阳县有濠梁驿，又名临淮驿，乾隆十九年（1754 年）以临淮县并入凤阳县，改归凤阳县辖。参见光绪《凤阳府志》卷一四《兵制考•驿传》。

② 参见乾隆《泗州志》卷二《建置•马递》，卷三《水利上 • 淮河图》。

③ 乾隆《泗州志》卷三《水利上 • 淮河图》。

④ 乾隆《泗州志》卷二《建置•马递》。

⑤《清高宗实录》卷一三四二，"乾隆五十四年十一月甲申"条。

⑥ 光绪《寿州志》卷一〇《武备志•驿传》。

城（即州城），“通江、安两省驿路，中隔五河县，向无驿站，遇有紧要事件、淮水涨发，往来文檄不能迅速办理”，安徽巡抚陈用敷奏请变革驿站配置，得到了兵部配合，指示安徽太平府当涂县拨马于五河县，计“设马二匹，夫二名”，乾隆五十五年（1790年）又批准五河县正式“安站”[①]。

经过一系列的调整，乾隆朝后期，沿淮各地水报传递基本实现了独立的配置，其路线大致经由正阳关出发，六十里至寿州，一百八十里至凤阳府城，二十里至凤阳府临淮镇濠梁驿，八十里至五河县站，八十里至盱眙县盱山站，再六十里至洪泽湖蒋翟坝，到达洪泽湖河工一线。完整水报传递大致需要五百里的路程，水报设计中工部坚持“日行六百里”，不致延误，以此标准推算，如果考虑到中途转呈等影响因素，正阳关水报大约需要一日，即可到达下游河工，这也是当时技术和经费条件下最为快捷的传递路径了。

三、水报过程中主体官员的变化

乾隆二十三年（1758年）淮河水报运作以来，正阳关水情一直送达江南河道总督处，由该官员掌握，并负责向中央奏报。这一接递关系随着两江总督的介入而发生了变化。

已有研究认为，康熙朝以来，两江总督开始直接参与到河工建设之中，乾隆朝以来两江总督领衔河务管理已为常事[②]，乾隆后期对于水报的管理逐渐转至两江总督之手。乾隆三十年（1765年）三

① 光绪《重修五河县志》卷七《武备志•邮递》。
② 刘凤云：《两江总督与江南河务——兼论18世纪行政官僚向技术官僚的转变》，《清史研究》2010年第4期。

月中央谕令，授原江南河道总督高晋为两江总督，其官员缺，调原河东河道总督李宏任。由于伏秋汛期，河东事务仍需李宏办理，同时考虑到南河属下多为李宏“旧时同寅”，遇事掣肘，所以“所有南河总河事务著高晋仍行统理”，要求李宏在汛期过后再赴任[①]，这期间淮河水报事务自然由两江总督高晋代理。

水报主体人的转化，实际上源于继任两江总督的高晋原有的河官身份，既然之前其任河官，在治河技术和经验方面当不让普通官员。另外，从奏折署名的排序情况也可以看出这一趋势，乾隆五十三年（1788 年）六月、七月间几份有关淮河涨水的奏折中，两江总督书麟位列第一，江南河道总督列其后。而从奏报内容可以看出，安徽寿州、凤台等地官员向两江总督间接地提供了正阳关淮河的涨发情况，书麟得到了寿州和凤台县关于五月中旬以来接续涨水的折报，亲自赴工查看了高堰志桩的涨水情况，并实际主持了原属江南河道总督进行的拆宽束清坝和御黄坝，以及开放山盱智坝分泄涨水的工作[②]。这一年中包括水报的接收、水报涨水信息的处理都是由两江总督主持完成的。

不过需要指出的是，江南河道总督并未完全丧失掌握淮河水情和单独上奏的权力，乾隆五十四年（1789 年）四月、六月间，江南河道总督李奉翰同样奏报关于正阳关涨水、高堰志桩水位及下游河工应对情况[③]，两江总督收到的水报信息是由下级州县印官发出，

① 第一历史档案馆整编：《乾隆朝上谕档》（第 4 册），乾隆三十年三月二十日，北京：档案出版社，1991 年，第 638 页。

② 水利电力部水管司、水利水电科学研究院：《清代淮河流域洪涝档案史料》，乾隆五十三年四月二十八日、六月十五日李奉翰奏，北京：中华书局，1988 年，第 395 页。

③ 水利电力部水管司、水利水电科学研究院：《清代淮河流域洪涝档案史料》，北京：中华书局，1988 年，第 395 页。

相比同期更为快捷的正阳关滚单飞递来看，江南河道总督在水报中接报和处理方面仍担当不可替代的角色。水报的多方向传达，使清政府可以更为全面地掌握淮河水势情况，同时又可调动官员间的相互监督。嘉庆朝继承了前朝淮河水报呈报的方式，两江总督的介入仍是这一时期的主要特点[①]。

道光朝后期淮河水报发生了巨大的变化，水报信息渐渐淡出中央和地方官员们的话语之中，对比清前期，道光时两江总督或江南河道总督的上奏内容中，体现较为明显的是关于淮河水报信息不断减少。面对不断繁杂的地方行政事务情况，两江总督对于水报事务关注热度趋减，逐渐抽身于水报运作程序之外，而江南河道总督，如这一时期的张井、麟庆等，重新担当了水报信息处理的重任[②]。但此时受到国内外政治形势的干扰，水报运作效率已明显下降，甚至长期停滞下来。

检籍相关奏折档案资料，道光二十年（1840 年）以后两江总督、江南河道总督以及其他相关官员奏折中淮河水报的内容基本上未见提及，这一方面可能是资料缺憾的缘故，但是水报停止的可能性也很大，按照之前奏报的惯例，水报等相关信息应该与洪泽湖水势情况是共存的，但是从道光后期奏折来看，同类奏折中仅仅涉及了洪泽湖水势情况，但没有提到正阳关等上中游的涨水信息，或依此可以推断道光中期以后水报基本处于无序状态。

① 参见水利电力部水管司、水利水电科学研究院：《清代淮河流域洪涝档案史料》，北京：中华书局，1988 年。嘉庆朝两江总督，如费淳、铁保、百龄、孙玉庭等，都是淮河水报接收和处理的主要领衔官员。

② 参见中国水利水电科学研究院水利史研究室整编：《再续行水金鉴》，道光六年至道光二十三年，武汉：湖北人民出版社，2004 年。

19 世纪五六十年代爆发的太平天国起义，使得安徽境内长期成为清军与太平军及其他反叛势力相争夺的战场，安徽地方行政管理基本处于瘫痪状态，沿淮地区起义叛乱群起[①]。太平军北伐西征时，安徽寿州、正阳关一度遭到侵扰[②]，正阳关所驻通判和巡检公署被毁[③]，可想而知，水报工作此时已不能正常运行，查检同期相关奏折，淮河水报内容已基本销声匿迹。

此外，黄淮运自然形势的变化也使得清政府对于淮河的管理日趋松弛，咸丰五年（1855 年），黄河于河南铜瓦厢北决，不再南流夺淮，清政府于咸丰十年（1860 年）裁撤了江南河道总督及其所属厅汛建置，原来洪泽湖高堰和山盱两厅事务由改设的淮安府同知兼管，由于“江南军务未竣”，又“相距千有余里”，两江总督、江苏巡抚难于兼顾江北镇、道以下的管理，所以这些事务暂归驻扎淮安的漕运总督节制[④]。光绪中期漕运总督实际负责了淮河水报事务，接受安徽寿州正阳关的水报[⑤]。不过漕运总督自身漕粮事务繁杂，又兼及运道工程管理，并不能像之前那样进行持续性的水报行为，往往将其

① 参见光绪《重修安徽通志》卷一〇二《武备志·兵事四》；光绪《凤阳府志》卷四，纪事表下；光绪《寿州志》卷一一《武备志·兵事》；光绪《凤台县志》卷七《武备志·兵事》；等。

② 参见光绪《重修安徽通志》卷一〇二《武备志·兵事四》。

③ 光绪《寿州志》卷四《营建志·公署》。

④ 第一历史档案馆编：《咸丰同治两朝上谕档》（第 10 册），桂林：广西师范大学出版社，1998 年，第 381-391 页。

⑤ 漕运总督在奏折中会提到“寿州淮水报长×尺×寸”。参见第一历史档案馆编：《光绪朝朱批奏折》（第 99 辑），光绪十三年八月十三日漕运总督松椿奏，北京：中华书局，1995 年，第 61 页；光绪十八年闰六月二十八日漕运总督松椿奏，北京：中华书局，1995 年，第 204 页；光绪十九年七月十二日漕运总督松椿奏，北京：中华书局，1995 年，第 329 页；等。

关注视点缩回到淮河下游洪泽湖运河一线，仅仅就洪泽湖水位情况进行上奏[①]。而两江总督和江苏巡抚主要将精力放在了淮扬和太湖等地区的治理上，对于淮河上中游的关注骤减。至光绪三十年（1904年）漕运总督裁撤[②]，清代淮河水报彻底走到了尽头。

① 水利电力部水管司、水利水电科学研究院：《清代淮河流域洪涝档案史料》，光绪十三年十月二十三日、十一月十五日、十一月二十九日、十二月十八日、光绪十四年正月二十八日卢士杰奏，北京：中华书局，1988 年，第 920-921 页；第一历史档案馆编：《光绪朝朱批奏折》（第 99 辑），光绪二十二年七月二十八日漕运总督松椿奏，北京：中华书局，1995 年，第 726 页；等。

② 中国第一历史档案馆编：《光绪宣统两朝上谕档》（第 30 册），光绪三十年十二月二十二日，桂林：广西师范大学出版社，1996 年，第 254 页。

第三章 乾隆三十一年（1766年）以来黄河中游地区水文变化

第一节 乾隆三十一年（1766年）至2000年黄河三门峡断面径流量重建

一、涨水尺寸处理方法

目前河流古径流量（器测时期之前的河流流量）的重建工作主要依靠树轮宽度[①]，这就将几乎所有过去时代的流量重建结果限制在了河源段，而中下游存在大规模人类活动的地区，其天然林很早就被取代从而缺乏进行古径流量重建的代用资料[②]。因此，扩大代用资

① 刘晓东、安芷生、方建刚：《全球气候变暖条件下黄河流域降水的可能变化》，《地理科学》2002年第22卷第5期。

② 邓慧平、唐来华：《沱江流域水文队全球气候变化的响应》，《地理学报》1998年第53卷第1期；游松财、Kiyoshi Takahashi、Yuzuru Matsuoka：《全球气候变化对中国未来地表径流的影响》，《第四纪研究》2002年第22卷第2期。

料范围是解决这个问题的重要途径之一，以志桩尺寸记录和雨分寸记录为代表的清代高分辨率档案资料在弥补现有资料体系不足方面具有重要的作用。从理论上看，清代的黄河志桩尺寸记录具备和上游树轮记录进行对比讨论的基础，使黄河上中游具有了构建多站点径流序列的资料基础①。

雨分寸：6—10 月是华北各河流的主汛期时间，流域内雨量的多寡将直接影响到黄河中游流量的丰枯状况，黄河流域清代降雨量重建以“雨分寸”记录为最理想资料。“雨分寸”是清代地方官员向皇帝呈报的降雨情况，记载了雨水在农田中的入渗深度，由地方官员测量后通过奏折上报中央政府。乾隆元年（1736 年）之后的记录最为系统。黄河中游地区“雨分寸”以西安、太原、运城、临汾、洛阳 5 点的资料最为理想，郑景云等已经得出了乾隆元年（1736 年）以来黄河中下游地区的逐年降水量序列②。本书特别使用了各站点夏秋两季（6—10 月）的降雨量数据。重建的降雨量数据可以用来补充志桩记录的缺漏年份。

民国器测黄河水文记录：黄河上中游的现代水文器测记录开始于 20 世纪 10 年代，本书中使用了黄河上中游共 65 个站点（名称略）的水文记录，包括了水位、流量、流速、含沙量、降雨量等多种指标。由于这一阶段黄河上中游没有大型水利工程的扰动，故而是建立天然状态下径流量-累积涨水高度、径流量-降雨量回归方程最主要的资料。

1960 年，三门峡水利工程竣工后迅速导致黄河龙门—潼关段发

① 史辅成、易元俊：《黄河洪水考证和计算》，《水利水电技术》1983 年第 9 期。

② 郑景云、郝志新、葛全胜：《黄河中下游地区过去 300 年降水变化》，《中国科学》（D 辑）2005 年第 35 卷第 8 期。

生溯源淤积[①]，河床基底抬高，因此近 50 年的水文数据并不能作为反推清代情况的依据，1919 年陕县观音堂水文站与万锦滩志桩断面情况基本一致[②]，选取陕县水文站保留的 1919—1950 年水文记录，将其汛期涨水高度（*H*）和三门峡断面径流量（*R*）建立相关关系（图 3-1，通过α=0.05 显著性检验），据图 3-1 可以推算出乾隆三十一年至宣统三年（1766—1911 年）三门峡断面径流量，并与 1912—2000 年的实测数据衔接。

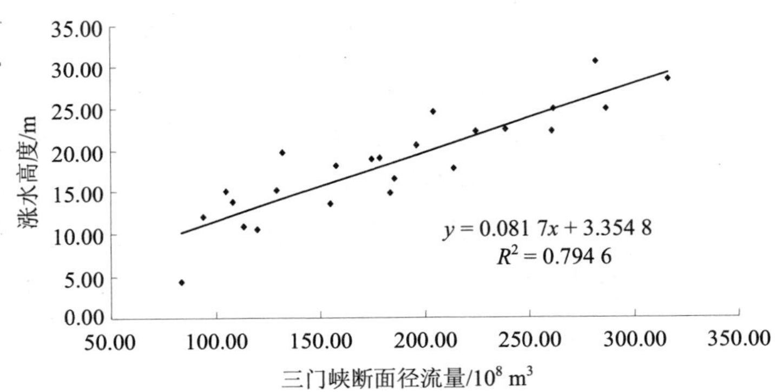

图 3-1 汛期涨水高度（*H*）与三门峡断面径流量（*R*）相关关系

二、三门峡断面汛期径流量

在黄河中游的汛期径流量已有数据中最重要的成果是王国安等 1999 年重建的结果，但已有序列在重建方法和资料使用上都存在着

① 中国科学院地理研究所渭河研究组：《渭河下游河流地貌》，北京：科学出版社，1983 年，第 81-101 页。

② 高治定、马贵安：《黄河中游河三间近 200 年区域性暴雨研究》，黄河水利委员会勘测规划设计研究院主编：《黄河流域暴雨与洪水》，郑州：黄河水利出版社，1997 年，第 48-56 页。

一些问题，如王国安等利用《中国五百年旱涝分布图集》中的旱涝灾害模拟降雨量插补径流量[①]，这种对旱涝灾害等同于降雨量丰歉变化的理解是值得商榷的，这一做法很可能导致最后得到的径流量序列存在问题。更重要的是王国安等所建立的“涨水高度—径流量”模型对 4 m 以下的涨水高度解释能力较差，其所得出的径流量数值需要修正。

具体修正方法是首先得出近50年汛期内黄河中游5站雨量与三门峡水文站径流量之间的关系；再利用郑景云等提出的“入渗深度—降雨量”模型计算中游 5 点（西安、太原、临汾、运城、洛阳）乾隆元年（1736 年）以来的面平均汛期降雨量；将降雨量与中游流量建立关系，在实际操作中我们发现，1957 年以来中游 5 点的汛期雨量与兰州—三门峡区间增水量存在着较为明显的线性关系（图 3-2）。因此，利用王金花等以唐乃亥断面为基流，将唐乃亥基流加上湟水流域和大红原地区树轮和兰州以上历史旱涝记录重建出了近520年来黄河兰州断面的径流量作为三门峡以上汛期流量的基流[②]，而兰州—三门峡区间内的增水量可以根据降雨量进行重建，这样就能获得三门峡断面的汛期径流量，如公式（3-1）所示。

$$R_{\text{三门峡}} = R_{\text{兰州}} + R_{\text{兰州—三门峡}} \tag{3-1}$$

① 王国安、史辅成、郑秀亚等：《黄河三门峡水文站 1470—1918 年年径流量的推求》，《水科学进展》1999 年第 10 卷第 2 期。

② 王金花、苏富岩、康玲玲等：《黄河上游兰州站近 500 年天然径流量序列重建》，《水资源与水工程学报》2007 年第 18 卷第 4 期。

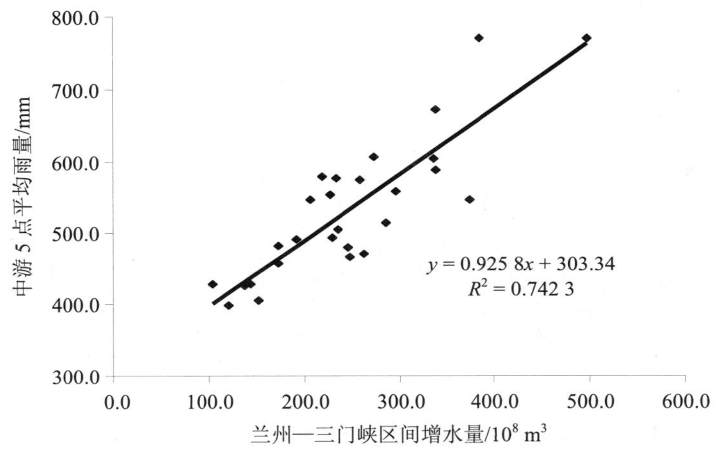

图 3-2　1957—2004 年黄河兰州—三门峡区间增水量与中游降雨量关系

这一方法能够有效地弥补原模型对累计涨水高度 4 m 以下处理不力的缺陷，本研究利用以上方法对原黄河三门峡断面乾隆三十一年（1766 年）以来的汛期径流量进行了修正，主要是在王国安序列基础上将累积涨水高度不足 4 m 或志桩缺载数据进行插补和修正。图 3-3 是 1957—2004 年实测值和使用本方法求算所得模拟值的比较，两者相似度非常高，通过了α=0.05 的显著性检验。修正前后的序列如图 3-4 所示。

为了进一步明确研究对象在长时段上的丰枯现象，本文采用平均值±1 个标准差来划分乾隆三十一年（1766 年）至 2004 年黄河中游和永定河的丰—枯时段，这一方法曾经在勾晓华等针对近 1 234 年来黄河河源段的丰枯周期划分中被使用[①]，能够清晰展现年代际尺

① 勾晓华、邓洋、陈发虎等：《黄河上游过去 1234 年流量的树轮重建与变化特征分析》，《科学通报》2010 年第 33 期。

度上的丰枯格局，划分后的丰—枯时段如表 3-1 所示。

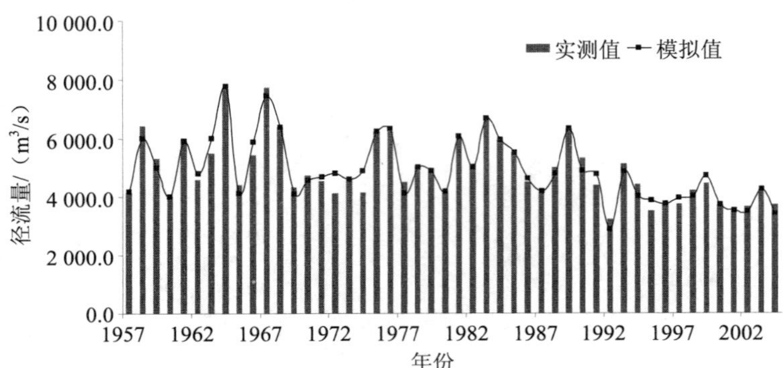

图 3-3　黄河三门峡断面 1957—2004 年径流量实测值与模拟值

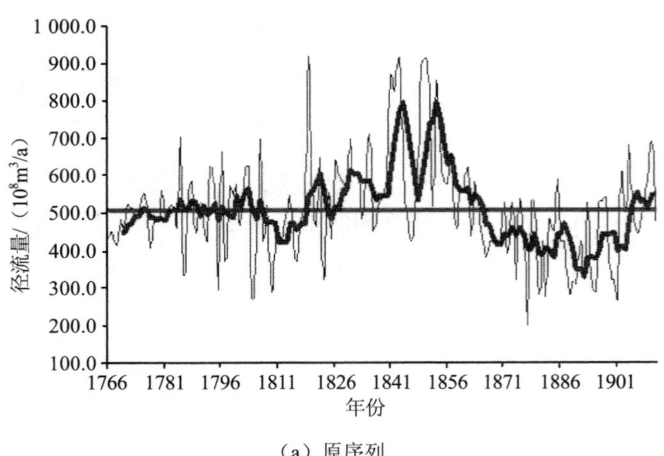

（a）原序列

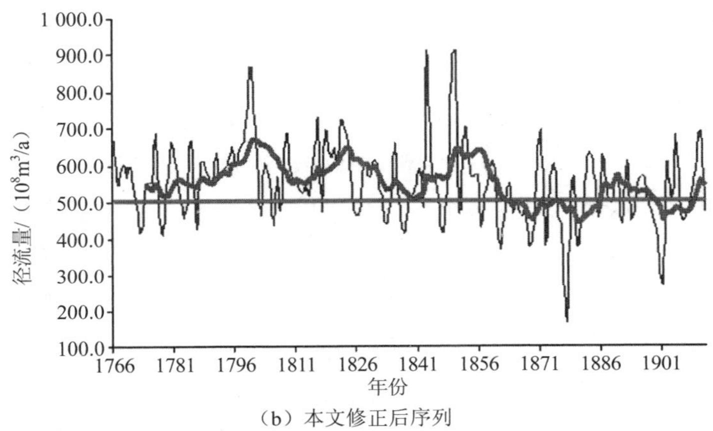

（b）本文修正后序列

图 3-4　三门峡断面乾隆三十一年至宣统三年（1766—1911 年）汛期径流量的新旧序列

说明：灰色线条为逐年汛期径流量，蓝色线条为其 5 年滑动平均，红色线条为平均流量。

表 3-1　黄河中游乾隆三十一年（1766 年）至 2004 年丰—枯年表

河流	丰水时段	枯水时段
黄河（三门峡）	乾隆三十一年（1766 年），乾隆四十一年（1776 年），乾隆四十五年（1780 年），乾隆五十年（1785 年），乾隆六十年至嘉庆六年（1795—1801 年）	咸丰十一年（1861 年），同治七年（1868 年），同治八年（1869 年），同治十一年（1872 年），光绪三年（1877 年），光绪六年（1880 年）
	嘉庆十三年（1808 年），嘉庆二十年至道光三年（1815—1823 年），道光十五年（1835 年），道光二十三年（1843 年），道光二十九年至咸丰二年（1849—1852）	光绪二十六年（1900 年），光绪二十七年（1901 年），1919 年，1922—1932 年，1941 年
	同治十年（1871 年），光绪三十年（1904 年），1914 年，1937 年，1940 年，1949 年	1942 年，1992 年，1995—2000 年
	1958 年，1964 年，1967 年，1968 年，1959—1976 年	
	1983 年，1989 年	

研究时段内径流量波动可分为 7 个阶段，乾隆二十五年至道光九年（1760—1829 年）平、道光十年至咸丰九年（1830—1859 年）丰、咸丰十年至宣统元年（1860—1909 年）枯、宣统二年（1910 年）至 1920 年平、1920—1930 年枯、1940—1980 年平、1980—2000 年枯。本序列内可以发现多个径流量变化拐点年份，其中道光十八年（1838 年）和光绪十四年（1888 年）是径流量正变化的拐点，咸丰三年（1853 年）则是径流量负变化的拐点，直到光绪十四年（1888 年）径流量在年代际尺度上才重新放大。20 世纪 60 年代后，随着黄河上中游一系列水利工程开始发挥调蓄作用，上中游诸省引黄力度明显加大等因素，三门峡水文站的汛期径流量不能完全代表天然径流量，但从长时段来看，仍旧可以从中发现黄河中游地区产流趋于微弱的史实，反映了近 300 年来黄河中游地区的夏秋季节降雨量在减少。此处识别出的咸丰十年至宣统元年（1860—1909 年）枯水期在黄河上游河源区也存在，勾晓华等利用黄河上游阿尼玛卿山玛沁 70 株祁连圆柏的 95 个树轮样品建立了距今 1234 年以来的黄河河源段唐乃亥断面的径流量，并与德令哈、乌兰、都兰等树轮建立的降雨指标进行了比对①。其中咸丰十年至宣统元年（1860—1909 年）的枯水期在唐乃亥表现得非常明显，而乌兰、都兰等山区中却表现为降水增多，这可能说明黄河上游径流量的减少是流域内气候波动造成的，这一枯水时段在上中游普遍存在，很可能是源于夏季风强度在这个时期减弱②。

① 勾晓华、邓洋、陈发虎等：《黄河上游过去 1234 年流量的树轮重建与变化特征分析》，《科学通报》2010 年第 33 期。

② 郭其蕴、蔡静宁、邵雪梅：《东亚季风的年代际变率对中国气候的影响》，《地理学报》2003 年第 58 卷第 4 期。

第二节　对三门峡断面数据的分析

一、流量变化的基本特征

图 3-5 是树轮反映的黄河上游多个站点的流量变化，而本文提出的三门峡流量序列［图 3-4（b)］虽然覆盖长度不如图 3-5，但补充了树轮资料难以反映的河段。其中可以发现多个径流量变化拐点年份，其中道光十八年（1838 年）和光绪十四年（1888 年）是径流量正变化的拐点，咸丰三年（1853 年）则是径流量负变化的拐点，直到光绪十四年（1888 年）径流量在年代际尺度上才重新出现增长。20 世纪 60 年代后，随着黄河上中游一系列水利工程开始发挥调蓄作用、上中游诸省引黄力度明显加大等因素，三门峡水文站的汛期径流量不能完全代表天然径流量，但从长时段来看，仍旧可以从中发现黄河中游地区产流趋于微弱的史实，反映了近 300 年来黄河中游地区的夏秋季节降雨量在减少。此处识别出的咸丰十年至宣统二年（1860—1900 年）枯水期在黄河上游河源区也存在，勾晓华等建立了距今 1 234 年以来的黄河上游（唐乃亥）断面的径流量，并与德令哈、乌兰、都兰等树轮建立的降雨指标进行了比对①。其中咸丰十年至宣统二年（1860—1900 年）的枯水期在唐乃亥表现得非常明显，而乌兰、都兰等山区中却表现为降水增多，这可能说明黄河上游径流量的减

① 勾晓华、邓洋、陈发虎等：《黄河上游过去 1234 年流量的树轮重建与变化特征分析》，《科学通报》2010 年第 33 期。

少是流域内气候波动造成的[①]。

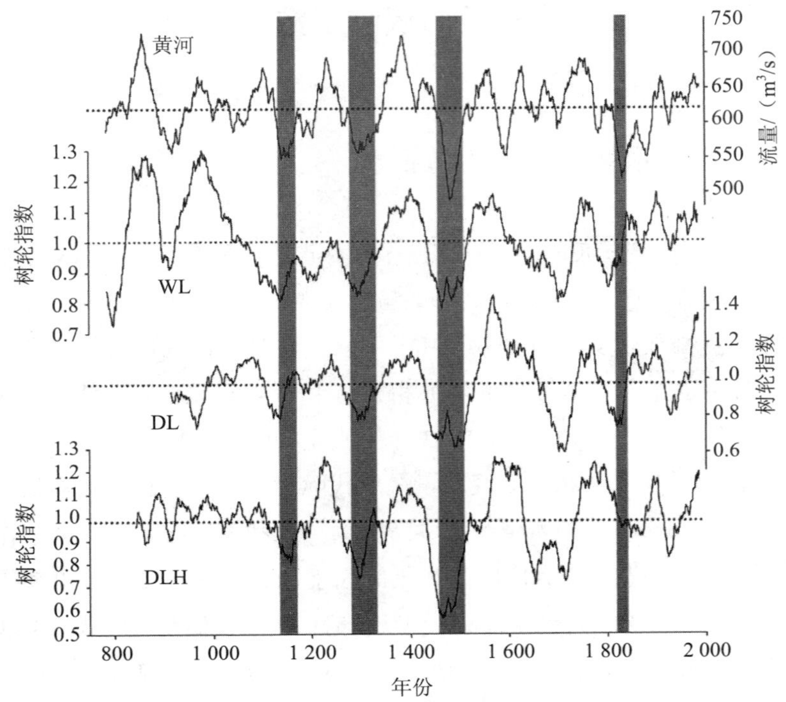

图 3-5 31 年滑动平均后的都兰、乌兰、德令哈地区树轮年表与重建黄河上游流量对比

资料来源：勾晓华、邓洋、陈发虎等：《黄河上游过去 1234 年流量的树轮重建与变化特征分析》，《科学通报》2010 年第 33 期。

三门峡断面嘉庆二十四年（1819 年）和道光二十一年、二十三年、二十九年（1841、1843、1849 年）径流量皆在 $87.00\times10^9 m^3/a$

① McGregor S，A Immermann，O Timm. A Unified Proxy for ENSO & PDO Variability since AD1650. Climate of the Past，2010（6）.

以上，19 世纪 40 年代是黄河中游产流最为丰沛的时段。咸丰五年（1855 年）中游流量为 58.00×10^{9}m^3/a，并未出现特大流量，铜瓦厢决口与 19 世纪 40 年代的大水密切相关，在道光二十三年、二十九年（1843、1849 年）大水时豫东河段河堤受损，由此成为咸丰五年（1855 年）黄河弃淮北流的重要因素。道光二十三年（1843 年）黄河中游大水在序列中有很好的反映，当年流量达到 91.30×10^{9}m^3/a，为清代最大的一次洪水①，本研究得出的结论基本印证了这一结论。

光绪二年至光绪四年（1876—1878 年）的"丁戊奇荒"是清代黄河中游最为严重的干旱事件。光绪三年（1877 年）径流量仅有 20.00×10^{9}m^3/a，郝志新等重建了该年降雨量，该年夏秋季降雨量距平变化为所在序列的–60%左右②，是距今 300 年以来黄河中游降雨最少的 1 年，也对应了本序列中径流量的最小值。满志敏指出光绪三年（1777 年）7 月下旬在晋南有雨带存在，且其西缘在关中中部③。该年三门峡涨水时间为 7 月下旬，"陕州呈报……六月十四日（1877 年 7 月 24 日）亥时，陡涨水二尺九寸"④，在晋陕普遍干旱的情况下，此次涨水可以认定为由陕西高陵县的 1 次降雨造成，据《高陵县续志》记载"夏六月，大雨如注，平地水深三尺"⑤。

为进一步明确径流量变化的周期性特征，采用 5 年和 10 年频率进行小波分析。结果显示汛期径流量波动具有明显的 50 年周期。19

① 黄河水利委员会勘测规划设计院：《1843 年 8 月黄河中游洪水》，《水文》1985 年第 3 期。

② 郝志新、郑景云、伍国凤等：《1876—1878 年华北大旱：史实、影响及气候背景》，《科学通报》2010 年第 23 期；潘威、庄宏忠、李卓仑：《1766—1911 年黄河上中游 5—10 月降雨量重建》，《地球环境学报》2011 年第 1 期。

③ 满志敏：《光绪三年北方大旱的气候背景》，《复旦学报（社会科学版）》2000 年第 6 期。

④ 水利电力部水管司、水利电力部科技司、水利水电科学研究院：《清代黄河流域洪涝档案史料汇编》，北京：中华书局，1993 年，第 692 页。

⑤ 光绪《高陵县续志》卷八《缀录》。

世纪前期，6～8 年周期也表现得较为明显；19 世纪 60 年代中期至 20 世纪初出现了 20～30 年周期，进入 20 世纪后这一周期便消失了。郑景云等重建了近 300 年来黄河中下游地区的降水量[①]，郝志新等分析了此序列的周期性特征，认为距今 300 年以来，本区降水存在着 22 年准周期，此周期自 20 世纪 20 年代开始减弱，20 世纪 70 年代前消失[②]。据图 3-6 反映的情况，汛期径流量在 1800—1880 年所表现出的 22 年周期性应当是对降水准 22 年周期的对应，这可能是对太阳黑子活动 22 年准周期变化的响应，但 19 世纪 80 年代之后汛期径流量对 22 年准周期的响应趋于减弱甚至消失。

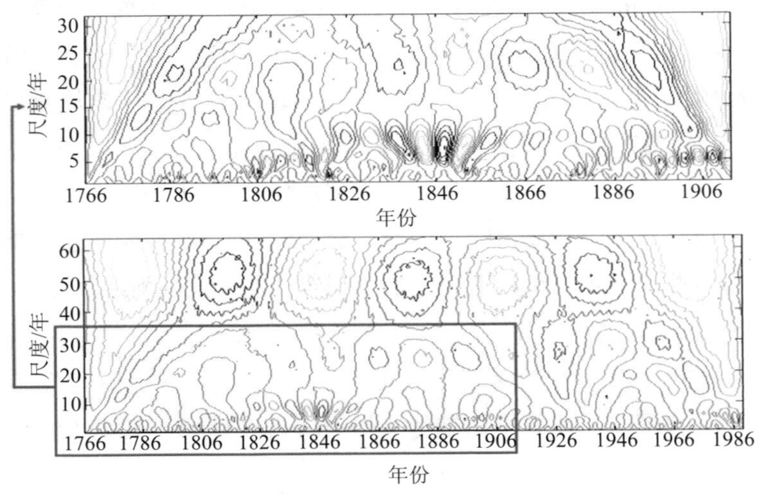

图 3-6　针对乾隆三十一年（1766 年）至 2000 年三门峡断面径流量的小波分析

---

① 郑景云、郝志新、葛全胜：《黄河中下游地区过去 300 年降水变化》，《中国科学》（D 辑）2005 年第 8 期。

② Hao Zhixin，Zheng Jingyun，Ge Quansheng. Precipitation Cycles in the Middle and Lower Reaches of the Yellow River（1736—2000）. Journal of Geographical Sciences，2008（1）.

二、对气候变化的响应

根据降雨—径流量的相关关系，我们可以将黄河三门峡断面的径流量序列转化为三门峡以上的 10 个站点（西宁、兰州、呼和浩特、榆林、延安、天水、平凉、西安、太原、临汾）近 50 年的 5—10 月降雨量数据。根据这一数据，可以揭示黄河中游水文与夏季风、厄尔尼诺—南方涛动（ENSO）和全球冷暖变化之间的关系。三门峡断面径流量关系如公式（3-2）所示[①]，由此可以得到黄河上中游 10 站点 5—10 月面积加权降雨量 P（mm）。

$$Y=1.45X\times10^{-8}-144.00 \qquad (3\text{-}2)$$

式中：Y=黄河上中游 10 站点面积加权降雨量；X=三门峡断面径流量。

葛全胜等根据重建的乾隆元年至宣统三年（1736—1911 年）梅雨长度序列认为，东南夏季风在 18 世纪 60 至 70 年代、19 世纪 20 至 60 年代偏强，19 世纪 70 年代至 20 世纪 10 年代偏弱[②]，与本书重建的降雨量多年代际、年际波动情况基本一致。郭其蕴等也指出光绪七年至宣统二年（1881—1910 年）东亚夏季风偏弱[③]，与黄河上中游地区伏秋汛期雨量偏少基本对应。但在年尺度上，副热带高压影

① 穆兴民、李靖、王飞等：《黄河天然径流量年际过程分析》，《干旱区资源与环境》2003 年第 2 期。

② 葛全胜、郭熙凤、郑景云等：《1736 年以来长江中下游梅雨变化》，《科学通报》2007 年第 23 期。

③ 郭其蕴、蔡静宁、邵雪梅等：《1873—2000 年东亚夏季风变化的研究》，《大气科学》2004 年第 2 期。

响也相当明显，如果夏季风偏弱年的副热带高压强度也弱且位置偏东，则黄河中游的北部往往因中纬度西风带影响出现降雨量增多的情况；而夏季风强年，副热带高压若偏弱且偏东，也可能造成黄河流域降雨减少①。

ENSO 是气候变化重要的外强迫因子②，满志敏发现“丁戊奇荒”对应于强厄尔尼诺（El-Nino）年③，而道光二十三年（1843 年）大水的前 1 年则为拉尼娜（La-Nina）年。本研究选取 McGregor 等建立的 Unified ENSO Proxy（UEP）④与本研究降雨量进行比较，结果发现研究区夏秋季降雨量波动与 ENSO 强度在多年际尺度上震荡相位基本相反（图 3-7），19 世纪 80 年代至 20 世纪初最为明显，表明在多年尺度上 El-Nino 和 La-Nina 年分别对应了夏秋季节降雨的增多与减少，进而带动汛期流量出现相应变化。这一结论与延军平等的统计结果相一致⑤，表明 ENSO 对研究区降雨量的影响可能具有空间上的普遍性。

---

① 郭其蕴、蔡静宁、邵雪梅等：《东亚夏季风的年代际变率对中国气候的影响》，《地理学报》2003 年第 4 期。

② Allan R J. ENSO and climatic variability in the past 150 years. in Diaz H F，Markgraf V. ENSO：Multiscale Variability and Global and Regional Impacts，New York，Cambridge University Press，2000：3-55.

③ 满志敏：《光绪三年北方大旱的气候背景》，《复旦学报（社会科学版）》2000 年第 6 期。

④ McGregor S.，A. Timmermann，O.Timm. A unified proxy for ENSO and PDO variability since 1650. Climate of the Past，2010（6）.

⑤ 延军平、黄春长：《ENSO 事件对陕西气候影响的统计分析》，《灾害学》1998 年第 4 期。

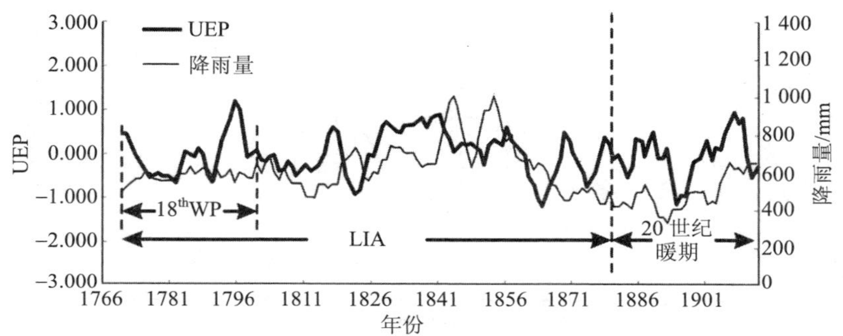

图 3-7　黄河中游降雨量（mm）、ENSO 强度关系

目前比较明确的是 18 世纪暖期在 18 世纪 30 年代后开始减弱，至 18 世纪末结束[①]；小冰期（Little Ice Age，LIA）在 19 世纪 70 年代结束逐渐进入 20 世纪暖期[②]。葛全胜等建立了距今 2 000 年以来的冬半年温度变化距平[③]，指征了东部季风区长期的冷暖波动，本书提取了 18 世纪 70 年代至 20 世纪 00 年代的中国东部冬半年温度距平 AT（℃），图 3-8 为与中国东部季风区内冷暖波动与径流量的年代际变化关系，可以发现 19 世纪后期之前，两者的反相位关系比较明显，在 20 世纪暖期逐渐确立的 20 世纪初，两者却为正相位。18 世纪暖期的结束似乎并未造成黄河中游汛期出现明显的变化；而汛期径流量对小冰期结束的响应似乎比较明显。

① 张德二、王宝贵：《18 世纪长江下游梅雨活动的复原研究》，《中国科学》（B 辑）1990 年第 3 期。

② 施雅风、姚檀栋、杨保：《近 2000a 古里雅冰芯 10a 尺度的气候变化及其与中国东部文献记录的比较》，《中国科学》（D 辑）1999 年第 29 期（增刊 1）；杨保：《小冰期以来中国十年尺度气候变化时空分布特征的初步研究》，《干旱区地理》2001 年第 1 期。

③ Ge Q S，Zheng J Y，Fang X Q，et al. Winter Half-year Temperature Reconstruction for the Middle and Lower Reaches of the Yellow River and Yangtze River，China，During the Past 2000 years. The Holocene，2003（6）.

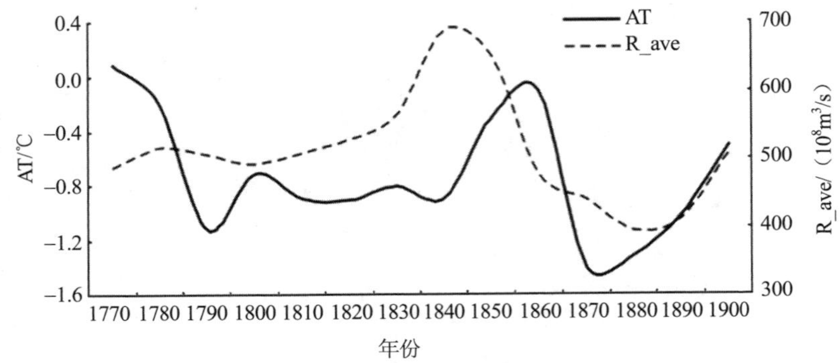

图 3-8　年代际尺度上温度变化距平与径流量变化关系

第三节　黄河与永定河径流量变化的关系

一、永定河（卢沟桥断面）径流量的重建

北京卢沟桥的汛期涨水记录始于乾隆元年（1736 年），乾隆三年（1738 年）在今北京卢沟桥永定河与小清河分流处正式设置了卢沟桥志桩报汛点。就目前所见资料情况来看，永定河的卢沟桥志桩是相对最为理想的重建依据，它保存了乾隆元年至宣统三年（1736—1911 年）的逐年汛期涨水高度记录，1912 年海河工程局在此地设置了近代水文站，保留下的民国时期器测数据成为重建乾隆元年（1736 年）以来径流量序列的主要材料。20 世纪 50 年代，海河流域管理委员会将清末以来天津英租界当局、永定河河务局、民国顺直水利委员会、华北水利委员会、海河管理委员会、伪华北建设总署和华北水利工

程总局等多家机构的永定河水文测量数据汇编为《海河流域永定河水系水文气象资料（内参）》，系统整理了 1912—1949 年逐日水位记录，但径流量仅保留了 17 个年份的数据。另，中国科学院地理科学与资源研究所藏有《永定河水文报表》，其中有 1919—1949 年逐日水位记录，但径流量仅保留了 18 个年份。这 2 份材料并不能完全互为补充，仍旧缺失 11 个年份的径流量数据，需要对缺失数据进行插补。涨水高度与流量存在着较为明显的线性关系，图 3-9（a）所示是 3 m 以上和以下累计涨水高度分别对应的径流量。据此，本书可以建立研究时段内卢沟桥断面径流量序列（m^3/s），模拟结果与实测结果如图 3-9（b）所示，通过了α=0.05 的显著性检验，虽然对 6 m 以上的累计涨水高度的极端洪水解释不足，但基本能够接受。图 3-9（b）中显示的 1916 年和 1918 年枯流现象与《中国近五百年旱涝分布图集》中反映的永定河流域严重旱灾情况相一致[①]，进一步证明了本方法的正确性，我们提出的“累计涨水高度—径流量”关系处理清代卢沟桥志桩数据是可行的。

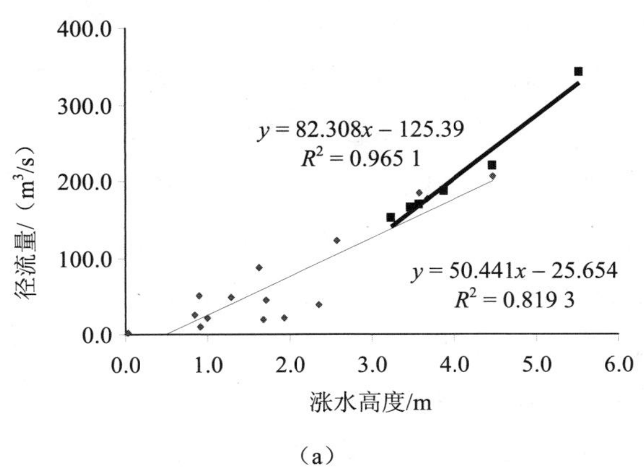

（a）

① 中央气象局气象科学研究院：《中国近五百年旱涝分布图集》，北京：地图出版社，1981 年。

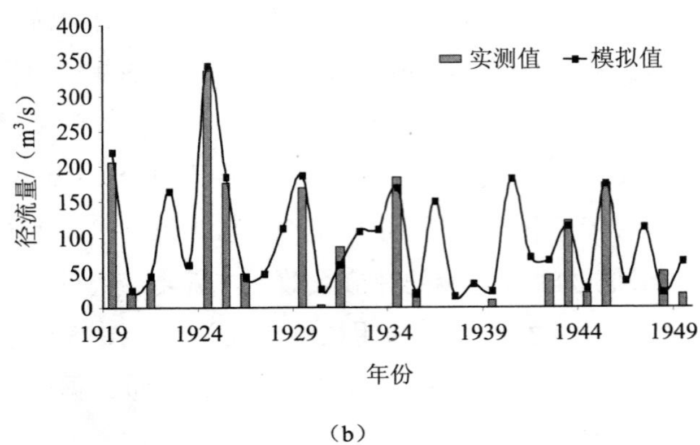

（b）

图 3-9　永定河卢沟桥断面民国时期累计涨水高度—径流量关系及模拟结果

二、黄河中游与永定河变化的相关性

图 3-10 是乾隆三十一年（1766 年）至 2004 年黄河三门峡断面与永定河卢沟桥断面的汛期径流量，其 9 年滑动平均展现了两者在多年际尺度上的波动特征，1840—1869 年和 1900—1959 年两者的反相位非常明显，而在 1760—1839 年和 1860—1899 年，两者呈现的却是同相位的变化。这反映出黄土高原中南部和西北部夏秋雨季的空间格局存在着多年代际的南北摆动和渐次北进相结合的现象。而线性趋势则清晰反映出近 240 年来两者总体趋于减少的现象。研究时段内，黄河（三门峡）和永定河（卢沟桥）在夏秋汛期的多年平均径流量分别为 5 121.1 m^3/s 和 109.0 m^3/s，标准差则分别为 861.2 和 88.8。而近 50 年来两地径流量的多年平均值分别为 $R_{三门峡}$=4 925.4 m^3/s 和 $R_{卢沟桥}$=27.5 m^3/s，这直接导致了黄河进入下游河道的水量和永定

河进入京津一带的水量分别减少了 4.9%和 79.1%，20 世纪 90 年代之后，这一减少现象更趋显著，黄河和永定河进入华北平原地带的水量分别减少了 20.5%和 90.1%。近 50 年来，由华北地区西部山区进入平原地区的水量平均每年减少大约 2.4 亿 m^3。

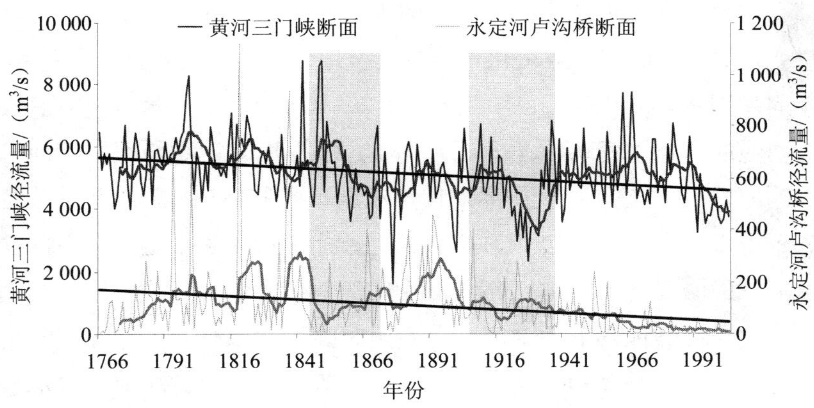

图 3-10　黄河三门峡断面与永定河卢沟桥断面乾隆三十一年（1766 年）至 2004 年汛期径流量序列及 9 年滑动平均

Morlet 小波分析显示出黄河中游与永定河径流量变化的周期性波动特征（图 3-11），18 世纪末开始，永定河径流量开始出现 10 年周期，这一周期延续到了 19 世纪 40 年代；与此周期大致同时出现的是 30 年周期，这一周期在 19 世纪 60 年代被 40 年周期代替，进入 20 世纪后消失；而在 19 世纪 80 年代至 20 世纪 20 年代出现的 15～30 年周期之后，永定河的径流量再没有出现周期性的变化，这应该是 20 世纪 30 年代之后永定河水量持续减少以致断流的结果。而黄河中游的 10 年周期则稍早于永定河 15 年左右开始出现，两者一致的是都是在 19 世纪中期之前有明显的 10 年周期，之后这个周期便消失了，但与永定河不同的是黄河中游的10年周期在19世纪末和20世纪初以及1970—1980年再次出现。10年周期可能是对太阳黑子活动11年准周期的响应，在世界其他河流径流量的长时段变动中也曾发现类似的现象，如南美洲的帕拉纳河和北美洲的科罗拉多河，都存在着与太阳黑子活动相一致的现象，由太阳黑子活动引起的热量变化导致的降雨多寡变化可能具有全球性特征[①]。而黄河中游的40年周期则基本从18世纪中期持续至20世纪中期，这是黄河中游最为明显的周期性变动，这一周期可能是对太平洋年代际震荡（PDO）的响应[②]。不同时间尺度的周期在径流量序列中交替出现的现象可能表示了太阳黑子、PDO等环境背景对黄河上中游和永定河卢沟桥以上流域的降雨格局影响具有阶段性特征。

交叉小波能够展现多序列在不同时间尺度和时间轴位置上的相关性，相对于交叉谱方法，其更能展现研究时段内黄河中游与永定河相互关系的时间性差异[③]。图3-12的交叉小波反映出19世纪末至20世纪初两者在40年尺度上呈现正相关，是最为明显的正相关现象。在更大时间尺度上（40～80年尺度上），两者并未呈现出明显的相关性，但黄河中游的径流量变化要早于永定河流域。在较小的30年尺度上，这一现象在19世纪60年代之后非常明显，但20世纪50年代后便消失了。

---

① Gates W I，Boyle J S，Covey C C，et al. An Overview of Results from the AMIPI. Bulletin of the American Meteorological Society，1999，73.

② Danielle C Verdon，Stewart W Franks. Long-term Behaviour of ENSO：Interactions with the PDO Over the Past 400 Years Inferred From Paleoclimate Records. Geophysical Research Letters，2006，33，L06712，doi：10.1029/2005GL025052.

③ Grinsted A，Moore J C，Jevrejeva S. Application of the Cross-wavelet Transform and Wavelet Coherence to Geophysical Time Series. Nonlinear Processes in Geophysics，2004，11（5）.

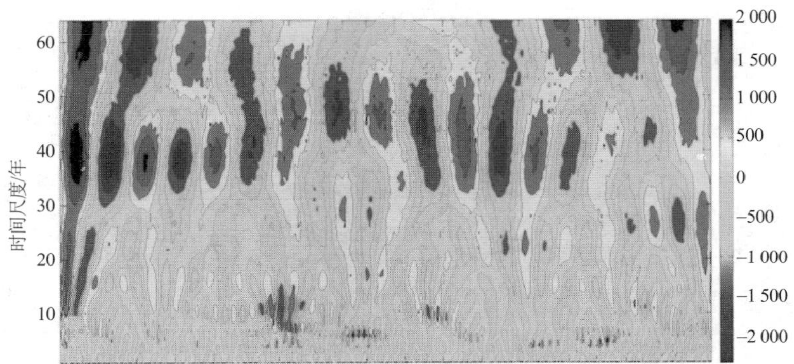

（a）黄河三门峡段面

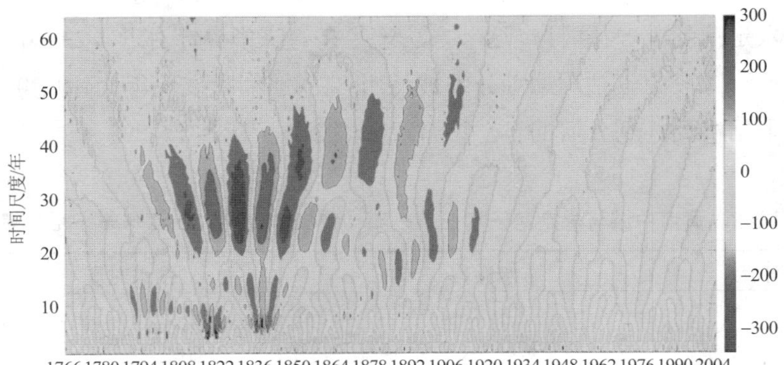

（b）永定河卢沟桥断面

图 3-11　乾隆三十一年（1766 年）至 2004 年汛期径流量的小波分析

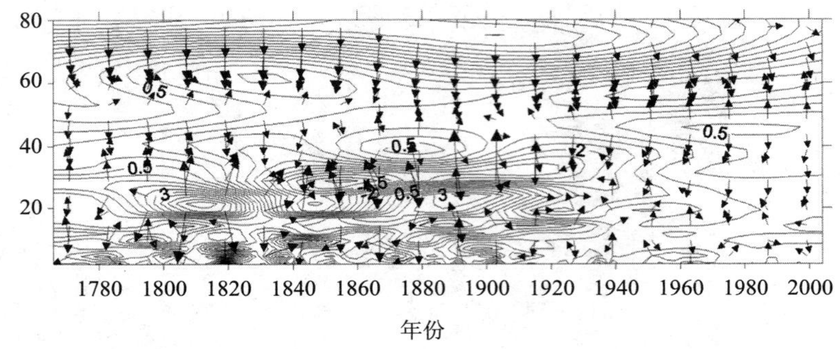

图 3-12 交叉小波分析

为了进一步明确研究对象在长时段上的丰枯现象本文采用平均值±1 个标准差来划分乾隆三十一年（1766 年）至 2004 年黄河中游和永定河的丰—枯时段，这一方法曾经在勾晓华等针对近 1 234 年来黄河河源段的丰枯周期划分中被使用[①]，能够清晰展现年代际尺度上的丰枯格局，划分后的丰—枯时段如表 3-2 所示。

表 3-2 黄河中游与永定河乾隆三十一年（1766 年）至 2004 年丰—枯年表

河流	丰水时段	枯水时段
黄河（三门峡）	乾隆三十一年（1766 年），乾隆四十一年（1776 年），乾隆四十五年（1780 年），乾隆五十年（1785 年），乾隆六十年至嘉庆六年（1795—1801 年）	咸丰十一年（1861 年），同治七年（1868 年），同治八年（1869 年），同治十一年（1872 年），光绪三年（1877 年），光绪六年（1880 年）

① 勾晓华、邓洋、陈发虎等：《黄河上游过去 1234 年流量的树轮重建与变化特征分析》，《科学通报》2010 年第 33 期。

河流	丰水时段	枯水时段
黄河（三门峡）	嘉庆十三年（1808年），嘉庆二十年至道光三年（1815—1823年），道光十五年（1835年），道光二十三年（1843年），道光二十九年至咸丰二年（1849—1852）	光绪二十六年（1900年），光绪二十七年（1901年），1919年，1922—1932年，1941年
	同治十年（1871年），光绪三十年（1904年），1914年，1937年，1940年，1949年	1942年，1992年，1995—2000年
	1958年，1964年，1967年，1968年，1959—1976年	
	1983年，1989年	
永定河（卢沟桥）	乾隆四十九年（1784年），乾隆五十三年（1788年），乾隆五十九年（1794年），嘉庆六年（1801年），嘉庆二十四年（1819年）	乾隆三十一年至三十二年（1766—1767年），乾隆三十七年（1772年），乾隆四十一年至四十二年（1776—1777年）
	道光二年至四年（1822—1824年），道光十四年（1834年），道光十七年至十九年（1837—1839年），道光二十二年（1842年）	乾隆五十七年（1792年），道光二十八年至咸丰二年（1848—1852年），光绪三年（1877年），1914—1916年
	咸丰三年（1853年），同治六年至七年（1867—1868年），同治十二年（1873年），光绪七年至二十一年（1881—1895年）	1918年，1937年，1951—1952年，1956—1957年
	光绪三十三年（1907年），1924年，1953年	1961—1962年，1968—1970年，1975—1981年
		1981—2004年

两者反相位关系比较典型的是19世纪40年代，此时是黄河中游的显著丰水时段，却是永定河流量偏枯的时期，从此时东部夏季风雨带自长江中下游至半湿润区北缘的情况看，长江中下游的梅雨持续时间缩短了2～3天[①]，黄河中游入汛时间提前了15天，而半湿润区北缘的大同夏季雨季持续时间因为雨季结束时间提前而缩短了10～20天[②]。19世纪80年代则正好相反，永定河处于明显的丰水时段，黄河中游虽然与其变化趋势一致，但流量却没有超出丰水标准，光绪六年（1880年）甚至出现了明显的枯水现象。这种现象很可能是在北半球迅速转暖的背景下[③]，副热带高压向西扩大，黄河中游在高压控制下降雨减少，而在边缘区造成了降雨，这与刘晓东等揭示的近50年来暖年副热带高压增强导致黄河中游流域降雨减少的现象相一致[④]。

①乾隆三十一年（1766年）以来，黄河中游三门峡断面与永定河卢沟桥断面的汛期径流量在1840—1860年和1910—1980年后表现出了比较明显的反相关现象，进入20世纪暖期之后，很可能副热带高压在夏季的强度增大或范围扩大至黄河中游地区，引起了黄河中游降雨量减少，而在边缘区的降雨却出现增加。

②近240多年来，由黄土高原进入华北平原的永定河和黄河都出现了径流量明显减少的现象，18世纪末至19世纪最初的5年，是

① 葛全胜、郭熙凤、郑景云：《1736年以来长江中下游梅雨变化》，《科学通报》2007年第52卷第23期。

② Ge Quansheng，Hao Zhixin，Tian Yanyu，et al. The Rainy Season in the Northwestern Part of the East Asia Summer Monsoon in the 18th—19th Centuries. QI，2011，229.

③ An Z. The History and Variability of the East Asian Paleomonsoon Climate. Quaternary Science Reviews，2000，19（1）.

④ 刘晓东、安芷生、方建刚等：《全球气候变暖条件下黄河流域降水的可能变化》，《地理科学》2002年第22卷第5期。

两河同时出现丰水的时段，其余时段则都呈现了比较明显的反相关现象，在更大时间尺度上，黄河中游的降雨—径流变化要早于永定河流域，这表明在对全球/半球性的气候变化响应上，黄河流域可能更为敏感且相对易受环境影响。

第四节　黄河上中游径流量变化的同步性

一、数据补充

本书所采用的 4 站点数据中，唐乃亥和三门峡站点分别来自勾晓华等的研究①，其中三门峡断面使用了降雨量—径流量模型对序列进行了插补，兰州和青铜峡数据需要重建。

青铜峡在清代称为硖口，史辅成等曾经根据累积涨水高度—径流量的回归关系重建过其清代部分年份的径流量数值②，本书中，利用我们近期收集的志桩尺寸记录弥补了之前研究中的资料缺失，修正了因为记录缺失造成的数据不全；同时，我们进一步确认了之前研究中建立模型的正确性，具体如图 3-13（a）所示。兰州站的重建依据是民国时期兰州水文站记录的累计涨水高度和径流量之间的关系，具体如图 3-13（b）所示。

① 勾晓华、邓洋、陈发虎等：《黄河上游过去 1234 年流量的树轮重建与变化特征分析》，《科学通报》2010 年第 33 期。
② 史辅成、易元俊：《清代青铜峡志桩考证及历年水量估算》，《人民黄河》1990 年第 4 期。

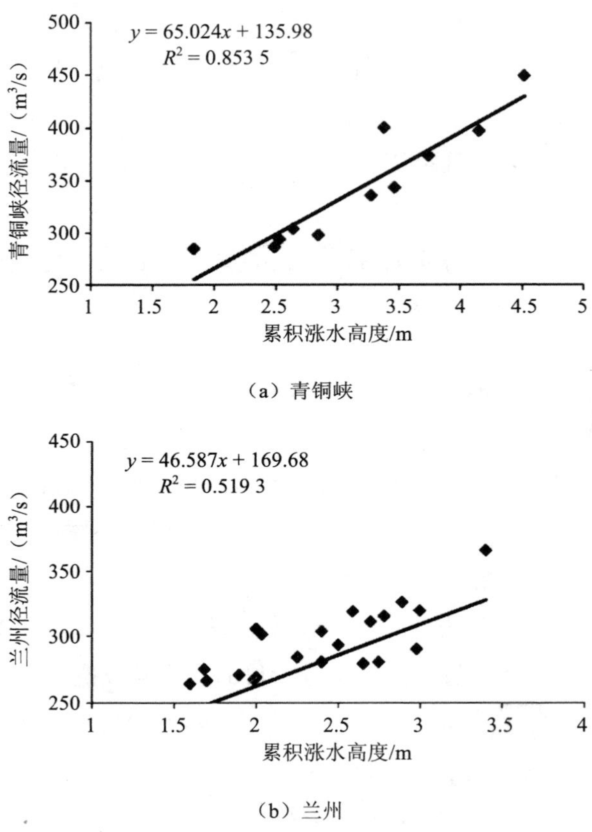

（a）青铜峡

（b）兰州

图 3-13　兰州和青铜峡断面涨水高度和径流量关系

根据以上步骤，我们获得了乾隆三十一年（1766 年）至 2000 年黄河上中游 4 个站点的径流量序列，如图 3-14 所示。从重建过程就可以看出，这些站点在资料上相互独立，基本不存在记录之间的相互影响，所以，各序列具有较好的可比较性，这为揭示上中游水量的分配格局提供了良好的数据基础。

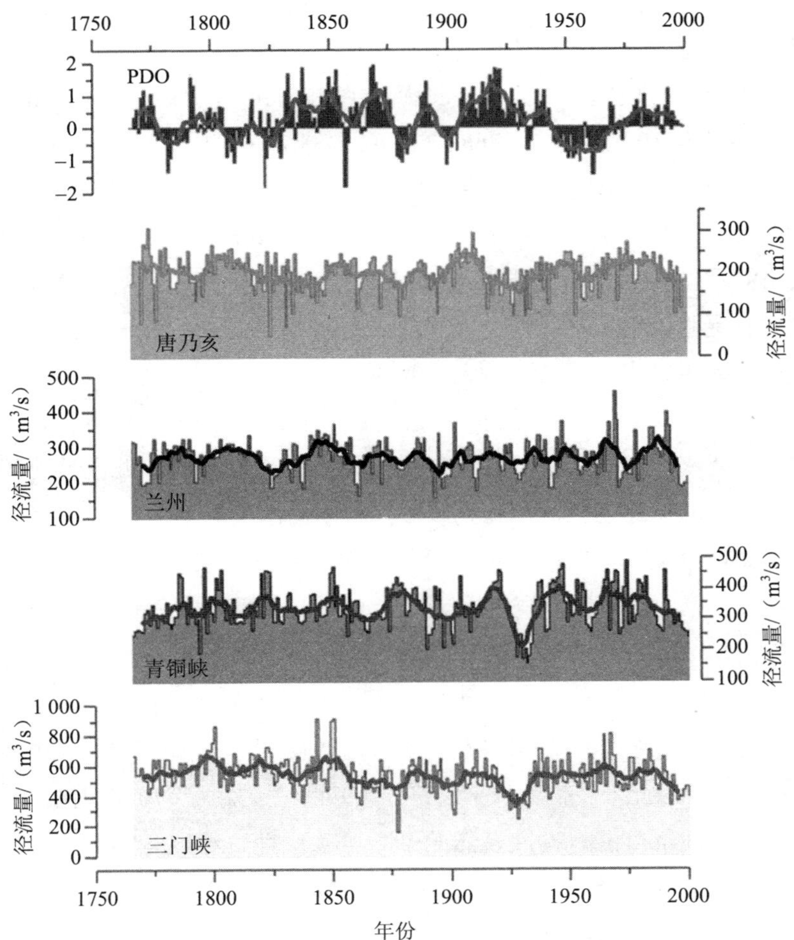

图 3-14　黄河上中游 4 站点汛期径流量与 PDO 变化，乾隆三十一年（1766 年）至 2000 年

图 3-14 是各站点径流量与 PDO 的比较，从其反映的情况来看，我们可以得到以下几点认识：

①研究时段内，唐乃亥、兰州、青铜峡和三门峡汛期径流量平均值分别为 199.38 m^3/s、268.32 m^3/s、333.26 m^3/s 和 533.30 m^3/s。变差系数 Cv 揭示出各站点径流量数值变化的稳定程度，Cv 值分别为 0.219、0.175、0.199 和 0.213，从中可以发现唐乃亥和三门峡具有较高的不稳定性，这可能说明黄河河源段和黄土高原段对于气候变化具有更强的敏感性，唐乃亥由于位处黄河河源段，其汛期水量补给包括冰雪融水和降雨，因此，温度和降雨的改变都会影响本断面的汛期水量大小[①]；而三门峡断面，特别是青铜峡—三门峡区间，其水量主要来源于黄土高原汾河、渭河两大水系的补给，此区域降雨具有较大的年际差异，由此导致三门峡断面水量的不稳定。

②19 世纪 40 年代、50 年代，青铜峡到三门峡之间的黄河区段流量突然增大（其原因很可能是黄土高原地区暴雨增多），由此导致了三门峡以下河段遭遇了更为强烈的洪水，比如道光二十三年（1843 年）中牟大水，导致豫东皖北大范围受灾。此次大灾前后，正是黄河三门峡站点汛期流量出现突变的时间。但这次突变在其他站点中并未被发现，因此，我们可以推断，在 19 世纪中期，黄河在青铜峡—三门峡区间很可能有一次突然的暴雨增多过程，导致三门峡断面出现异常的大规模洪峰。可以认为道光时期的“河患”首先是黄土高原雨量突然增大的结果。

③1980—2000 年的径流量减少现象在上中游全流域发生，但在持续时间和幅度上，都不是历史上最严重的枯水期；20 世纪 10 年代、

① 勾晓华、邓洋、陈发虎等：《黄河上游过去 1234 年流量的树轮重建与变化特征分析》，《科学通报》2010 年第 33 期。

20 年代黄河上中游普遍出现流量减少现象，其中在黄土高原附近出现的干旱导致了黄河中游出现了长达 10 年的枯水期。这一枯水期在研究时段内是黄河上中游最为严重的干枯时段。

二、突变时间点

通过比较径流量与 PDO 的突变点位置，我们希望能够观察到两者之间存在着密切的联系，因此我们分别对流量序列和 PDO 序列使用了 M-K 检验，以揭示两者在突变时间方面的关系（图 3-15）。

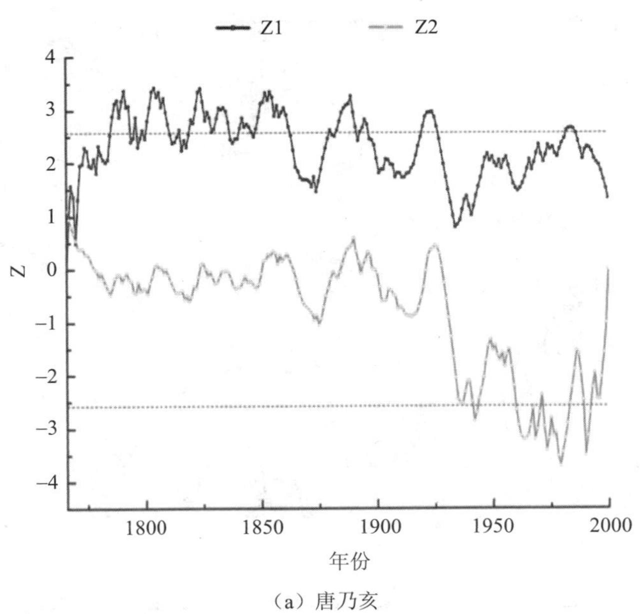

（a）唐乃亥

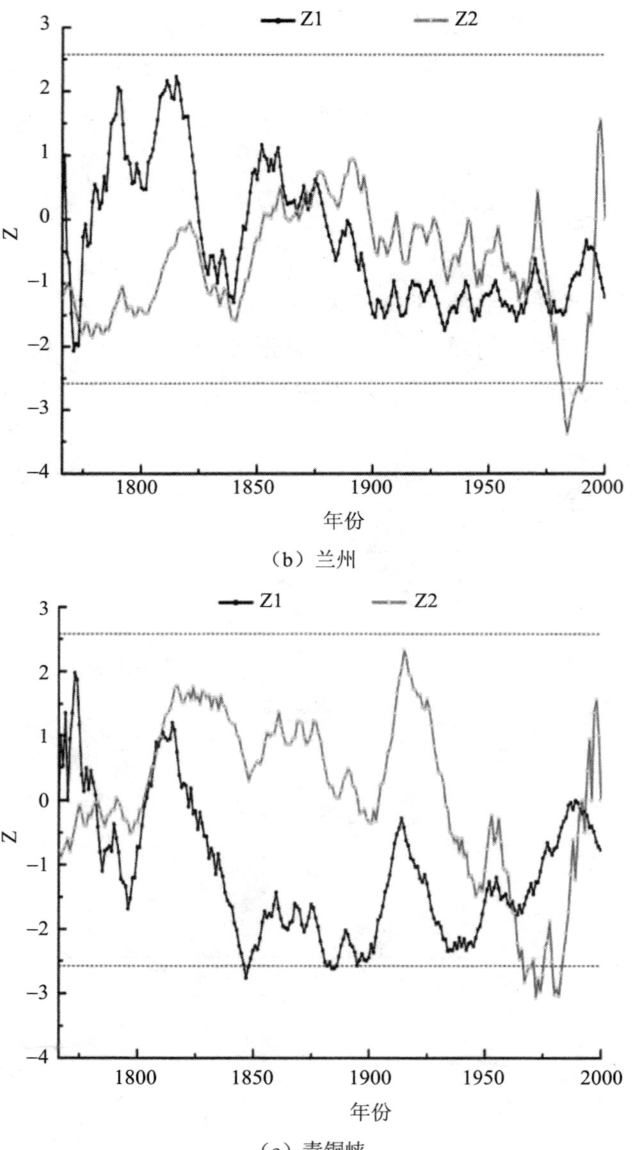
Z1
Z2
3
2
1
0
−1
−2
−3
−4
Z
1800
1850
1900
1950
2000
年份
Z1
Z2
3
2
1
0
−1
−2
−3
−4
Z
1800
1850
1900
1950
2000
年份

（b）兰州

（c）青铜峡

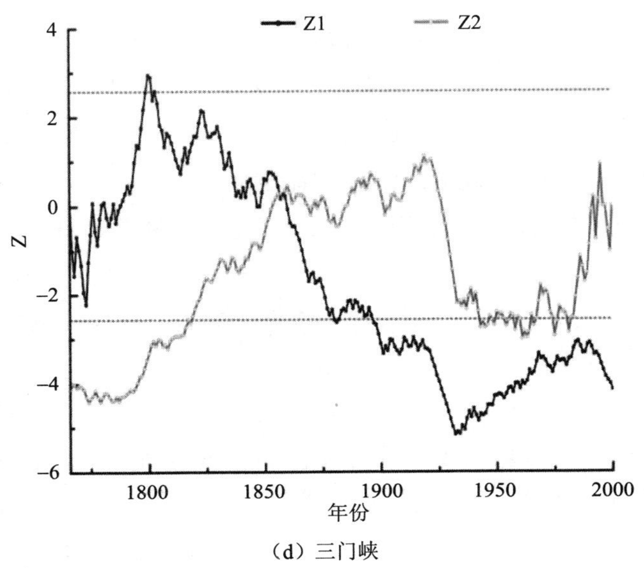

（d）三门峡

图 3-15　针对径流量序列和 PDO 的 M-K 检验结果

黄河上中游河段水量的突变时间是关系到河流水文变化的关键性时间节点，在大概近 300 年中，三门峡以上 3 个站点都显示出 18 世纪中后期是一个上游径流量普遍存在突变的时段（图 3-15），而这一变化应该并未影响到三门峡断面；而唐乃亥和兰州在 20 世纪 60、90 年代的突变在青铜峡和三门峡河段都没有反映出来；而 19 世纪 40 年代中期出现在三门峡断面上突变点在以上河段也不存在。Liu 等在 2012 年的研究中使用 M-K 方法分析了近 60 年来黄河上中下游 6 个站点的流量突变情况[①]，其中认为唐乃亥在 1993—1994 年存

① Liu F，Chen Shengliang，Dong Ping，et al. Spatial and Temporal Variability of Water Discharge in the Yellow River Basin Over the Past 60 Years. Journal of Geographical Sciences，2012，22（6）.

在着流量的突然减少（变幅为–17%），这一点在本研究中被证实，1993—1994 年不仅在近 60 年中是一次突变，在近 240 年中同样是一次重要的突变。Liu 的研究还识别出 1985—1987 年存在着从兰州到利津多个站点的突变现象，平均变幅达到–40.72%①。本研究中可以发现，如果将这段时间的突变放在乾隆三十一年（1766 年）以来的黄河上中游变化中，只有唐乃亥和兰州还存在突变。青铜峡和三门峡断面在这一阶段虽然都出现了流量减少的现象，但并不是突变现象。

图 3-16 显示 PDO 的突变出现在雍正三年（1725 年）前后、20 世纪 30 年代和 20 世纪 80 年代前后。其中 20 世纪 80 年代，黄河在兰州和青铜峡断面出现突变在时间上对应于 PDO 的突变，当时黄河上中游普遍出现了径流量减少，但只有兰州和青铜峡的径流量减少通过了 M-K 检验。同样，三门峡断面在 19 世纪 40 年代、50 年代的突变也没有对应于 PDO 的突变，并非太平洋海温变化导致了三门峡以上区间出现了径流量的突然增大。图 3-16 和图 3-15 也许说明黄河上中游径流量对 PDO 突变的响应是分地域和时间的，PDO 的突变未必导致黄河上中游径流量出现相应的突变。

① Liu F，Chen Shengliang，Dong Ping，et al. Spatial and Temporal Variability of Water Discharge in the Yellow River Basin Over the Past 60 Years. Journal of Geographical Sciences，2012，22（6）.

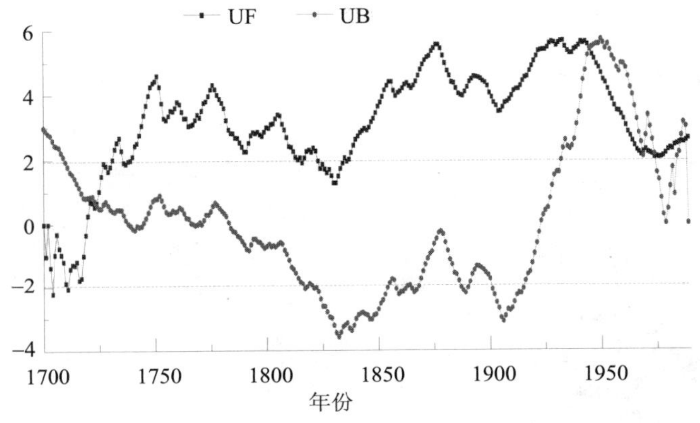

图 3-16　PDO 的 M-K 分析结果

PDO 数据来源：Danielle C. Verdon，Stewart W. Franks. Long-term Behaviour of ENSO: Interaction With the PDO Over the Past 400 Years Inferred From Paleoclimate Records. Geophysical Research Letters，L06712，2006，33，5.

三、波谱分析结果

要进一步明确黄河上中游径流量与PDO在长时段上的关系需要进行波谱分析。

图 3-17（a）和图 3-17（b）是针对 4 站点径流量序列和 PDO 序列进行小波分析的结果，从中可以发现上中游径流量波动和 PDO 普遍存在着 4～6 年周期，这与 1950 年开始的器测数据的黄河流量波动周期一致［图 3-17（c）］，但其时间分布情况并不一致，两者并非完全同步，19 世纪 50 年代前后，PDO 与三门峡都有 4～6 年周期，其他时段对应关系并不明显，说明，径流量的 4～6 年周期并不是对应于 PDO 的 4～6 年波动。这一点和 M-K 检验的结果具有一定的一

致性。一些研究在判断 PDO 与径流量关系时，似乎没有特别关注两者周期的分布时间段上的不一致性，这很可能在一定程度上影响了结论的准确性[①]。

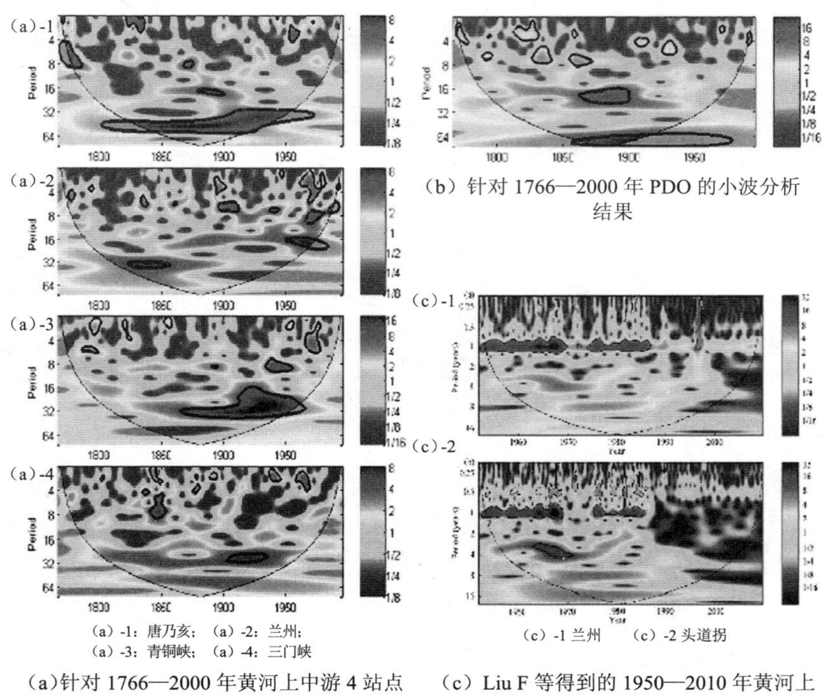

(a)针对 1766—2000 年黄河上中游 4 站点的小波分析结果

(b) 针对 1766—2000 年 PDO 的小波分析结果

(c) Liu F 等得到的 1950—2010 年黄河上中游 2 站点的小波分析结果

图 3-17　小波分析显示的周期特征

说明：图 3-17（c）源于 Liu F，Chen Shengliang，Dong Ping，et al. Spatial and Temporal Variability of Water Discharge in the Yellow River Basin over the Past 60 Years. Journal of Geographical Science，2012，22（6）.

① 张瑞、汪亚平、潘少明：《近 50 年来长江入海径流量对太平洋年代际震荡变化的响应》，《海洋通报》2011 年第 30 卷第 5 期。

为了进一步明确PDO与上中游径流量之间在不同时间尺度上的关系，本书使用了交互小波分析，试图揭示两者之间的复杂关系。

通过图3-18可以发现，PDO与黄河上中游不同站点的径流量之间的关系具有阶段性，虽然在逐年尺度上两者的关系不明显，但通过交互小波分析可以发现，在2～4年的多年尺度和8～16年的年代际尺度上两者的反相关关系最为明显。PDO与径流量的年代际反相位关系在很多研究中都有所揭示，在中国包括石羊河上游、长江下游和海河上游等河段，根据树轮、文献和器测记录在不同的气候区都得到了PDO与径流量具有年代际尺度上的反相位关系①。从本研究来看，至少在黄河上中游，这一反相位关系也是存在的，具有时间上的阶段性，在空间上也存在差异性。

在本研究区内，兰州和三门峡断面的反相位关系相对唐乃亥与青铜峡断面更为明显。20世纪前期和中期，8～16年尺度上在4个站点的径流量都有反相位关系出现；在19世纪30至50年代，PDO与流量在4～6年尺度上的反相位关系在兰州和三门峡断面都较为明显，这一情况较为特殊。在三门峡断面出现的PDO与径流量在多年尺度上的反向关系也许说明PDO参与了这段时间黄河中游洪峰的频繁出现。而同样位于黄土高原地区的永定河卢沟桥以上河段，其汛期流量与PDO的年代际尺度上的反相位关系在过去250年中是持续且稳定的，至少在时间上没有明显的阶段性。当然，目前对于海温与径流量关系的机制解释还较为薄弱，很难构建两者之间的关系链

---

① Hamlet A，Lettenmaier D. Columbia River Streamflow Forecasting Based on ENSO and PDO Climate Signals. Journal of Water Resources Planning & Management，1999，125（6）；张瑞、汪亚平、潘少明：《近50年来长江入海径流量对太平洋年代际震荡变化的响应》，《海洋通报》2011年第30卷第5期；潘威、萧凌波、闫芳芳：《1766年以来永定河汛期径流量与太平洋年代际振荡》，《中国历史地理论丛》2013年第1辑。

条，需要更多实证性的研究揭示两者的关系[①]。

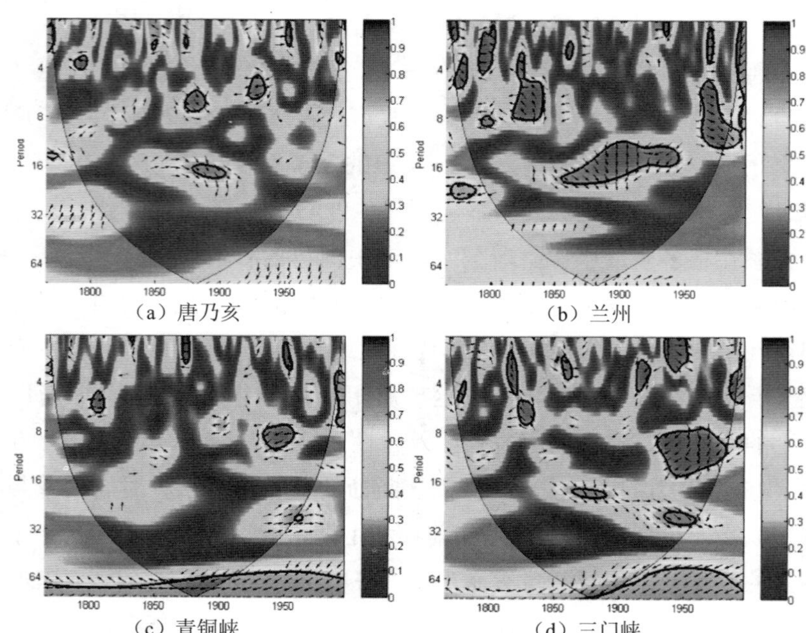

（a）唐乃亥　（b）兰州

（c）青铜峡　（d）三门峡

图 3-18　上中游径流量与 PDO 的交互小波分析结果

①乾隆三十一年（1766 年）至 2000 年，黄河上中游径流量变化具有较明显的差异性，天然状态下，上中游流量变化不存在较为明显的一致性，突变时间点的出现在历史上就不是同步的，从长时段来看黄河上中游的径流量变化存在着各自独立的特点，20 世纪 70 年代以来各河段流量都在减少是非常特殊的现象。

① 任国玉、姜彤、李维京等：《气候变化对中国水资源情势影响综合分析》，《水科学进展》2008 年第 19 卷第 6 期；李峰平、章光新、董李勤：《气候变化对水循环与水资源的影响研究综述》，《地理科学》2013 年第 33 卷第 4 期。

②从本书所得结论来看，PDO与黄河上中游径流量存在着阶段性的相关性，但区域差异性较为明显，PDO与黄河上中游径流量的反相位关系主要体现在年代际尺度上，兰州和三门峡断面对PDO的变化在年代际尺度上相对敏感。制定黄河水资源战略时，应该注意到黄河不同区段对同一环境背景的响应方式存在的差异。

③目前，基于不同资料来源重建的黄河多站点长时段径流序列虽然取得了一定的进展[①]，但是在数据辨析方面还需要进行进一步的工作，以明确各序列的不确定性，由此才能在将来实现数据的融合。

第五节　黄土高原河流入汛时间的变化

近10年来的研究表明，气候变化与河流水文变化之间的关系并非简单线性关系，而是具有非常复杂的机制，有鉴于此，国际水资源协会（IWRA）在2010年将“气候—水”耦合模型的建立作为未来最主要的科学问题之一，对过去气候变化所引起的河流水文效应进行回顾，扩大水文数据的覆盖时段，揭示两者相互作用的史实，进而探讨两者的机制是其中的重要工作之一。过去300年中国气候经历了数次波动，山陕地区的气候波动与东部季风区并不完全同步，此区是多条北方河流的产流区，如黄河、沁河和永定河等，这些河流都是区域内重要的地表水资源。5—10月为北方河流汛期，此时该流域范围内以暴雨为主要降水形式，往往导致洪峰出现，威胁下游悬河段的安全。黄河中游汛期建立时间并不稳定，其早晚波动是黄河水文的重要组成部分，也是气候变化作用于黄河的主要表现形式。

① 夏军、刘春蓁、任国玉：《气候变化对我国水资源影响研究面临的机遇与挑战》，《地球科学进展》2010年第26卷第1期。

中国连续性和精确度较好的水文数据不过百年长度，难以诊断长时段气候变化与河流水文变化的关系。利用历史文献中存在的水位信息弥补器测数据，是从长时段认识黄河水文波动的重要途径之一，而清代奏报中保留有非常丰富的汛期涨水尺寸记录，成为复原18世纪以来黄河汛期水文情况的可用资料。本书基于乾隆三十一年至宣统三年（1766—1911年）黄河中游万锦滩（位于今河南省三门峡市）水位志桩所载涨水时间，在“候”尺度下建立了研究时段内三门峡断面的汛期开始时间，为探讨近300年来黄河水文波动与气候变化的关系提供了重要的参考资料。

中国东部季风区过去300年的气候变化过程已经为众多研究所揭示，但其水文效应研究却相对薄弱。黄河中游地区基本为暖温带半湿润气候（年降水量在400～800 mm）和暖温带半干旱气候（年降水量在200～400 mm），降雨一般集中在6—9月，河流也以此时为主汛期，但降雨年际差异非常大，雨带强度、分布等因素的变化皆会影响入汛时间。因此，区内的黄河（河三间段）、沁河和永定河的入汛时间极不稳定，虽然近50年来修建水利工程和工农业生产取水已经显著改变了雨季开始之后的河流流量，但气候因素仍然发挥着极大作用，在年代际及更大时间尺度上，夏季风雨带进入北方之后的演进过程对入汛时间的影响仍然是决定性的。过去300年间在全球、中国和黄河流域—华北地区等不同空间尺度下，气候出现了显著的变化①，特别是黄河中游及周边地区在19世纪中期之后普遍进入了一个干冷的时期，晚于北半球和东部季风区走出小冰期顶峰

①郑景云、郝志新、葛全胜：《黄河中下游地区过去300年降水变化》，《中国科学》（D辑）2005年第8期；刘晓东、安芷生、方建刚：《全球气候变暖条件下黄河流域降水的可能变化》，《地理科学》2002年第5期。

时间近 30 年①，其在气候上的具体表现为陕北—晋北雨季缩短、黄河中游汛期径流量减小等②。那么在此期间，本区域内的河流入汛时间是否存在波动？如果存在趋势性的变化，那么这一变化是否与不同区域尺度上的气候变化过程相关？过去的冷/暖期背景下，河流入汛时间产生了怎样的变化？揭示这些现象既具有科学意义，也是制定水安全策略以应对气候变化所必须参考的资料。

黄土高原周边河流主要来水在高原的北、中、南部，而黄土高原夏季的降雨对夏季风强弱变化非常敏感，逐年情况下还与副热带高压的强度和位置有关③。黄河三门峡以上区间主要来水在河三间（河口—三门峡）各支流，流域面积约 3.25 km×105 km。渭河与汾河流域等黄土高原水系在夏季的暴雨成为三门峡断面遭遇洪峰的关键因素，因此，黄河中游的汛期建立时间取决于河三间各黄河支流流域内的雨季开始情况。沁河位于山西省南部，发源于霍山，支流少且短，流域面积约 0.13 km×105 km，入汛时间主要受制于山西南部降雨；永定河卢沟桥以上流域面积约 0.32 km×105 km，上游为山西北部的桑干河，河北北部的南阳河也是其重要水源之一，大同和张家口一带的降雨情况决定了永定河的入汛时间。

① Piao S，Ciais P，Huang Y，et al. The Impacts of Climate Change on Water Resources and Agriculture in China Nature，2010，467.

② Hao Zhixin，Zheng Jingyun，Ge Quansheng. Precipitation Cycles in the Middle and Lower Reaches of the Yellow River（1736—2000）. Journal of Geographical Sciences，2008，18（1）；郭其蕴、蔡静宁、邵雪梅等：《1873—2000 年东亚夏季风变化的研究》，《大气科学》2004 年第 28 卷第 2 期。

③ 郭其蕴、蔡静宁、邵雪梅等：《东亚夏季风的年代际变率对中国气候的影响》，《地理学报》2003 年第 4 期。

将涨水首报日期转换为候尺度，即7月1日作为7/1，即7月的第1个候，在候尺度下探讨汛期建立的时间，这一研究方法在杨煜达等探讨清代昆明雨季开始时间的研究中曾使用过，非常符合历史文献的记录特征①。志桩的首报时间是否能够指代入汛时间这一问题，我们认为，从历史文献记录本身来分析，清政府将黄河、沁河和永定河的汛期分为桃汛、伏汛和麦汛等几个主要涨水时段，乾隆朝开始责成相关督抚每年都要就几次主汛期的水情进行奏报，就本书研究对象而言，伏汛和麦汛合称伏秋大汛，是北方河流的主汛期，由于河流入汛之后洪涝灾害风险随之升高，负责奏报水情的河道总督和直隶总督对于伏秋大汛开始的时间非常重视，奏报详尽，某些年份甚至精确到了“时辰”，是目前所见各类史料文献中对于河流涨水日期最为连续和详尽的记录。潘威等已经对万锦滩志桩的首次涨水日期进行了研究②，从其结论来看，三门峡断面在乾隆三十一年至宣统三年（1766—1911年）平均入汛日期在7月6—10日（表3-3），这一时间对应于葛全胜等重建的乾隆元年（1736年）以来长江中下游梅雨结束时间③，夏季风雨带在长江中下游梅雨结束后北跳入黄河流域和华北地区，造成区内河流进入主汛期，符合夏季风雨带的推移规律。因此，将首次涨水日期转换为候尺度后可以指代入汛时间。

---

① 杨煜达、满志敏、郑景云：《清代云南雨季早晚序列的重建与夏季风变迁》，《地理学报》2006年第7期。

② 潘威、刘楠、庄宏忠：《1766～1911年黄河中游汛期时间研究》，《干旱区资源与环境》2012年第5期。

③ 葛全胜、郭熙凤、郑景云等：《1736年以来长江中下游梅雨变化》，《科学通报》2007年第23期。

表 3-3　乾隆三十一年至宣统三年（1766—1911 年）长江中下游梅雨结束时间与黄河中游汛期开始时间

Yr	T_{CJ}	T_{smx}	Yr	T_{CJ}	T_{smx}
乾隆三十一年（1766 年）	6/4	/	道光十九年（1839 年）	6/5	5/6
乾隆三十二年（1767 年）	6/6	7/4	道光二十年（1840 年）	6/6	6/3
乾隆三十三年（1768 年）	7/4	/	道光二十一年（1841 年）	7/2	8/2
乾隆三十四年（1769 年）	6/6	7/6	道光二十二年（1842 年）	/	/
乾隆三十五年（1770 年）	6/5	6/6	道光二十三年（1843 年）	6/4	5/2
乾隆三十六年（1771 年）	6/6	7/3	道光二十四年（1844 年）	6/6	4/3
乾隆三十七年（1772 年）	7/1	7/4	道光二十五年（1845 年）	/	3/4
乾隆三十八年（1773 年）	7/2	7/2	道光二十六年（1846 年）	7/3	/
乾隆三十九年（1774 年）	7/2	/	道光二十七年（1847 年）	7/1	9/6
乾隆四十年（1775 年）	6/4	/	道光二十八年（1848 年）	6/5	6/3
乾隆四十一年（1776 年）	6/6	/	道光二十九年（1849 年）	6/6	5/2
乾隆四十二年（1777 年）	7/5	/	道光三十年（1850 年）	6/4	5/5
乾隆四十三年（1778 年）	6/4	/	咸丰元年（1851 年）	7/2	6/2
乾隆四十四年（1779 年）	7/4	9/1	咸丰二年（1852 年）	/	/
乾隆四十五年（1780 年）	6/5	7/3	咸丰三年（1853 年）	/	6/3
乾隆四十六年（1781 年）	7/5	/	咸丰四年（1854 年）	7/4	/
乾隆四十七年（1782 年）	7/3	/	咸丰五年（1855 年）	6/5	/
乾隆四十八年（1783 年）	/	/	咸丰六年（1856 年）	/	7/1
乾隆四十九年（1784 年）	7/1	8/2	咸丰七年（1857 年）	/	/
乾隆五十年（1785 年）	6/6	7/1	咸丰八年（1858 年）	/	/
乾隆五十一年（1786 年）	7/2	5/5	咸丰九年（1859 年）	7/5	6/3
乾隆五十二年（1787 年）	7/2	/	咸丰十年（1860 年）	7/4	6/5
乾隆五十三年（1788 年）	7/2	7/3	咸丰十一年（1861 年）	6/6	6/6
乾隆五十四年（1789 年）	6/5	/	同治元年（1862 年）	7/2	7/6
乾隆五十五年（1790 年）	7/3	6/6	同治二年（1863 年）	7/6	/
乾隆五十六年（1791 年）	7/2	6/6	同治三年（1864 年）	7/4	/

Yr	T_{CJ}	T_{smx}	Yr	T_{CJ}	T_{smx}
乾隆五十七年（1792 年）	7/2	8/1	同治四年（1865 年）	7/3	5/6
乾隆五十八年（1793 年）	7/1	7/3	同治五年（1866 年）	/	/
乾隆五十九年（1794 年）	6/6	7/6	同治六年（1867 年）	/	7/2
乾隆六十年（1795 年）	7/4	7/5	同治七年（1868 年）	6/6	/
嘉庆元年（1796 年）	6/5	6/5	同治八年（1869 年）	6/4	7/6
嘉庆二年（1797 年）	7/4	6/5	同治九年（1870 年）	7/2	/
嘉庆三年（1798 年）	6/5	10/2	同治十年（1871 年）	7/2	/
嘉庆四年（1799 年）	7/5	7/6	同治十一年（1872 年）	6/6	8/5
嘉庆五年（1800 年）	7/1	9/1	同治十二年（1873 年）	7/1	/
嘉庆六年（1801 年）	6/6	7/3	同治十三年（1874 年）	7/5	/
嘉庆七年（1802 年）	6/5	6/5	光绪元年（1875 年）	6/5	7/1
嘉庆八年（1803 年）	6/4	7/5	光绪二年（1876 年）	7/4	7/2
嘉庆九年（1804 年）	6/6	7/3	光绪三年（1877 年）	7/2	7/5
嘉庆十年（1805 年）	6/6	/	光绪四年（1878 年）	7/1	6/5
嘉庆十一年（1806 年）	6/5	8/3	光绪五年（1879 年）	6/6	7/2
嘉庆十二年（1807 年）	6/6	/	光绪六年（1880 年）	/	7/5
嘉庆十三年（1808 年）	7/1	6/6	光绪七年（1881 年）	/	7/5
嘉庆十四年（1809 年）	7/1	6/6	光绪八年（1882 年）	7/2	9/1
嘉庆十五年（1810 年）	6/5	8/4	光绪九年（1883 年）	6/6	7/5
嘉庆十六年（1811 年）	/	/	光绪十年（1884 年）	6/5	10/3
嘉庆十七年（1812 年）	/	/	光绪十一年（1885 年）	7/1	8/1
嘉庆十八年（1813 年）	6/6	7/1	光绪十二年（1886 年）	6/5	7/2
嘉庆十九年（1814 年）	6/6	7/3	光绪十三年（1887 年）	6/6	7/1
嘉庆二十年（1815 年）	7/3	10/3	光绪十四年（1888 年）	6/4	6/5
嘉庆二十一年（1816 年）	/	/	光绪十五年（1889 年）	7/2	7/4
嘉庆二十二年（1817 年）	/	/	光绪十六年（1890 年）	6/6	7/1
嘉庆二十三年（1818 年）	/	/	光绪十七年（1891 年）	6/4	7/5
嘉庆二十四年（1819 年）	6/5	5/3	光绪十八年（1892 年）	7/4	8/3
嘉庆二十五年（1820 年）	7/1	6/3	光绪十九年（1893 年）	7/4	7/3

Yr	T_{CJ}	T_{smx}	Yr	T_{CJ}	T_{smx}
道光元年（1821 年）	6/6	7/1	光绪二十年（1894 年）	/	6/6
道光二年（1822 年）	7/1	6/4	光绪二十一年（1895 年）	/	4/6
道光三年（1823 年）	7/3	6/3	光绪二十二年（1896 年）	6/5	6/5
道光四年（1824 年）	6/6	6/6	光绪二十三年（1897 年）	6/5	7/3
道光五年（1825 年）	7/3	6/1	光绪二十四年（1898 年）	7/3	7/3
道光六年（1826 年）	7/2	6/4	光绪二十五年（1899 年）	7/5	/
道光七年（1827 年）	6/6	4/6	光绪二十六年（1900 年）	6/5	/
道光八年（1828 年）	7/1	7/1	光绪二十七年（1901 年）	7/4	7/4
道光九年（1829 年）	7/1	5/5	光绪二十八年（1902 年）	7/2	8/6
道光十年（1830 年）	6/6	6/5	光绪二十九年（1903 年）	/	7/4
道光十一年（1831 年）	/	/	光绪三十年（1904 年）	/	/
道光十二年（1832 年）	/	/	光绪三十一年（1905 年）	/	/
道光十三年（1833 年）	7/2	9/2	光绪三十二年（1906 年）	6/5	7/5
道光十四年（1834 年）	7/4	7/2	光绪三十三年（1907 年）	7/1	7/6
道光十五年（1835 年）	7/3	6/5	光绪三十四年（1908 年）	7/1	7/5
道光十六年（1836 年）	7/3	5/6	宣统元年（1909 年）	7/3	7/4
道光十七年（1837 年）	6/6	7/3	宣统二年（1910 年）	7/3	9/2
道光十八年（1838 年）	7/1	6/2	宣统三年（1911 年）	7/2	6/6

说明：Yr 年份；T_{CJ} 长江中下游梅雨带结束时间；T_{smx} 黄河中游汛期开始时间。

第六节　入汛时间波动

将黄河中游的方法应用于沁河和永定河，可以获得图 3-19。从重建结果的多年平均状况来看，黄河中游和沁河入汛皆在 7 月 6—10 日，永定河则较晚，要到 7 月 16—20 日左右方才入汛。根据所获得的逐年入汛时间可以在候尺度下重建 3 条河流的入汛时间变化距平

A，表 3-4 是各组 A 的标准差 σ。

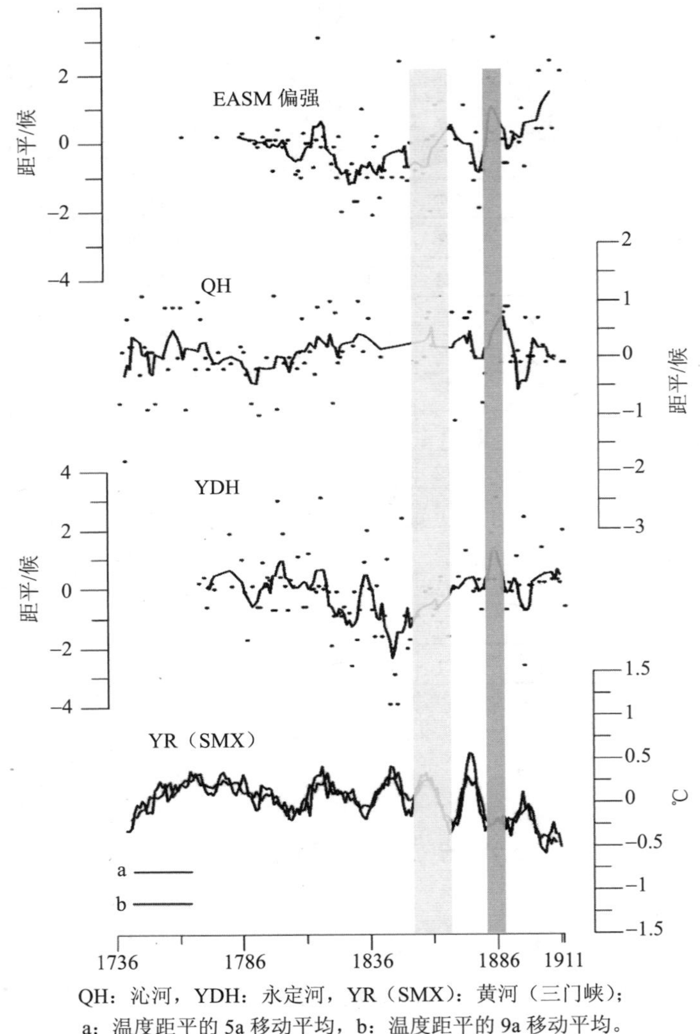

QH：沁河，YDH：永定河，YR（SMX）：黄河（三门峡）；
a：温度距平的 5a 移动平均，b：温度距平的 9a 移动平均。

图 3-19 清代黄河中游、沁河、永定河入汛时间距平波动与黄土高原冷暖波动

表 3-4　黄河中游、沁河、永定河入汛时间的标准差

标准差	黄河（三门峡）	沁河	永定河
σ	1.19	1.01	0.64

据表 3-4 可以发现黄河中游的入汛时间存在着较大的波动，沁河也有着比较明显的不稳定性。相对而言，永定河最为稳定，这应该可以表明清代黄土高原北部的雨季开始时间相对较为稳定。图 3-19 是将入汛时间距平取 5 点平均建立的距平波动曲线，从中可以很清晰地发现，永定河除在 19 世纪八九十年代有 1 次明显的波动外，其余时段波动不大。

表 3-5 是入汛日期的极端值，从中可以发现黄河中游入汛的极端早值远大于沁河与永定河的记录，此时也是豫东遭受黄河洪涝灾害最为频繁且严重的时期，此时三门峡断面平均入汛时间提前了 7 天，道光二十一、二十二、二十三、二十九、三十年（1841、1842、1843、1849、1850 年）大水年份中，除道光二十一年（1841 年）涨水在 8 月 5—10 日外，其余皆在 5 月初或更早时期，道光二十二年（1842 年）更是在 3 月上旬就开始了持续性的涨水，18 世纪中期至 20 世纪初，这一现象仅有此 2 例，很可能是当年黄河中游流域春季降雨量异常放大所致。黄河中游与沁河最晚在 10 月中旬前都可以入汛，而永定河最晚只在 8 月下旬。黄河中游与沁河流域在 9 月开始受西南季风所携带的孟加拉湾水汽影响，迎来新一轮降雨，黄河中游和沁河 10 月入汛应当是西南季风较强的表现。而永定河上游已经处于西南季风影响范围之外，因此，入汛时间较黄河中游和沁河都更加集中于夏季，这应该是永定河入汛时间较为稳定的主要原因。

表 3-5 入汛日期的极端值

河流	最早日期	最晚日期
黄河（三门峡）	道光二十二年（1842 年）/3-2	嘉庆三年（1798 年）/10-2，光绪十年（1884 年）/10-2，
沁河	道光四年（1824 年）/5-2	嘉庆二十年（1815 年）/10-3，光绪十年（1884 年）/10-3
永定河	乾隆三年（1738 年）/5-6	乾隆十年（1745 年）/8-5

说明：表内时间含义为“年”/“月”-“候”，如道光二十二年（1842 年）/3-2 意为道光二十二年（1842 年）3 月的第 2 个候。

总体来看，沁河和黄河中游在 19 世纪 10 年代至 70 年代以提前为主，而 19 世纪 80 年代黄河中游、沁河和永定河都有比较明显的延迟现象，范围都在 5 天左右。进入 20 世纪后，沁河入汛明显延迟，而黄河中游与永定河却出现了汛期提前的现象。

葛全胜等依据多种代用资料重建的近 2 000 年以来黄河中下游和长江中下游冬温波动的年代际序列指出，18 世纪 50 年代至 19 世纪 10 年代的冷谷位于 19 世纪七八十年代[①]，对应于本书提出的入汛时间延迟阶段，Yi 等最近利用黄土高原地区的历史文献和树轮资料提出了新的夏温波动曲线[②]，其中 19 世纪七八十年代的“冷谷”在黄土高原地区的夏温中也有表现，但 19 世纪 80 年代后，黄土高原的夏温仍旧在降低，20 世纪初达到“冷谷”，20 世纪 20 年代才转暖，晚于北半球小冰期结束的平均时间近 20 年。图 3-19 展现出黄河中游、沁河、永定河入汛时间与黄土高原夏温波动的比较，从中可以

① Ge Q S，Zheng J Y，Fang X Q，et al. Winter Half-year Temperature Reconstruction for the Middle and Lower Reaches of the Yellow River and Yangtze River, China，during the past 2000 years. The Holocene，2003，13（6）.

② Liang Yi, Hongjun Yu, Junyi Ge, et al. Reconstructions of Annual Summer Precipitation and Temperature in North-central China since 1470 AD Based on Drought/flood Index and Tree-ring records. Climatic Change，2012，110.

发现，19世纪80年代是河流入汛普遍延迟的时期，对应于东部季风区的冬温“冷谷”，也对应于黄土高原自19世纪70年代末开始的1次急剧降温过程；同时19世纪20年代至60年代黄土高原的夏温较高，也是黄河、沁河汛期普遍提前的时期，19世纪50年代、60年代在研究[①]中被认为是冬温上升的阶段，这与黄土高原的夏温趋势相反，随着黄土高原夏温在19世纪60年代后有1次0.5℃的下降，沁河和黄河入汛时间延迟了大约1个候。

嘉庆三年、嘉庆二十年、道光二十七年、光绪十年（1798、1847、1815、1884年）是汛期延迟非常显著的年份，这些年份三门峡断面的汛期建立与长江中下游梅雨结束时间相差在20个候左右，即大约3个月，基本都在9—10月才进入汛期，这一现象可能是华西秋雨区扩大到黄河中游地区的后果。地方志中对此现象也有所记录，比较清晰的是嘉庆二十年（1815年），该年汾河流域的山西阳城和沁水都有“秋大雨”的记载[②]，而平陆和永济也有“八月阴雨连绵”的记录[③]，渭河流域也有秋季出现强降雨的记录，潼关“秋七月，潼河大涨”[④]，山陕地区9月后会受西南季风影响，孟加拉湾水汽会影响到黄河中游地区，造成秋季降雨；而杨煜达等重建的清代昆明雨季开始时间波动距平显示嘉庆二十年（1815年）昆明雨季建立时间提前了2～3天[⑤]，综合以上各方面因素考虑，推测嘉庆二十年

① Ge Q S，Zheng J Y，Fang X Q，et al. Winter Half-year Temperature Reconstruction for the Middle and Lower Reaches of the Yellow River and Yangtze River，China，during the past 2000 years. The Holocene，2003，13（6）.

② 同治《阳城县志》卷一八《灾祥》；光绪《沁水县志》卷一〇《祥异》。

③ 光绪《平陆县续志》卷下《杂志》；光绪《虞乡县志》卷一一《艺文》。

④ 嘉庆《续修潼关厅志》卷上《灾祥》。

⑤ 杨煜达、满志敏、郑景云：《清代云南雨季早晚的重建与夏季风变迁》，《地理学报》2006年第61卷第7期。

（1815 年）东南季风较弱，而西南季风较强，造成黄河中游在 10 月中旬入汛。

19 世纪 80 年代“偏冷”背景下黄河中游、沁河和永定河普遍入汛延迟的主要原因是夏季风偏弱，郭其蕴等基于同治十二年（1873 年）至 2000 年的海平面气压记录（SLP）重建了夏季风强度指标（Index of Summer Monsoon，ISM），指出 19 世纪 80 年代中期至 20 世纪 00 年代是夏季风偏弱的时段[①]，基本对应了本书所揭示的入汛延迟时段。这一现象在陕北晋北雨季持续时间上也有反映，葛全胜等揭示出乾隆元年（1736 年）至 2000 年期间，太原、大同和榆林的雨季持续时间在 19 世纪 60 年代至 20 世纪 00 年代大致偏短 10～20 天[②]。以上 2 个现象结合本文提出的入汛时间偏晚 5 天左右的现象，可以认定 19 世纪中后期的夏季风偏弱在黄土高原的北、中、南部都造成了雨带建立的延迟。

而 19 世纪 20 年代至 60 年代汛期偏早也可以对应于夏季风偏强，此外，乾隆元年（1736 年）以来长江中下游梅雨期长度在这一阶段也偏短，雨带位于华北和华南，据此综合推断此阶段夏季风偏强[③]，本研究认为，黄河中游和沁河入汛普遍提前支持了这一推断。

根据清代志桩奏报中的涨水时间重建了黄河三门峡断面乾隆三十一年至宣统三年（1766—1911 年）、沁河乾隆二十六年至宣统三年（1761—1911 年）和永定河乾隆元年至宣统三年（1736—1911 年）

① 郭其蕴、蔡静宁、邵雪梅等：《1873—2000 年东亚夏季风变化的研究》，《大气科学》2004 年第 2 期。

② Quansheng Ge，Zhixin Hao，Yanyu Tian，et al. The Rainy Season in the Northwestern Part of the East Asian Summer Monsoon in the 18th and 19th Centuries. Quaternary International，2011，229.

③ 葛全胜、郭熙凤、郑景云等：《1736 年以来长江中下游梅雨变化》，《科学通报》2007 年第 23 期。

的入汛时间及其波动距平，5 年滑动平均显示，在 19 世纪 20 至 60 年代和 19 世纪 70 年代、80 年代分别存在着持续性的汛期提前和延迟现象，与黄土高原的夏季冷暖变化具有比较明显的反相位，19 世纪 80 年代尤为明显。19 世纪 80 年代黄土高原的“偏冷”与 Mann 等揭示的北半球“偏冷”现象一致①，则此阶段的入汛延迟现象是对北半球偏冷的响应。但 Mann 的研究认为 19 世纪 20 至 70 年代是北半球转冷的时期，这与黄土高原夏温偏高的现象就不一致了，也很难解释此时本研究揭示的河流汛期普遍提前的现象，这表明本区河流的入汛时间在多年尺度上不仅对北半球冷暖波动有响应，与黄土高原夏季温度变化的关系可能更为密切，这一现象应该是对东亚夏季风强度在多年尺度上强度变化的响应。

① Mann M E，Bradley R S，Hughes M K. Global-scale Temperature Patterns and Climate Forcing Over the Past Six Centuries. Nature，1998，392.

第四章 清代黄河中游地区降雨事件的高分辨率个案研究

第一节 清代黄河中游洪水与台风

影响黄河中游汛期流量大小的降雨包括跃入黄河流域的夏季风雨带、秋季陕南川北雨区扩大到秦岭以北造成的秋雨，以及近年来引起重视的台风螺旋雨带影响进入汾渭谷地而造成的暴雨。潘威等曾经提出了“飑”和“颶”是历史文献中对台风活动相对直接的记录[①]。发生于夏秋时期的“颶”以及“飑”作为台风活动的直接依据。台风活动另一直接记录为风向转变与雨、潮等现象同发，如风向转变与夏末秋初雨、潮等现象同发将相邻地点、相同时间（邻接两地受台风影响时间间隔不超过 2 天）、“风、雨、潮”现象有较为清晰的沿海活动或由海向陆活动路线作为 3 条判断标准。如果其在时间上具备“日”精度上的连续性且在空间上

① 潘威、王美苏、满志敏等：《1644—1911 年影响华东沿海的台风发生频率重建》，《长江流域资源与环境》2012 年第 2 期。

有明显的自南向北活动趋势，则作为 1 次台风。对于回退台风这一较为特殊的现象目前尚无法分辨出来。表 4-1 为登陆浙闽沿海入境台风的运动方向。

表 4-1 清代登陆浙闽地区的西北行和西行台风年表

时间（年/月/日）			入境地区	可能登陆地点	入境路径
顺治二年（1645 年）	9	3	长江三角洲	/	西北行
顺治七年（1650 年）	7	25	长江三角洲	/	西北行
顺治八年（1651 年）	7	18	长江三角洲	/	西北行
顺治十年（1653 年）	7	15	长江三角洲	/	西北行
康熙三年（1664 年）	10	10	长江三角洲	/	西北行
康熙四年（1665 年）	8	13	江淮地区、淮北地区	江苏东台	西北行
康熙四年（1665 年）	8	15	长江三角洲	浙江舟山	西北行
康熙七年（1668 年）	8	2	温台地区、淮北地区	浙江温岭	西北行
康熙九年（1670 年）	7	27	长江三角洲	杭州湾	西北行
康熙二十四年（1685 年）	8	24	长江三角洲、江淮地区、淮北地区	江淮沿海	西北行
康熙二十六年（1687 年）	8	17	长江三角洲	上海	西北行
康熙三十五年（1696 年）	6	29	长江三角洲	上海	西北行
康熙四十七年（1708 年）	8	22	温台地区、宁绍地区、长江三角洲、江淮地区	浙江温岭	西北行
康熙五十一年（1712 年）	9	3	温台地区、宁绍地区、长江三角洲、江淮地区	浙江温岭	西北行
康熙五十四年（1715 年）	7	30	长江三角洲	/	西北行
康熙五十七年（1718 年）	8	16	长江三角洲、江淮地区	/	西北行
雍正九年（1731 年）	8	12	长江三角洲	/	西北行

时间（年/月/日）			入境地区	可能登陆地点	入境路径
雍正十三年（1735 年）	7	21	温台地区、宁绍地区	/	西北行
乾隆二年（1737 年）	7	16	长江三角洲	/	西北行
乾隆十三年（1748 年）	8	10	温台地区	福建福州	西北行
乾隆十九年（1754 年）	9	17	江淮地区	江苏海安	西北行
乾隆三十五年（1770 年）	9	10	宁绍地区、长江三角洲	浙江舟山	西北行
乾隆四十六年（1781 年）	8	7	长江三角洲、江淮地区	上海崇明	西北行
道光三年（1823 年）	8	7	宁绍地区、长江三角洲、江淮地区	长江口一带	西北行
道光十一年（1831 年）	9	3	宁绍地区、长江三角洲	上海崇明	西北行
道光十四年（1834 年）	8	3	温台地区、宁绍地区、长江三角洲	浙江温岭	西北行
道光十七年（1837 年）	8	23	温台地区、宁绍地区	浙江温岭	西北行
道光二十六年（1846 年）	9	4	温台地区、江淮地区	浙江平阳	西北行
咸丰三年（1853 年）	7	27	温台地区	福建福鼎	西北行
咸丰四年（1854 年）	8	25	温台地区、宁绍地区	浙江温岭	西北行
光绪九年（1883 年）	8	23	宁绍地区、长江三角洲、江淮地区	浙江象山	西北行
光绪二十七年（1901 年）	8	24	温台地区、宁绍地区	/	西北行
光绪三十一年（1905 年）	9	1	长江三角洲	上海	西北行
康熙七年（1668 年）	5	30	温台地区	浙江临海	西行
康熙七年（1668 年）	8	12	温台地区	浙江温州	西行
乾隆五年（1740 年）	7	15	温台地区、宁绍地区	台州沿海	西行
乾隆九年（1744 年）	8	10	宁绍地区、长江三角洲	浙江宁波	西行
嘉庆五年（1800 年）	8	11	温台地区	浙江温岭	西行
嘉庆十四年（1809 年）	8	27	温台地区	浙江平阳	西行

时间（年/月/日）			入境地区	可能登陆地点	入境路径
嘉庆二十五年（1820年）	8	30	温台地区、宁绍地区	浙江温岭	西行
道光三年（1823年）	8	13	宁绍地区、长江三角洲	上海	西行
道光三十年（1850年）	9	17	温台地区、宁绍地区、长江三角洲	浙江三门	西行
光绪十二年（1886年）	8	12	温台地区	浙江温岭	西行
光绪十五年（1889年）	8	22	温台地区、宁绍地区	浙江舟山	西行
光绪二十九年（1903年）	7	24	长江三角洲	浙江海宁	西行
宣统二年（1910年）	7	29	宁绍地区	浙江象山	西行

这一重建结果显示，入境东南沿海地区（大致为浙江、福建）台风的运动路径多数为北行和西北行，当然这一结果主要是受到资料限制而得出的，东北向和东向台风进入海洋，自然在陆地上不会构成进一步的影响，因而也就难以被地方史料记录。但在有限的台风路径判定结果中，我们还是可以发现多次西北行台风事件，如表4-1所示。这一年表比较清晰地显示出西北行、西行台风的集中分布期。当然，由于黄河中游流量序列开始年份为乾隆三十一年（1766年），这之前台风路径与黄河水情的关系难以论述。乾隆三十五年（1770年）之后的关系还是可以得到一定程度的揭示。结合表4-1和黄河三门峡站点的流量记录（图4-1）可以发现，19世纪中期黄河中游的流量高值阶段的确也对应了这段时间西北行和西行台风集中出现的时段。

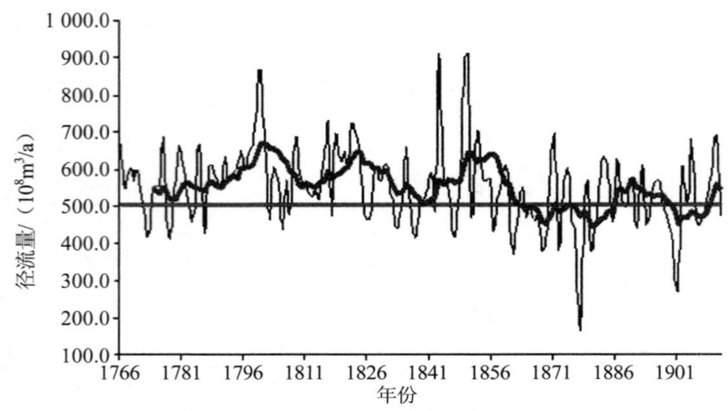

图 4-1　黄河三门峡断面乾隆三十一年至宣统三年（1766—1911 年）汛期径流量

当然，台风只是影响黄河中游降雨的众多因素之一，19 世纪中期之后的黄河流量减少就不能对应于台风路径的改变。就 19 世纪中期黄河流量异常的情况来看，这一阶段西北、西向台风的集中分布很可能参与了这一异常涨水阶段。

19 世纪 20 至 50 年代是黄河中游汛期普遍提前的阶段，由此导致黄河中游的汛期时间延长，而在季风降雨结束后，台风往往会在夏秋之交影响我国东南沿海地区，其螺旋雨带往往会伸入黄土高原一带，由此造成黄河中游暴雨增多，进而引起黄河中游流量增大。

道光三年（1823 年）8 月 13 日由长江三角洲西进的 1 次台风，造成安徽、湖北、江西、河南等地发生了严重水灾[①]，此年黄河中游地区也存在暴雨记录，陕西盩厔（今陕西周至）“雷雨大作，山水陡

① 张家诚、王立：《道光三年（1823 年）华北大水初析》，《灾害学》1990 年第 4 期。

发，由该县辛口等峪迸涌而出，附近居民被冲房地、淹毙人口。”[①]咸丰三年（1853 年）7 月 27 日和咸丰四年（1854 年）8 月 25 日，福建福鼎和浙江温岭分别发生了一次西北行的台风。这两次台风发生时的雨涝现象，文献记录中也有反映。咸丰三年（1853 年），山西灵丘县“六月，大雨连朝，将南城城门洞全行倾塌。”[②]，陕西鄠县（今西安市鄠邑区）“秋，大雨水，伤田害稼”[③]。咸丰四年（1854 年），山西运城“六月大雨，中条山水暴发”[④]，襄汾县“秋七月霖雨”[⑤]，陕西大荔县“七月，暴雨半日”[⑥]。这两次西北行的台风在时间上与黄土高原的局地暴雨存在一定的一致性，也许可以作为西北行台风参与黄河中游流域局地暴雨的证据。对于发生在历史时期的天气现象记录，我们今天已经不可能用当代气象学的标准去要求。逐年比对史料，虽然不可能将台风路径与黄河汛期洪峰建立一一对应的关系，但一些具体年份还是可以证明本书中的推断有一定的正确性。当台风外围环流或倒槽遇上急流、西风槽、冷空气等西风带系统时，往往能产生远距离暴雨，此类暴雨往往比台风本身环流的降水大得多[⑦]。

① 水利水电部水管司、水利水电部科技司、水利水电科学研究院：《清代黄河流域洪涝档案史料》，北京：中华书局，1993 年，第 541 页。
② 光绪《灵丘县补志・城池》。
③ 民国《重修鄠县志》卷一〇《杂记》。
④ 光绪《安邑县续志》卷六《祥异》。
⑤ 光绪《太平县志》卷一四《杂记》。
⑥ 光绪《大荔县续志》卷一《事征》。
⑦ 程正泉、陈联寿、徐祥德：《近 10 年中国台风暴雨研究进展》，《气象》2005 年第 12 期。

第二节　清代陕西雨情的文献记录

本书基于清代的多种历史文献（地方志、奏报档案、日记等）资料，在利用科学手段判断降水现象的基础上，收录清代陕西雨情的相关记录，并从中提取雨情发生时间（“日”精度）、地点（“县”精度）、史料原记录等，最终以表格形式建立清代陕西雨情年表，见附录。研究初期根据雨情记录特点，结合现代暴雨概念界定，制定了适合本书的暴雨判定标准，方便从收录的雨情资料中提取暴雨的发生和持续时间、地点、灾情程度等信息。在技术支持下，建立多源史料下的清代陕西暴雨年表数据库，并运用空间分析手段分析其空间模式以及多时间尺度下的演变规律，在相关研究成果的基础上初步探讨其驱动因素。

地方志包括：《陕西通志》《续修陕西通志稿》《陕西地方志丛书》等历史文献史料。其中关于陕西降水的资料颇丰，多以灾异、灾害、灾情记述出现。这类资料的记录特点在于什么时间、什么地点有雨、有降水记录明确，且可精确到“日”“县”。有的对于雨势、雨况有所介绍，如“倾盆”“如注”“水深数尺”等文字描述；有的有降水的起止时间、持续时间，如“自四月微雨至四年二月二十五日始雨雨至二十七日止”[①]，有的对降水造成的后果有所描述，如“秋，暴雨如注两日，汉水泛涨，淹没舍人畜无数，民大饥”[②]。从这些记录中可以提取降水的起止时间、持续时间、发生地点等信息。除此之外，在地方志资料中对雨情的记录也有间接的描述，如河水或山水

① 光绪《白河县志》卷一三《祥异》。
② 康熙《洋县志》卷一《灾祥》。

暴涨、溢涨，出现突发性涨水或“水没”灾情，有时间、地点的记录，也被认为有降水发生，收录于雨情资料库。综上所述，地方志资料记载一般以两种形式记录，一是直接记录有雨、降水，二是以水涨、涝灾间接反映有降水。两种记载都有明确的时间、地点记录，可精确到“日”“县”单位。如史料记载“春正月，贷陕西葭州四州县水灾、雹灾籽种。夏，陕西霪雨四十余日，麦穗生芽四寸许，南山一带山水暴发，漂没民田无数。七月，贷葭州霞灾籽种。九月，缓征府谷县水灾、雹灾额赋贷款。十一月缓征葭州九州县水旱灾新旧额赋。”①其中对于降水发生的时间、地点、持续时间、降水致灾情况都有描述。同时包括了直接与间接两种雨情记录特点。

档案：本研究采用的奏报档案资料主要有《康熙朝雨雪粮价史料》《清代奏折汇编——农业、环境》《清代黄河流域洪涝档案史料》《清代长江流域西南国际河流洪涝档案史料》中奏报记录的雨情资料，以及《西北灾荒史》中来源于清宫档案的陕西雨情资料。

《康熙朝雨雪粮价史料》和《清代奏折汇编——农业、环境》中主要记录雨雪降水对庄稼收成等农业方面的影响，记录雨水调匀、雨泽沾足庄稼收成如何之类的信息，有时间、地点。如记录所示：“康熙四十二年（1703 年）五月二十九日西安，‘二月三月雨水时若麦豆甚好，可望丰收。但自三月二十七起至五月初十每下雨不止，雨水过量，故收成稍减。’”②“光绪八年（1882 年）‘各色秋粮正在结实升浆之际，因雨水过多致秋成减色。’”③且有的奏报中对雨水记录详

① 民国《续修陕西通志稿》卷一九九《祥异》。

② 刘子扬、张莉编：《康熙朝雨雪粮价史料》（第 2 册），北京：线装书局，2007 年，第 332 页。

③ 中国科学院地理科学与资源研究所、中国第一历史档案馆编：《清代奏折汇编——农业·环境》，北京：商务印书馆，2005 年，第 544 页。

尽至尺寸，如“康熙六十年（1721 年）六月二十五西安，‘西安附近各州县皆于六月十五六七三日大雨入土一尺有余’”。[①]“嘉庆二十三年（1818 年）‘各属八月内得雨自一寸至三寸及深透不等。’”[②]

《清代黄河流域洪涝档案史料》和《清代长江流域西南国际河流洪涝档案史料》时间从乾隆元年至宣统三年（1736—1911 年），主要以地方官员的灾害奏报为主。此类记载的特点是致灾降水发生的时间和地点明确，一般可精确到“日“和“县”，部分可精确到“时刻”和“村镇”，降水持续时间相对模糊，甚至降水结束日期无载，致灾情况有详细的记载。如光绪三十二年（1906 年）“咸阳县属东乡……，及南乡……，于六月二十日（8 月 9 日）前后数日，连降大雨，堤岸被水冲塌，淹没秋禾……。又该县沣河以东等十六村，以西等五村，并续报东江渡等处，地势低洼，本年八月大雨连绵，洋河堤岸冲决，……”[③]。嘉庆十一年（1806 年）“据凤县知县……禀报，三月十六夜，大雨倾注，山水陆发，该县蒋家沟一带驿路猝被水冲，淹错男妇大小八十五名口，冲倒房屋二百二十五间，道路桥梁间被冲断等情。”[④]

档案中各地方官员奏报对黄淮河流涨水期和尺寸记录也较为详尽，于河工、水势亦记录颇丰。《西北灾荒史》中来源于档案的条目，主要记录造成水旱灾害的降水雨情。对水旱灾的发生时间、地点、

① 刘子扬、张莉编：《康熙朝雨雪粮价史料》（第 17 册），北京：线装书局，2007 年，第 5116 页。

② 中国科学院地理科学与资源研究所、中国第一历史档案馆编：《清代奏折汇编——农业·环境》，北京：商务印书馆，2005 年，第 395 页。

③ 水利电力部水管司、水利电力部科技司、水利水电科学研究院：《清代黄河流域洪涝档案史料》，北京：中华书局，1993 年，第 905 页。

④ 水利电力部水管司、水利电力部科技司等编：《清代长江流域西南国际河流洪涝档案史料》，北京：中华书局，1991 年，第 559 页。

灾情记录详细，其中灾情记录中对降水记录清晰，从中可提取降水发生的时间、地点、持续时间、灾情状况等信息。

此外，还有非常有限的日记记录。清代陕西流传下来的日记记录非常有限，《李星沅日记》关于西安的天气记录只有道光二十二年至二十五年（1842—1845 年）。而《林则徐日记》中关于陕西的天气记录只有 6 天。

我国气象学上规定，1 小时内降雨量为 16 mm 或以上，12 小时内降雨量为 30 mm 或以上，24 小时内降雨量为 50 mm 或以上的雨即“暴雨”。历史文献资料中对于暴雨的记载一般多以灾异、祥异以及灾后应对政策等方式出现。偶有直接记录为某地某时间发生暴雨，主要是因暴雨致使河流溢涨造成洪涝灾害，危及百姓生命及正常生产。因此在本研究中对暴雨概念的界定需根据史料记载情况，结合现代暴雨标准，制定暴雨判定标准，以方便史料的解读与分析。

第一，直接记录暴雨降水的资料，出现关键词——暴雨。如“暴雨如注”“暴雨两日夜”等记录方式。

第二，间接反映暴雨降水的资料，分为 3 种情况。

①记录持续时间长、雨量丰沛的降水雨情的资料。如“大雨四十余日”“大雨三日”“淫雨如注”“风雨如注”“霖雨四十日”等记录方式。②因降水造成河流涨溢，如“山水陡发、涨发、暴发”，“河水陡发、暴涨、涨发”，“大水”等记录。③由降水造成严重灾情的资料。如某年陕西略阳县志记载“八月，东乡何家岩大水忽起，木瓜岭滚桥被冲，下与玉带河交，水又进城。饥。”

收录的清代陕西雨情资料来源丰富，经过原文比对、校、去同存异重复删除等程序，最终共计 1 380 条（详见附录）。按照资料来源统计，地方志资料共计 731 条，奏报档案资料共计 606 条，其他资料共计 43 条。

第三节 《李星沅日记》记录的西安道光二十三年至二十五年（1843—1845 年）降水特征

一、历史时期西安地区降水的研究现状

利用中国丰富的历史文献在高分辨率下进行历史气候变化研究，同时依托区域性气候变化重建以支撑全球范围气候变化的研究一直是国际学术界关注的领域[①]。以西安为核心的关中地区是亚洲季风区的边缘过渡地带，为典型的暖温带大陆性季风气候，生态环境脆弱，气象灾害非常严重。本地器测气象资料于新中国成立后才形成较为系统的记录序列，约 60 年器测记录所反映的气候变化情况非常有限，需要古气候和历史气候研究的支持，以便揭示历史上的气候变化过程，预测未来气候发展趋势。

西安地区流传有丰富的历史文献，具有历史气候研究的良好条件，近 30 年来成果不断。李兆元等利用历史旱涝灾害记载和器测降水数据对晋太元五年（380 年）至 1983 年西安（包括古长安）地区气候的干湿过程进行了复原，得出了 1 604 年的湿润指数，认为西安（包括古长安）地区存在 12 个显著的干湿变化周期[②]；朱士光等利用

① Bradley R S. High Resolution Record of Past Climate from Monsoon Asia：The Last 2000 Years and Beyond，Recommendations for Research，PAGES Workshop Report，Series 93-1，1993：1-21.

② 李兆元、李莉、全小伟：《西安地区（380—1983 年）旱涝气候变化》，《地理研究》1988 年第 4 期。

考古、孢粉和历史文献等建立了全新世早期以来关中地区的气候冷暖干湿发展过程[①]；郑景云等用清代西安府辖区内乾隆元年至宣统三年（1736—1911 年）的“雨雪分寸”和民国以来的器测资料对乾隆元年（1736 年）至 1999 年的冷暖过程进行复原，认为 18 世纪为暖峰、19 世纪存在 3 个冷谷[②]；郝志新等同样利用清代西安府的“雨雪分寸”复原了乾隆元年（1736 年）至 2000 年的降水周期，指出期间存在 6 个多雨期和 7 个少雨期[③]；王川等利用距今 500 年以来的旱涝资料，分析陕西及其东部区域历史上发生的旱涝周期及气候突变[④]。近年来，基于华山松树轮的关中地区距今 500 年以来初夏干燥指数序列[⑤]和旱涝事件序列[⑥]，通过与近 60 年以来的器测资料与树轮数据对比，揭示出华山与西安在其后波动上具有显著的一致性，这一结论在相当大的程度上弥补了历史文献的缺漏并为历史文献记录提供了重要的自然佐证，为多视角、多手段研究西安地区历史气候提供了重要基础。满志敏提出距今 500 年以来的历史气候研究要精确到“年”“季”，而以上成果的序列长度普遍偏长，可以在宏观层面上看待西安地区气候发展过程，而“年”及以下尺度研究不足[⑦]。

---

① 朱士光、王元林、呼林贵：《历史时期关中地区气候变化的初步研究》，《第四纪研究》1998 年第 1 期。

② 郑景云、葛全胜、郝志新等：《1736—1999 年西安与汉中地区年冬季平均气温序列重建》，《地理研究》2003 年第 3 期。

③ 郝志新、郑景云、葛全胜：《1736 年以来西安地区气候变化与农业收成的相关分析》，《地理学报》2003 年第 5 期。

④ 王川、杜继稳、杜川利：《陕西及我国东部区域气候变化研究》，《气象》2005 年第 4 期。

⑤ 刘洪滨、邵雪梅、黄磊：《中国陕西关中及周边地区近 500 年来初夏干燥指数序列的重建》，《第四纪研究》2002 年第 3 期。

⑥ 尹红、郭品文、刘洪滨等：《陕西关中及周边地区近 500a 来初夏旱涝事件初步分析》，《南京气象学院学报》2007 年第 1 期。

⑦ 满志敏：《历史自然地理学的发展和前沿问题的思考》，《江汉论坛》2005 年第 1 期。

本书以《李星沅日记》为骨干资料，对其记载的李星沅道光二十三年至二十五年（1843—1845 年）驻留西安时的降水情况在侯尺度上进行研究。

二、清代陕西日记概况

正史、方志、笔记、档案和日记是历史气候研究的主要文献资料来源[①]，清代中后期，长篇日记大量涌现，使其成为对清代气候进行高精度研究极为重要的依据之一。日记作者通过个人观察对当时的物候信息和天气现象进行了持续性记录，最好的可以达到逐日记录，相较其他文献具有准确、翔实的优点。另一高精度天气信息主要来源为清代“晴雨录”，但仅限于北京、南京、苏州、杭州等地[②]，西安缺乏此种记录，挖掘清代西安地区的日记资料是进行本区高精度历史气候研究的重要途径之一。

相较于长江中下游和北京地区，西安的清代日记数量较少、日记篇幅普遍较短。清代西安既没有高级官员长期停留（5 年以上），地方文人阶层的规模也相对较小。现存有关清代西安的日记主要有 2 个来源，一是在西安的地方官员，另一是在西安的旅行者，前者由于官员具有流动性，在西安时间一般不过数月至数年，后者则时间更短。前者较为典型的代表有李星沅《李星沅日记》、林则徐《林文忠公日记》、伍铨萃《北游日记》等，都出自官员而非地方知识分子之手。林则徐《林文忠公日记》则兼有两者性质，道光七年（1827 年）5—10 月林则徐作为陕西按察使、署布政使在陕停留，但其有相

① 张家诚：《气候变迁及其原因》，北京：科学出版社，1976 年，第 25 页。
② 满志敏：《中国历史时期气候变化研究》，济南：山东教育出版社，2009 年，第 71 页。

当长一段时间在略阳主持治水，在西安时间较短；道光二十二年（1842 年）林被远谪伊犁途中在西安及临潼、华阴等地逗留了 2 个多月；道光二十六年（1846 年）林被启用为陕西巡抚，在西安停留了 9 个月[①]。伍铨萃是“庚子国乱”时避祸西安的官员，在西安停留半年左右。旅行者型日记（含游记）中有关天气的资料较为零散断续，单份资料并不适合进行历史气候研究。史红帅对部分英文文献中有关晚清西安的记录进行过研究，从其成果分析，目前所见英文文献中以游记与调查报告居多，对西安的城市景观有详细记载，但缺乏对天气的持续性记录[②]。日文文献情况基本相同，如日本人竹添井井的《栈云峡雨日记》，作者游历中国途中于光绪元年（1876 年）5 月 31 日在西安仅停留 1 天，且未记录当日天气情况[③]。

李星沅，字子湘，号石梧，湖南湘阴人。道光十二年（1832 年）进士，选庶吉士，授编修。道光十五年（1835 年）督广东学政，同年任陕西汉中知府，历河南粮道，陕西、四川、江苏按察使。道光二十二年（1842 年）擢陕西巡抚，署陕甘总督，道光二十五年（1845 年）调江苏巡抚。道光二十六年（1846 年）升任云贵总督，兼署云南巡抚，寻调两江总督。道光三十年（1850 年）代林则徐为钦差大臣赴广西平乱，咸丰元年（1851 年）在广西武宣与太平军作战中病亡[④]。

李星沅任陕抚期间驻留西安长达近 3 年，结合本书“清代陕

① 刘仲兴、原志军：《林则徐在陕西》，《西北大学学报（哲学社会科学版）》1981 年第 4 期。

② 史红帅：《清代后期西方人笔下的西安城——基于英文文献的考察》，《中国历史地理论丛》2007 年第 4 辑。

③ ［日］竹添井井：《栈云峡雨日记·栈云峡雨稿》，西安：三秦出版社，2006 年，第 77 页。

④《清史稿》（第 39 册）卷三九三《列传一八〇》，北京：中华书局，1977 年，第 11751-11753 页。

西日记”内容概况中介绍的情况可以发现，在现存清代日记中，李星沅日记是对于西安清代天气情况相对最为连续的记录。李星沅日记原稿已经遗失，现存稿本为觉园老人摘抄本，是原稿中的道光二十年至道光二十九年（1840—1849年）部分，袁英光等于1985年对其进行了整理，1987年6月中华书局出版。张积对袁英光等在日记校勘、标点上的部分问题进行了再次整理[①]，本书予以采纳。

李星沅道光二十三年（1843年）2月5日至西安府就职，道光二十五年（1845年）11月5日离开西安。1845年5月23日—6月10日李星沅离开西安前往潼关巡视，6月10日回西安后，又因病在6月11—14日未写日记。其余时间也有未记录天气的情况，但通过分析可以发现，李星沅对于晴天几乎从不记录，而对雨、雪等现象记录详细，可以认定这些没有天气记录的日期是无降水的。同时，李星沅对冷暖情况亦有所记录，但较为零散。对于物候现象则缺乏记录。

三、道光二十三年至二十五年（1843—1845年）的西安降水状况

1. 基本情况

“候”为连续5天的天气情况，可将道光二十三年（1843年）2月5日至道光二十五年（1845年）11月5日分解为72个“候”，每个月设为6个候，如1月的第1个候，记为“1.1”，由于日期累积至10月出现10.6候为10月24日—10月28日，故10月设7个候，

① 张积：《〈李星沅日记〉标点献疑》，《文献》1993年第4期。

10.7 候为 10 月 28 日—11 月 1 日。统计其雨日或雪日比率，建立候尺度下的降水日比率（P）序列。

多年器测记录反映西安地区≥20 mm 的降雨开始时间一般为 4 月上旬末，降雨集中期由开始于 6 月下旬后期至 7 月上旬前期并持续到 8 月底的暴雨期和 9 月上旬末至中旬初开始并持续到 10 月底的秋淋期组成[①]，分别将其对应于本文的 6.5～8.6 候和 9.2～10.7 候，以 P_1、P_2 表示此阶段各候降水日比率之和，以此反映多年平均暴雨期与秋淋期在道光二十三年至道光二十五年（1843—1845 年）的降雨状况。

道光二十三年（1843 年）2 月 5 日至道光二十五年（1845 年）11 月 5 日［道光二十五年（1845 年）5 月 23 日—6 月 14 日为缺资料时段］有 104 天雨日和 21 天雪日，具体分布见表 4-2，降水日比率情况如图 4-2 所示。

表 4-2　《李星沅日记》记录的西安雨、雪日数

日期	雨日	雪日
道光二十三年（1843 年）2 月 5 日—12 月 31 日	42	5
道光二十四年（1844 年）1 月 1 日—12 月 31 日	44	11
道光二十五年（1845 年）1 月 1 日—5 月 22 日	3	5
道光二十五年（1845 年）6 月 15 日—11 月 5 日	15	0

① 温克刚、翟佑安：《中国气象灾害大典：陕西卷》，北京：气象出版社，2005 年，第 42 页。

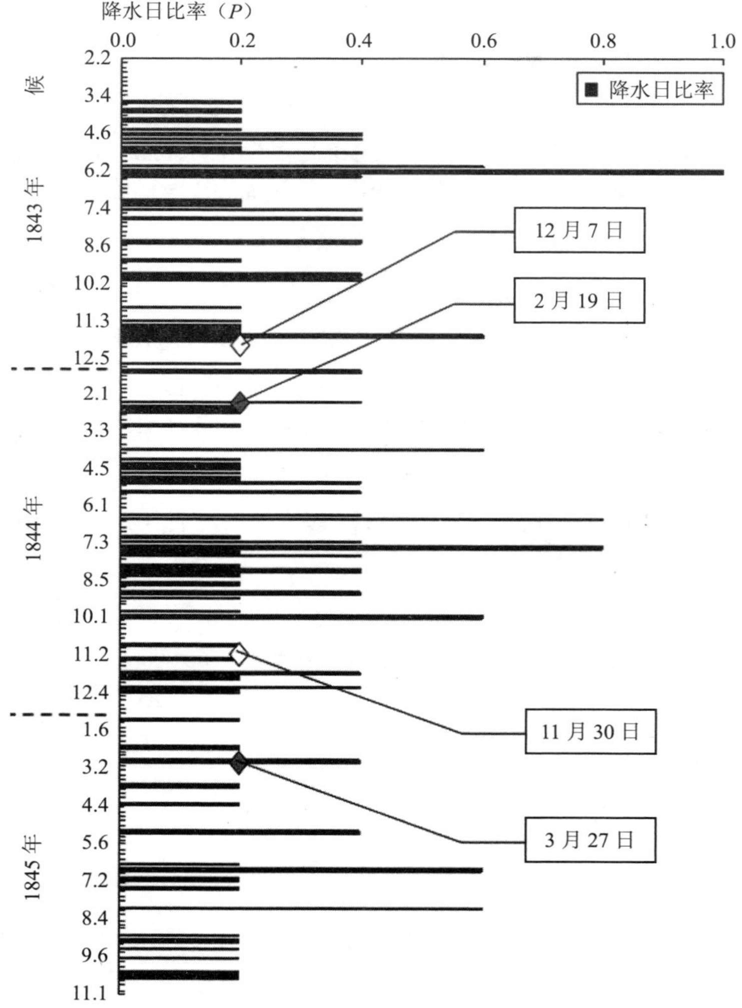

图4-2 道光二十三年（1843年）2月5日至道光二十五年（1845年）11月5日各候降水日比率（P）序列

降雪：图 4-2 显示道光二十三、二十四年（1843 年、1844 年）初雪日期分别为 12 月 7 日、11 月 30 日，基本稳定。道光二十四、二十五年（1844 年、1845 年）终雪日期分别为 2 月 19 日、3 月 27 日，显示道光二十四年（1844 年）冬季至道光二十五年（1845 年）春季偏冷，道光二十五年（1845 年）3 月下旬有冷空气南下导致该年终雪日期延后，但在本年 1 月中旬和 3 月初，西安地区曾经回暖，《李星沅日记》在道光二十五年（1845 年）1 月 16 日和 3 月 3 日都记录了“天气过暖”。道光二十五年（1845 年）1—3 月在关中地区很可能存在数次极地涡流南下，导致本时段西安出现冷暖相间的现象。

暴雨期降雨：《李星沅日记》对暴雨多发期内的降雨记录并不均一，仅有若干天的记录可以支持判断其为暴雨，即道光二十三年（1843 年）4 月 18 日和 8 月 21 日，道光二十四年（1844 年）7 月 23 日和 8 月 5 日，道光二十五年（1845 年）6 月 25 日有明确的暴雨记载，余者皆不能确定，资料均一性的欠缺使本研究所关注的其实是暴雨多发期的降雨现象。图 4-2 显示道光二十三年至二十五年（1843—1845 年）P_1 为 1.6、3.0、1.8，显示暴雨多发期降雨以道光二十四年（1844 年）最为明显。道光二十三、二十四年（1843 年、1844 年）暴雨期降雨记载开始于 7.2 候（7 月 6 日），而道光二十五年（1845 年）则开始于 6.5 候（6 月 20 日），时间上有明显的提前。道光二十三、二十五年（1843 年、1845 年）关中暴雨多发期的暴雨现象很可能并不显著，一方面《李星沅日记》未见有暴雨成灾记载；另一方面，此 2 年李星沅奏报中未记录西安地区（清西安府辖区）

出现大暴雨[①]。此外，道光二十三年（1843 年）6 月上旬为降雨集中期，该月 2—12 日中有 10 日为雨日，根据《李星沅日记》描述此段时间并不是暴雨，基本上都是小雨，且气温有下降现象。按连阴雨标准统计，道光二十四年（1844 年）6 月中旬、7 月中旬后期为降雨集中期，6 月 12—18 日有 7 日为雨日、7 月 16—19 日有 4 日为雨日。道光二十五年（1845 年）11 月 5 日前则缺失连阴雨现象，P 最高为 0.6，发生于 6.6 候和 8.2 候，显示本年 11 月 5 日前降雨集中发生于 6 月下旬和 8 月初，但强度不及前 2 年。

秋季降雨：关中地区秋淋成为次于暴雨期的第 2 降雨量峰值[②]。雨日≥4 天或两次连阴雨过程之间无雨日数≤2 天作为 1 次连阴雨[③]。研究时段内 9—10 月皆缺失连阴雨天气，显示此 3 年皆为秋雨弱年。道光二十三年至二十五年（1843—1845 年）9.1—10.7 候 P_2 分别为 1.2、1.6、1.2，道光二十四年（1844 年）秋雨相对最为明显。图 4-2 显示研究时段内秋雨发生时间的波动，道光二十三年（1843 年）始发时间为 9 月 9 日，到 9 月 15 日基本结束，其中 9.4 候 P 为 0.6，为当年秋雨最为集中时段；道光二十四年（1844 年）9 月 6 日—9 月 8 日存在持续性降雨，但直到 9 月 25 日—9 月 30 日才再次出现持续性降雨；道光二十五年（1845 年）9 月 7 日—9 月 8 日降雨后直到 9 月 21 日才再次出现降雨。同时，也揭示出道光二十三、二十四年（1843 年、1844 年）9 月雨日与 10 月雨日比例为 5∶1 和 7∶1，9 月雨日占据了秋季降雨的绝大部分；道光二十五年（1845 年）

① 水利电力部水管司、水利电力部科技司、水利水电科学研究院：《清代黄河流域洪涝档案史料》，北京：中华书局，1993 年，第 630-642 页。

② 白虎志、董文杰：《华西秋雨的气候特征及成因分析》，《高原气象》2004 年第 6 期。

③ 陕西省气象台中期组：《陕西秋季连阴雨天气形势及预报》，《陕西气象》1979 年第 9 期。

为 3∶3。

2．检验和分析

道光二十四年（1844 年）P_1 放大的情况在地方文献中也有所印证。本年长安县“夏，淫雨……南山山水暴发”[①]、渭南县“夏，淫雨”[②]、华阴县“夏秋，大雨四十余日”[③]。《中国近五百年旱涝分布图集》显示道光二十三年至二十五年（1843—1845 年）西安旱涝指数分别为 2、1、4（偏涝、涝、偏旱）[④]，与本研究 P 序列反映的湿润程度基本一致。郝志新等的研究显示西安地区 19 世纪 40 年代降水量的 10 年滑动平均水平总体偏低，道光二十五年（1845 年）夏季与秋季雨量相较道光二十三、二十四年（1843 年、1844 年）明显偏少[⑤]，这与本书所得结论一致。

西南季风强弱：道光二十三、二十四年（1843 年、1844 年）的连阴雨天气与西南季风较强关系密切。西南气流与副热带高压外围东南气流为关中地区水汽的主要来源[⑥]，因此西南季风与研究区降雨发生关系密切。目前关于清代西南季风的研究尚较为薄弱，杨煜达建立了康熙五十年至宣统三年（1711—1911 年）昆明雨季的开始时间，用以指征西南季风在滇中的建立。道光二十三年至二十五年（1843—1845 年）昆明雨季开始时间分别为 5 月中旬（偏早）、

---

① 民国《咸宁长安两县续志》卷六。

② 民国《华阴县续志》卷八。

③ 民国《华阴县续志》卷八。

④ 中央气象局气象科学研究院主编：《中国近五百年旱涝分布图集》，北京：地图出版社，1981 年，第 220-235 页。

⑤ 郝志新、郑景云、葛全胜：《1736 年以来西安地区气候变化与农业收成的相关分析》，《地理学报》2003 年第 5 期。

⑥ 刘晓丽、贺文彬：《陕西省 9 月水汽输送特征分析》，《陕西气象》2009 年第 3 期。

4 月下旬至 5 月上旬（早）、5 月中下旬（正常）[①]，与 6.1～10.7 候 *P* 值趋势一致。道光二十三年（1843 年）和道光二十四年（1844 年）分别为 4.8、5.8，道光二十五年（1845 年）6.1～6.3 候无记录，即便此段 *P* 取 1.8（相当于每候有雨日 3 日）才与道光二十三年（1843 年）水平相当，所以道光二十五年（1845 年）6.1～10.7 候 *P* 值绝对低于道光二十三年（1843 年）水平。一般情况下，昆明雨季提早说明西南季风偏强，关中地区上空盛行西南气流带来充沛水汽，出现连阴雨天气，反之则连阴雨天气结束。

秋雨缺失的环流背景：道光二十三年至二十五年（1843—1845 年）皆为秋雨显著偏少年，其主要原因是秋季环流呈“+、−、+”排列，且青藏高原东部 2 月地表偏冷。高由禧等已经发现华西地区秋雨具有明显的年际变化，秋雨缺失的现象经常出现[②]。冯丽文等揭示了华西秋雨（9—10 月）缺失年一般由于 9 月 500hPa 西太平洋高压脊点位置偏东，10 月则由印度低压不明显所致[③]。陈忠明等将这一结论细化，其利用 1961—1995 年华西秋雨中 6 个显著偏多年与 6 个显著偏少年，揭示了华西秋雨环流系统表征，影响华西秋雨的关键环流为 500hPa 乌拉尔山沿东南方向延伸到长江流域的系统排列，乌拉尔山为强大高压，新疆—西北地区为西北—东南向低槽，青藏高原东部到长江流域为高压控制时，即为“+、−、+”排列，华西秋雨量偏少。该研究还进一步指出，2 月青藏高原东部地面热源偏强，则该

① 杨煜达：《清代云南季风气候与天气灾害研究》，上海：复旦大学出版社，2006 年，第 236-237 页。

② 高由禧、郭其蕴：《我国的秋雨现象》，《气象学报》1958 年第 4 期。

③ 冯丽文、郭其蕴：《华西秋雨的多年变化》，《地理研究》1983 年第 1 期。

年 10 月华西秋雨偏少[①]。

登陆台风与西安暴雨：道光二十三年至二十五年（1843—1845 年）登陆台风不是西安地区暴雨的主要原因，道光二十四年（1844 年）夏季西安、渭南、华阴的致灾性降雨与台风活动基本不存在关系。陕西地区暴雨形成原因非常复杂，主要取决于西风槽与副热带高压共同形成的低空急流[②]。同时，郭可义等对登陆台风对陕西地区暴雨的形成进行了研究，认为登陆台风在低空急流的形成具有较大作用，且台风螺旋雨带会直接进入关中地区[③]。W2 型（登陆地点在雷州半岛与珠江口之间，110°E 以西向西北方向运动，位置超过 25°N）对关中地区暴雨形成促进作用最大，发生于 7 月的 NW1 型（登陆地点在广东东部至江苏沿海，位置不超过 39°N）影响亦非常显著（66%致暴雨概率）。

Kimbiu Liu 等建立的距今 1 000 年以来的广东省台风活动序列中道光二十三年至二十五年（1843—1845 年）无明显的 W2 型、NW1 型台风[④]。表 4-3 为历史文献中记录的道光二十三年至二十五年（1843—1845 年）NW1 型台风活动现象，道光二十五年（1845 年）台风活动在历史文献中得不到记录支持，可以判定此年未发生 NW1 型台风。道光二十三、二十四年（1843 年、1844 年）台风在浙江沿海入境时已经明显晚于 7 月，且与本研究所构建的 P_1 序列和降雨集中期在时间上无法对应。

---

① 陈忠明、刘富明、赵平等：《青藏高原地表热状况与华西秋雨》，《高原气象》2001 年第 1 期。

② 陕西省气象台研究室：《陕西大暴雨过程的天气成因》，《陕西气象》1978 年第 7 期。

③ 郭可义、陈美华：《登陆台风和陕西暴雨》，《陕西气象》1991 年第 2 期。

④ Kimbiu Liu，C Shen，Louie K S. A 1000-year History of Typhoon Landfalls in Guangdong, Southern China，Reconstruction from Chinese Historical Documentary Records. Annals of the Association of America Geography，2001，91（3）.

表 4-3　道光二十三年至二十五年（1843—1845 年）NW1 型台风活动的文献记录

年份	地点		记载	文献
道光二十三年（1843 年）	江苏省	如皋	七月初九日大风雨，怒潮北来	道光《白蒲镇志》卷二
	上海市	奉贤	秋八月飓风大雨	光绪《重修奉贤县志》卷二〇
	上海市	松江	秋八月，飓风大作	光绪《松江府续志》卷三九
	浙江省	慈溪	闰七月初八日海啸。八月初八日大风雨	光绪《慈溪县志》卷五五
	浙江省	定海	闰七月初八夜风雨大作	光绪《奉化县志》卷三九
	浙江省	奉化	秋大水，飓风拔木，坏民庐无算，岁大饥	光绪《奉化县志》卷三九
	浙江省	乐清	八月初七日大风，晚禾将成实，悉破坏	光绪《乐清县志》卷一三
	浙江省	丽水	七月十二夜大雨，山水暴发，二十二都、二十三都田庐漂没	道光《丽水县志》卷一四
	浙江省	临海	六月二十一日大雨雹，狂风拔木	民国《临海县志稿》卷四一
	浙江省	绍兴	八月初八日大雨如注	道光《会稽县志稿》卷九
	浙江省	象山	闰七月大风雨，八月初旬又大风雨，坏舟淹禾，秋收甚歉	同治《象山县志稿》卷二二
	浙江省	兴宁	夏五月大风	咸丰《兴宁县志》卷四
	浙江省	鄞县	八月初八日大风雨	同治《鄞县志》卷六九
	浙江省	永嘉	闰七月大水入城，八月风灾，晚禾欠收	光绪《永嘉县志》卷三六
	浙江省	余姚	七月大风，海溢，八月复大水	民国《余姚六仓志》卷一九
	浙江省	镇海	八月初八日大风雨	光绪《镇海县志》卷三七

年份	地点		记载	文献
道光二十四年（1844年）	浙江省	嵊县	七月初九日雷电大风雨	同治《嵊县志》卷二六
	浙江省	象山县、新昌县、嵊县、天台县、东阳县、义乌县	梁宝常奏：宁波府属之象山县，绍兴府属之新昌县、嵊县，台州府属之天台县，金华府属之东阳县、义乌县禀报七月初九日（8月22日）狂风陡起，大雨如注，田禾、房屋、城垣、桥梁、道路等项间有被水冲坏	《清代长江流域洪涝档案史料汇编》第414页

①道光二十三、二十四、二十五年（1843、1844、1845 年）西南季风强度的“偏强、强、正常波动”造成 3 年 6—10 月雨日呈“较多、多、少”的波动。道光二十三年至二十五年（1843—1845 年）皆为秋雨显著偏少年，其主要原因是秋季环流在乌拉尔山—新疆、西北地区为西北—东南向低槽，青藏高原东部到长江流域为高压控制时呈“+、−、+”排列，且青藏东部 2 月地表偏冷。道光二十三年至二十五年（1843—1845 年）沿海台风格局不利于关中地区出现大范围、高强度暴雨。

②郝志新根据“雨雪分寸”记录所建立的夏季降雨量为道光二十三年（1843 年）＞道光二十四年（1844 年）＞道光二十五年（1845 年），这与本书建立的道光二十三、二十四年（1843 年、1844 年）6—8 月 P 序列（图 4-2）相反。江南河道总督潘锡恩在道光二十五年（1845 年）4 月 29 日奏报中记载“本年来源涨发较早，桃汛以前即据河南陕州（今河南省三门峡市）呈报，万锦滩黄河于二月初十日（3 月 17 日）长……所幸旋长旋消”[①]，指征了本年初春较多年平均状况湿润，但

① 水利电力部水管司、水利电力部科技司、水利水电科学研究院：《清代黄河流域洪涝档案史料》，北京：中华书局，1993 年，第 642 页。

其与道光二十五年（1845 年）3 月初西安发生的回暖是否有关，此次回暖是否在黄河中游地区广大范围内存在尚不明确，在今后研究中希望能解决以上问题。

③延军平等揭示出 ENSO 事件对陕西气候的影响，认为 La Nina 年易涝，EL-Nino 年易旱[①]。这一观点需要对历史气候进行更为精细的研究，如 ENSO 事件与西南季风强弱的关系，与东亚大气环流调整的关系等，仍有待进一步的深入研究。晚清在西安进行游历、传教、行医等活动的欧美人士数量众多[②]，对其留下的文字记录进行继续发掘是进一步深入本领域研究的重要途径之一。总之，构建多视角、多尺度、多资料来源、多手段的西安地区历史气候研究是目前及今后工作的重点。

第四节　道光二十三年（1843 年）黄河中游大水的史实和成因

19 世纪 40 年代是近 300 年来黄河中游汛期产流最为旺盛的时期[③]，其中道光二十三年（1843 年）大洪水最为典型，该年豫东、皖北等地区皆受其害，之后河南流传民谚“道光二十三，黄河涨上天”。所见史料中，水灾频仍的豫东地区能够令民众有如此深刻记忆的洪水仅此一例，可见此次水灾影响之深远。20 世纪 80 年代为配合小浪底工程论证，学界对此次水灾曾有过关注，特别是针对 8 月 9 日洪

① 延军平、黄春长：《ENSO 事件对陕西气候影响的统计分析》，《灾害学》1998 年第 4 期。
② 史红帅：《清代后期西方人笔下的西安城——基于英文文献的考察》，《中国历史地理论丛》2007 年第 4 辑。
③ 潘威、王美苏、满志敏：《清代江浙沿海台风影响时间特征重建及分析》，《灾害学》2011 年第 1 期。

峰进行过专项探讨[①]，判定其规模为千年一遇，为小浪底水利工程修建提供了很好的特大洪水稀遇程度数据，但该年黄河大水的影响和背景尚不清晰，限制了对小冰期后期黄河流域气候变化效应的认识。

长江中下游地区的梅雨一般在 7 月上旬左右结束，随后北上进入黄河中下游和华北地区，形成夏季暴雨。本书梅雨结束时间使用葛全胜等利用长江中下游"雨雪分寸"资料建立的梅雨活动序列[②]。黄河中游进入汛期是雨带推进至中游流域的后果，首次涨水日期可以认定为雨带已经在黄河中游建立，沿黄志桩所记录的伊河、洛河、沁河涨水日期也可以作为其流域内有降雨活动的依据。地方志和奏报中较为清晰的分县降雨记录和水灾灾情记录，可以作为雨区分布的资料，根据中国历史地理信息系统 CHGIS4.0 提供的清代政区空间数据可以重建出当年的雨带推移过程。葛全胜等重建的乾隆元年（1736 年）以来陕北—晋北雨季开始/结束时间为本书提供了黄河中游地区雨带北缘活动的直接证据[③]。

一、水情与灾情

据历史文献记录，道光二十三年（1843 年）黄河大水受灾县达 39 个，主要分布在豫东皖北，在陕西朝邑至河南渑池有漫堤记录。

① 韩曼华、史辅成：《黄河一八四三年洪水重现期的考证》，《人民黄河》1982 年第 4 期；韩曼华、史辅成：《利用河流淤积物的特征确定 1843 年洪水来源区》，《人民黄河》1983 年第 6 期。

② 葛全胜、郭熙凤、郑景云等：《1736年以来长江中下游梅雨变化》，《科学通报》2007 年第23期。

③ Quansheng Ge，Zhixin Hao，Yanyu Tian，et al. The Rainy Season in the Northwestern Part of the East Asian Summer Monsoon in the 18th and 19th Centuries. Quaternary International，2011，229.

此次大水造成中牟在7月18—23日出现溃堤，8月9日破堤处再遭洪水冲刷，黄河在中牟分数股岔流入淮河。至道光二十五年（1845年）水灾影响方基本消失①。

江南河道总督潘锡恩在奏报中用“来源之旺，实为罕见”②概述了本年的异常水情。本年黄河中游大概在5月初入汛，比多年入汛时间（7月初）提前了2个月左右③。万锦滩最后1次涨水是在9月25日，应该大致在此时汛期结束。汛期之内，黄河中游三门峡以上来水异常旺盛，三门峡涨水次数多达19次，三门峡以下的沁河涨水更多达28次。根据黄河多处水位志桩的涨水尺寸记录，可以恢复当年黄河各区段的涨水时间和高度，如表4-4所示。

表4-4　道光二十三年（1843年）黄河青铜峡—开封段涨水情况

断面	时间	涨水高度/m	断面	时间	涨水高度/m
三门峡	5/9，22；6/8，17，28	3.0*	三门峡	7/31	1.8
三门峡	6/29；7/4，9	3.0*	青铜峡	8/3—8/5	2.4*
沁河	6/29，7/4	1.1*	三门峡	8/8	2.4
沁河	7/5—7/7	2.7*	三门峡	8/9	6.7
沁河	7/17—7/18	2.2*	潼关	8/11	−9.6
三门峡	7/18	1.8	三门峡	8/12	−3.2
沁河	7/22—7/23	1.3*	沁河	8/30	0.4
三门峡	7/25	1.1	潼关	9/1	3.2
沁河	7/28—7/29	2.0*	三门峡	9/2	1.2
洛河	7/28	0.8	沁河	9/12	0.4
潼关	7/28—8/9	12.9*	三门峡	9/14	1.3
三门峡	7/29	1.7	三门峡	9/25	1.2

*表示累积涨水高度。

① 同治《鄢陵文献志》卷二三《祥异》。
② 水利电力部水管司、水利电力部科技司、水利水电科学研究院：《清代黄河流域洪涝档案史料》，北京：中华书局，1993年，第638页。
③ 潘威、庄宏忠、李卓仑等：《1766—1911年黄河中游汛期水情变化特征研究》，《地理科学》2012年第1期。

图 4-3 为三门峡断面道光二十三年（1843 年）5 月、6 月、7 月、8 月和 9 月洪峰流量，7 月中下旬和 8 月上旬流量较大，是本年大水的主要发生时段，从历史文献反映的灾情来看，7 月 18 日和 8 月 9 日洪峰破坏力最大。表 4-4 显示 7 月 17—25 日黄河、沁河同时涨水，此间 7 月 18 日中牟出现溃堤现象，7 月 23—24 日当地发生特大暴雨并伴有东北大风①，且中牟溃堤处的黄河北岸在道光二十三年（1843 年）7 月之前突然有滩嘴出水②，迫使本段黄河向南冲刷，在来水、暴雨、东北风和当地微地貌作用下，7 月 24 日中牟溃堤宽度达 300 m 左右③。

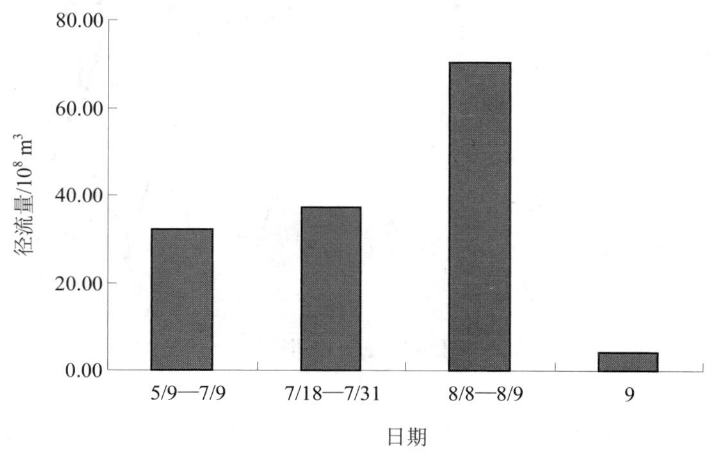

图 4-3　道光二十三年（1843 年）黄河三门峡断面分月洪峰流量

① 民国《河南通志稿·河防》。
② 水利电力部水管司、水利电力部科技司、水利水电科学研究院：《清代黄河流域洪涝档案史料》，北京：中华书局，1993年，第599页。
③ 水利电力部水管司、水利电力部科技司、水利水电科学研究院：《清代黄河流域洪涝档案史料》，北京：中华书局，1993 年，第 635 页。

三门峡形势如图 4-4 所示。8 月初流量达 $70.00\times10^8\,m^3$，特别是 8 月 9 日洪峰，很可能是近 500 年来三门峡所遭遇到的最高洪峰，其洪痕位置距离人门岛唐宋灰层仅 1 m 左右，超过了明崇祯五年（1632 年）、清乾隆五十年（1785 年）等洪水年份的洪痕位置。

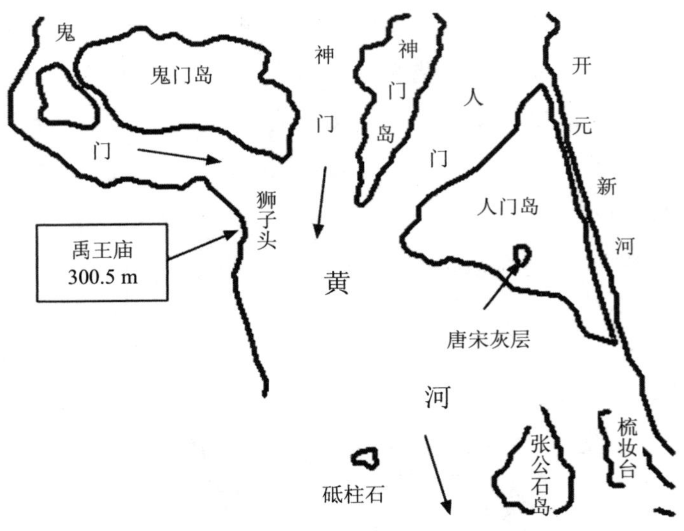

图 4-4　三门峡形势

历史文献中清晰地记录了该年洪峰冲塌了禹王庙（300.5 m），河东河道总督钟祥奏报称[①]，“禹王庙高于三门一丈有余，向年盛涨，三门山出水尚有丈许，本年七月十四日（1843.8.9）河水陡发，直漫三门山顶而过，禹庙亦被冲刷”[②]，明清两代史料中，禹王庙被冲仅

① 水利电力部水管司、水利电力部科技司、水利水电科学研究院：《清代黄河流域洪涝档案史料》，北京：中华书局，1993 年，第 631 页。

② 水利电力部水管司、水利电力部科技司、水利水电科学研究院：《清代黄河流域洪涝档案史料》，北京：中华书局，1993 年，第 634 页。

此一例。8 月 11 日潼关黄河水面已经回落了 9.6 m，8 月 12 日万锦滩水面回落 3.2 m，8 月 9 日洪峰持续时间大概为 2 天，属于"尖瘦型"洪峰。此次洪峰更加扩大了中牟溃堤宽度，8 月 12 日随着涨水过程结束，中牟溃堤宽度稳定在了 1 200 m 左右[①]。

江南河道总督潘锡恩在道光二十三年（1843 年）10 月 27 日的奏折中对受灾各县灾情进行了分等[②]，是本书进行灾害程度分级的主要依据；此外，还参考了地方志中的灾情描述，建立了分级标准，如表 4-5 所示。

表 4-5　道光二十三年（1843 年）黄河水灾灾情指数标准

级数	灾情	例证
5	人口死亡、房屋冲毁、耕地损失	中牟/河决李庄口，东北一带地尽成沙，死人无算，村庄数百同时覆没。（同治《中牟县志》卷一《祥异》）
4	水灾导致满溢、歉收或绝收	鹿邑/水，无禾。（光绪《鹿邑县志》卷六《民赋》）
3	无明显成灾记录	亳州/河决，亳大水。（光绪《亳州志》卷一七《祥异》）
2	洪峰过境，但很快消退	寿州/洪峰波及，勘不成灾者，皖省之寿州……（潘锡恩 1843 年 10 月 27 日奏报）
1	黄河岔流入境，不形成洪峰	盱眙/本受淮水侵占，黄水因以波及，盱眙……（潘锡恩 1843 年 10 月 27 日奏报）

① 水利电力部水管司、水利电力部科技司、水利水电科学研究院：《清代黄河流域洪涝档案史料》，北京：中华书局，1993 年，第 636 页。

② 水利电力部水管司、水利电力部科技司、水利水电科学研究院：《清代黄河流域洪涝档案史料》，北京：中华书局，1993 年，第 639 页。

二、天气背景

道光二十三年（1843 年）7—8 月洪峰所对应的降雨在历史文献中缺乏直接的记录，山西、陕西两省的档案中都有本年全省雨量丰沛的记录，但对引起的水灾和暴雨却记录甚少[①]。水位志桩记录反映出，造成 7 月 18—24 日黄河大水的直接原因是黄河中游和沁河的涨水，这表明了 7 月中下旬有雨带在流域内存在，结合表 4-6 所列出雨情、水情记录推断，当时在汾河上游、渭河中下游和晋南地区有雨带存在，且很可能晋南雨带处于东南—西北方向的运动中，由江淮地区北上的降雨带破碎为多个雨团，造成垣曲在 6 月出现持续性降雨和沁河数次涨水。造成 7 月 23—24 日溃堤的暴雨应该与晋南雨带同属 1 个降雨带。

表 4-6　历史文献中的雨情、水情记录

地点	时间	文献记录	文献
清徐县	7/19	猝被冰雹	《黄河流域洪涝档案史料汇编》第632页
	8/7，8/8，8/20	被水	《黄河流域洪涝档案史料汇编》第632页
解县	7/22，7/30	白沙河决口	《黄河流域洪涝档案史料汇编》第632页
阳曲县	8/7，8/8	被水	《黄河流域洪涝档案史料汇编》第632页
太原县	8/7	汾河涨溢	《黄河流域洪涝档案史料汇编》第632页
文水县	8/22	被水	《黄河流域洪涝档案史料汇编》第632页
富平县	秋	阴雨五十余日	光绪《富平县志》卷一〇《故事》
定边县	秋	大雨，水深数尺	民国《续修陕西通志稿》卷六一《水利》
子长县	8/20	雹雨大作	道光《安定县志》卷一《灾祥》
中牟县	7/23	大雨一昼夜	民国《河南通志稿・河防》
垣曲县	5/29—6/27	淫雨二十余日	光绪《垣曲县志》卷一四《杂志》

① 水利电力部水管司、水利电力部科技司、水利水电科学研究院：《清代黄河流域洪涝档案史料》，北京：中华书局，1993年，第610页。

8月9日洪峰的来源则应主要是汾河上游、洛河上游和无定河一带，表4-5记录的8月7日汾河洪水和阳曲水灾表明汾河上游有暴雨活动，此次暴雨应该具有很大强度，造成了汾河在汾阳境内向西迁徙，袭夺了文河河道[①]，是8月9日洪峰的主要降雨源头之一；而定边秋季的大雨可能也发生在此时，韩曼华和史辅成针对道光二十三年（1843年）古洪水沉积物的成分和粒径进行了分析，经比对认为与陕西洛河、无定河上游的泥沙为同类物质[②]。葛全胜等2011年的研究指出道光二十三年（1843年）太原雨季长度在70日左右[③]，且沁河此时并无涨水记录，综合以上情况判断，陕北与晋北地区是导致8月9日洪峰的主要雨区。

综上所述，研究得出：①道光二十三年（1843年）黄河大水受灾县达39个，主要分布在豫东皖北，其次陕西朝邑至河南渑池有漫堤记录。此次大水造成中牟在7月18—23日出现溃堤，8月9日三门峡断面出现近500年来最高洪峰，破堤处再遭洪水冲刷，导致黄河在中牟分数股主要岔流夺颍河、涡河等淮北支流入淮河。②造成道光二十三年（1843年）黄河大水的主要原因是当年晋南—关中中部、汾河—北洛河上游雨带活动频繁，此现象可能是由于本年副热带高压较强，不断北推江淮雨带北上进入黄河流域，使雨带在淮河以北持续稳定的原因造成。

---

① 道光《汾阳县志》卷一〇，事考续编。

② 韩曼华、史辅成：《利用河流淤积物的特征确定1843年洪水来源区》，《人民黄河》1983年第6期。

③ Quansheng Ge，Zhixin Hao，Yanyu Tian，et al. The Rainy Season in the Northwestern Part of the East Asian Summer Monsoon in the 18th and 19th Centuries. Quaternary International，2011，229.

第五章 结　语

近 300 年是中国现代自然环境面貌形成的阶段，也是中国出现人口爆炸、资源紧张、生态恶化的时代，在西方国家因工业化而出现一系列环境问题的同时，中国由于人口增长加重了对环境和资源的压力，最终这些压力以灾害的形式反馈于人类社会，当我们将近代中国的落后归咎于西方帝国主义国家时，也应该反思中国内部的原因。有学者如李伯重，认为鸦片战争之前的清代道光年间的经济危机（或称经济衰退）是气候变化的结果，其依据是地处太湖以东平原的松江府在道光三年（1823 年）大水后出现了由于长期积水造成的地力减弱，土地生产能力的降低最终导致了农业经济的衰落。且不论李伯重的结论是否正确，要明确环境变化与人类社会的关系，则首先需要明确环境本身的面貌，否则，所谓的影响将无从谈起。

从历史自然地理研究本身而言，复原或重建自然环境面貌的意义在于为全面认识人地关系提供一个对环境本底的认识。黄河中游地区基本为黄土高原和半干旱沙地草原，生态基础极为薄弱，易发生环境退化，但该区域又是中国的传统农耕文明区，缔造过汉唐盛世这样的辉煌，但近 500 年来，该区域经济地位下降。但近年来的西部大开发政策使该区面临新一轮经济腾飞的契机，在加大资源开发力度的背景下，环境压力将更大，因此，严峻的现实要求学术界对该区的环境发展过程得出新的、更为深刻的认识。

19 世纪中期之后中国夏季风强度减弱导致黄河上中游流域的夏秋季降雨明显减弱，黄河中游进入了长达 40 年左右的枯水期，此间的“丁戊奇荒”作为中国近 300 年来最为严重的干旱事件，是 19 世纪中期之后本区气候持续转干的后果。19 世纪 60 年代至 20 世纪 00 年代很可能是近 300 年以来黄河中游流量偏枯持续时间最长的 1 个时期，三门峡断面径流量偏枯的程度和持续时间在近 50 年的水文观测中找不到能与其相比的时段，近百年中仅有 20 世纪 20 年代至 30 年代曾出现过类似现象，$R_{ave}=43.81\times10^9m^3/a$，但其持续时间仅有不到 20 年的时间，进入 20 世纪 40 年代后径流量再次回升至平均水平且一直持续到 21 世纪初。降雨量与 ENSO 强度的反相位关系在多年际尺度上表现较为清晰，特别是 19 世纪 80 年代后的 30 年间。径流量大致在 LIA 与 20 世纪暖期过渡时期开始转弱，在 20 世纪初期有所回升，LIA 的结束可能是 40 年枯水期重要的气候背景。19 世纪 80 年代黄土高原的“偏冷”与 Mann 等揭示的北半球“偏冷”现象一致[①]，则此阶段的入汛延迟现象是对北半球偏冷的响应。但 Mann 的研究认为 19 世纪 20 年代至 70 年代是北半球转冷的时期，这与黄土高原夏温偏高的现象就不一致了，也很难解释此时本研究揭示的河流汛期普遍提前的现象，这表明本区河流的入汛时间在多年尺度上不仅对北半球冷暖波动有响应，与黄土高原夏季温度变化的关系可能更为密切，这一现象应该是对东亚夏季风强度在多年尺度上强

① Mann M E，Bradley R S，Hughes M K. Global-scale Temperature Patterns and Climate Forcing Over the Past Six Centuries. Nature，1998，392.

度变化的响应。道光二十三年（1843 年）长江中下游梅雨活动时间在 5 月 30 日—7 月 15 日，梅雨结束之后浙江、江苏皆出现旱情，多分布在浙北、苏南，史料记载多发夏季，浙江奉化县“夏大旱。秋大水，飓风拔木，坏民庐无算。岁大饥”①。湖州市“七月旱。螟食禾。饥”②。江苏泰兴、南通、如皋 3 县皆记载“夏旱”。两地旱情发生的时候，梅雨季节还没有结束，与此同时黄河中游却存在着丰沛的降雨，河北、山东也有多处雨涝记录，出现这种情况显示出当地受副热带高压控制。

近 10 年来，学界在气候变化引起环境效应方面所做的工作将全球环境变化研究引向深入，国内现有的同类研究几乎全部基于近数十年的水文学数据，本书则将此序列上溯至 18 世纪初期，将其与当时气候变化联系。本书所关注的问题在地理学界和历史地理学界皆具有较大价值和新意。同时，本书将连带解决水位志桩管理制度、汾河和渭河流域汛期水位记录整理等一系列以往研究未能解决的问题。水位志桩资料和多种清代历史文献中记录的水位信息在以往研究中有所使用，但并未被系统整理和使用。本书研究区域拥有大量的清代官私历史文献和碑刻记录，在以往研究中对于民间文献和碑刻记录的水位挖掘整理尚较为欠缺，本书拟在此类资料的收集整理和使用上有所突破。信息化手段和传统历史文献解读有机结合。本书在考察多种历史文献记录来源及其流传的基础上，将产生大量的数据，依靠传统历史学和一般统计学方法无法处理，必须考虑引入一些信息化和数理分析手段，如建模、谱分析、空间分析等，以揭示其规律性，这一认识的图形表达如图 5-1 所示。

① 光绪《奉化县志》卷三九《祥异》。
② 光绪《乌程县志》卷二七《祥异》。

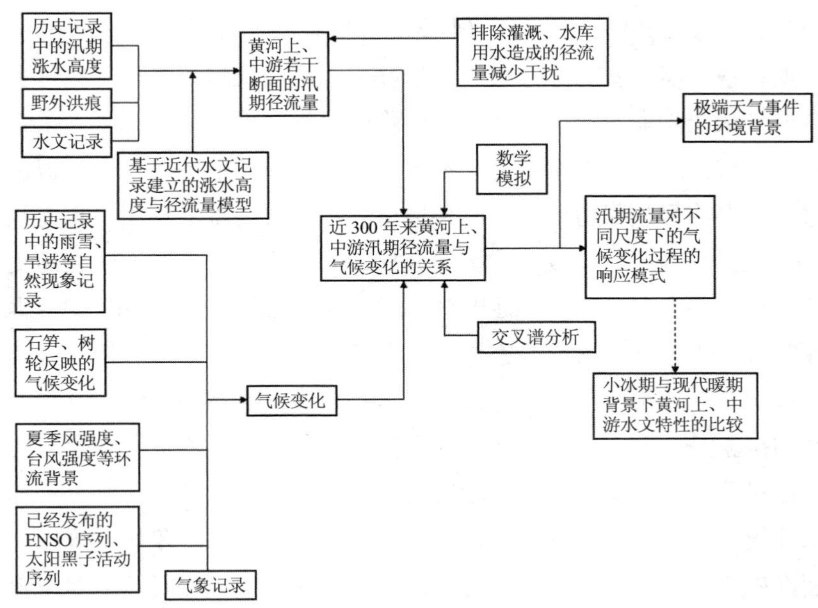

图 5-1 有关黄河水文研究的思路

建立长时段上的地标径流对气候变化响应模型，为同类研究提供方法上的参考和借鉴；为清代以来黄河上中游地区的环境史、生态史、灾害史等研究提供自然环境背景的基础；①中国半湿润—半干旱区近300年来环境演化过程的重要组成部分。近20年来，气候变化引起的多种自然与人文因素响应已经被许多研究所揭示，自然环境与人类社会都面临着气候变化的挑战。黄河流域水资源相对紧张，对气候变化的敏感度非常高，季风气候造成的降雨不稳定是影响黄河径流量的主要因素之一。在气候波动背景下，黄河上、中游汛期存在着时间早晚与水量大小的变化，其对应关系的研究是全球环境变化领域内必须深入的方向。②历史资料中环境信息的保护和整理。中国历史文献中保留的丰富环境信息历来为国内外学者关注，即便在现代器测资料非常发达的情况下，历史文献作为一种代用资料的价值仍然非常巨大。在前期工作中已经发现，关中地区大量记载有清代洪水信息的碑刻已经被损毁或遗失，其他地区也有类似现象，本书将尽量保留碑刻中的环境信息，不仅为本书利用，也为相关研究提供有用的记载。③空间分析、谱分析和建模等方法在历史自然地理研究中的应用。近年来，历史自然地理研究在 GIS 和数据库等技术支持下，其研究方法和理念已经产生变革。现有研究方法在多源资料使用、历史环境数据重建等方面已经逐步成熟，分析方法的探索是今后研究中要加强的方面。空间分析、谱分析和建模等方法目前在环境变化研究中运用日益广泛，而历史地理学研究中尚未使用，导致分析难以深入，对于历史时期的自然现象规律难以全面准确的认识；同时，基于文献得出的历史环境现象与其他器测资料研究成果难以比较、衔接和整合，在一定程度上阻碍了学科的发展。本研究拟在此方面进行突破，在历史文献梳理的基础上，对一系列新手段、新方法与历史文献的结合进行探索。

全球气候变化效应的个案，气候变化效应需要在区域性研究的支撑下进行，黄河上中游地区生态环境脆弱，对气候变化的敏感度较高，是进行此类研究的理想区域。本书不仅可以为黄河上、中游地区提供历史环境变迁过程的详细信息和基础数据，也可以为全球半湿润—半干旱地区的历史环境变迁提供有益的借鉴，成为相关研究的基础，环境史、灾害史等研究一直非常关注黄河水灾，对于引起灾害的自然环境因素也非常关注，但由于学科差异，其更多是在探讨人类社会对于环境的影响、自然灾害所引起的社会经济损失，对于自然环境本身的研究并不是其任务。本书可以为其提供自然环境变迁的基础性成果，以便相关研究在此基础上更为全面、深刻地探讨人类社会与环境的关系。国家相关规划制订的参考。国家西部开发政策的制定需要综合考虑经济、生态、社会等方面的影响，而政策必须有相关研究进行支撑。目前，关于全球气候变化的具体走势尚有争议，但气候存在明显的波动为学界所公认，黄河中、上游地区的再开发政策必须考虑此区域的环境脆弱性，本书可以为相关政策制订提供必要的历史地理参考。

附　录

清代（1644—1911年）陕西雨情水情年表

公元	历史年	日期	地点	记录	文献
1644	顺治元年	六月	子长	东关大水漂民屋	雍正《安定县志》
1644	顺治元年	七、八月	宜君	时霖雨四十余日	雍正《宜君县志》
1645	顺治二年		礼泉	大雨四十余日	康熙《醴泉县志》
1646	顺治三年		铜川	雨雹，积地数寸，禾稼尽伤	乾隆《同官县志》
1647	顺治四年	八月	白河	汉水大涨	嘉庆《白河县志》
1647	顺治四年		安康	汉水涨溢	嘉庆《续兴安府志》
1647	顺治四年	八月	城固	暴雨两日夜，汉水泛涨，岁饥	康熙《城固县志》
1647	顺治四年	七月	凤翔	淫雨	康熙《凤翔县志》
1647	顺治四年	十月	凤翔	大雨雪	康熙《凤翔县志》
1647	顺治四年	八月	镇巴	暴雨两日夜，汉水泛涨，田苗尽伤，大饥	康熙《汉南郡志》
1647	顺治四年	六月	山阳	西乡雨雹，屋折树拔，苗尽土壅，三日浮漂	康熙《山阳县初志》卷二《灾祥》
1647	顺治四年		洋县	秋，暴雨如注两日，汉水泛涨，淹没田舍人畜无数，民大饥	康熙《洋县志》

公元	历史年	日期	地点	记录	文献
1647	顺治四年	八月	汉中	暴雨两日夜	民国《汉中府志》、《中国气象灾害大典·陕西卷》，第 51 页
1647	顺治四年		铜川	雨雹伤稼	乾隆《同官县志》
1647	顺治四年	七月	凤翔	秋七月，霖雨害稼	乾隆《凤翔县志》
1647	顺治四年	八月	旬阳	汉水大涨	乾隆《旬阳县志》
1648	顺治五年	闰四月	泾阳	己酉，农方获，大雨雹	康熙《泾阳县志》
1648	顺治五年		临潼	大雨四十余日	康熙《临潼县志》
1648	顺治五年	秋	咸阳	秋，关中大雨四十余日	康熙《陕西通志》卷三〇《祥异》
1648	顺治五年	八月	华县	大水	民国《华县县志稿》
1648	顺治五年		高陵	大雨四十余日	雍正《高陵县志》
1648	顺治五年		武功	大雨四十余日	雍正《武功县后志》
1649	顺治六年		镇巴	雨雹，二麦无收，大饥	康熙《汉南郡志》
1649	顺治六年	九月	洋县	雨雹，岁大歉	康熙《洋县志》
1650	顺治七年	六月	安康	大水	《清史稿》(赵尔巽等)
1650	顺治七年		白河	大水	光绪《白河县志》
1650	顺治七年	夏秋	凤翔	夏秋，淫雨害稼	康熙《凤翔县志》
1650	顺治七年	秋	西乡	秋霖，城崩	民国《西乡县志》
1650	顺治七年		蒲城	淫雨弥秋	乾隆《蒲城县志》
1650	顺治七年		咸阳	雨绵不绝	乾隆《咸阳县志》
1650	顺治七年		旬阳	大水	乾隆《旬阳县志》
1651	顺治八年	夏秋	凤翔	夏秋，淫雨害稼	康熙《凤翔县志》卷十《祲祥》
1651	顺治八年		宝鸡	知县张六部因久雨坏城，倡加修筑	乾隆《宝鸡县志》
1652	顺治九年	夏	凤翔	大水，夏雨雹	康熙《凤翔县志》
1653	顺治十年	六月	白河	安定、白河雷雨暴至	《清史稿》(赵尔巽等)
1653	顺治十年	五月	安康	兴安大水	《清史稿》(赵尔巽等)

公元	历史年	日期	地点	记录	文献
1653	顺治十年	五月二十一	柞水	飚风驱黑云，从咸宁西北涌上，大雨如注，须臾冰雹飞空，形如鸡卵，屋无全瓦，树无完枝，宽数十里，入南山	光绪《孝义厅志》
1653	顺治十年		凤翔	大雨雹，深一二尺，旬日不消，草木如隆冬	康熙《凤翔县志》
1653	顺治十年		泾阳	大水，田禾淹没	康熙《泾阳县志》
1653	顺治十年		礼泉	有黑云自西北来，俄顷大风雨雹，拔十围以上木，木叶皆落如十月，城市水深三尺，流成河，房舍十坏八九，鸦鹊皆死	康熙《醴泉县志》
1653	顺治十年	五月二十一	长安	飚风驱黑云，从西北涌上，大雨如注，须臾冰雹，形如鸡卵，屋无全瓦，树无完枝	康熙《咸宁县志》
1653	顺治十年	五月二十一	永寿	雨雹，小如卵，大如拳，积地五寸，二日始消，大伤禾稼	康熙《永寿县志》
1653	顺治十年	五月二十二	西安	有黑云自西北来，俄顷大风雨雹，拔十围以上木，木叶皆落如十月，城市水深三尺，流成河，房舍十坏八九，鸦鹊皆死，醴泉亦有之	康熙《陕西通志》
1653	顺治十年		略阳	大水	民国《汉中府志》
1653	顺治十年	秋	凤翔	秋，大水	乾隆《凤翔县志》

公元	历史年	日期	地点	记录	文献
1654	顺治十一年	七月	朝邑	免本年分水灾额赋	《清实录》影印本
1654	顺治十一年	八月	汉阴	雨雹大如鹅卵，平地深一尺	康熙《汉阴县志》
1654	顺治十一年	正月	礼泉	大雨六十余日	康熙《醴泉县志》
1654	顺治十一年		洛南	大雨雹	康熙《雒南县志》
1654	顺治十一年	二月初旬	西安	大雨六十余日	康熙《陕西通志》
1655	顺治十二年	三月	扶风	阴雨	扶风气象站军事气候调查报告
1655	顺治十二年	二月初旬	关中	大雨六十余日	康熙《陕西通志》
1655	顺治十二年	二月初旬	商洛地区	大雨六十余日	康熙《陕西通志》
1655	顺治十二年	二月初旬	渭南	大雨六十余日	雍正《渭南县志》
1656	顺治十三年		勉县	北山山水陡发，漂没天庐	光绪《沔县新志》
1656	顺治十三年		洋县	雨雹	康熙《洋县志》
1657	顺治十四年	夏	凤翔	夏，雨雹	康熙《凤翔县志》
1657	顺治十四年	十一月三十	商县	大雨	乾隆《直隶商州志》
1657	顺治十四年	三月、四月	扶风	又三、四月陨霜雨冰	顺治《扶风县志》
1657	顺治十四年	三月、四月	岐山	春旱，又三、四月陨霜雨冰	顺治《重修岐山县志》
1658	顺治十五年	秋	兴安	秋，淫雨四十余日	《清史稿》（赵尔巽等）、嘉庆《续兴安府志》
1658	顺治十五年	秋	旬阳	秋，淫雨四十余日	《清史稿》、嘉庆《续兴安府志》
1658	顺治十五年		洋县	大水	光绪《洋县县志》
1658	顺治十五年	秋	白河	秋，霖雨四十日	嘉庆《白河县志》
1658	顺治十五年	秋	凤翔	秋，雨害稼	康熙《凤翔县志》

公元	历史年	日期	地点	记录	文献
1658	顺治十五年	秋	安康	秋，霖雨四十日	康熙《兴安州志》
1658	顺治十五年	四月	商县	大雨三旬	乾隆《直隶商州志》
1658	顺治十五年	七月	商县	雨雹	乾隆《直隶商州志》
1658	顺治十五年		凤翔	雨害稼	乾隆《凤翔县志》
1659	顺治十六年	五月	安塞	十七年五月，免十六年分水灾额赋	《清实录》影印本
1659	顺治十六年		绥德	十七年五月，免十六年分水灾额赋	《清实录》影印本
1659	顺治十六年	五月	延长	十七年五月，免十六年分水灾额赋	《清实录》影印本
1659	顺治十六年	十一月	延川	大水	《清史稿》(赵尔巽等)
1659	顺治十六年	六月初四	洛川	大雨霖	嘉庆《洛川县志》
1659	顺治十六年	六月	延安	大雨三日	嘉庆《重修延安府志》
1659	顺治十六年	六月初六	靖边	大雨竟日	康熙《靖边县志·灾异》
1659	顺治十六年	夏	周至	夏暴雨	康熙《盩厔县志》卷二《建置》
1659	顺治十六年	秋	清涧	秋，雨雹如鹅卵，积数日	康熙《陕西通志》
1659	顺治十六年	六月初四日	延安	大雨三日	康熙《陕西通志》
1659	顺治十六年	六月	安塞	从北门冲入，淹没民舍，城北荡为水区	民国《安塞县志》
1659	顺治十六年	秋	周至	秋淫雨	民国《广西曲志》
1660	顺治十七年		延川	大水	道光《重修延川县志》
1660	顺治十七年	春	凤翔	春雨雹，冬大雨雪	康熙《凤翔县志》
1660	顺治十七年	秋	泾阳	秋，泾水大涨	康熙《泾阳县志》
1660	顺治十七年		周至	河水南决	乾隆《盩厔县志》
1660	顺治十七年	六月、七月	绥德	六、七月淫雨，大水	顺治《绥德州志》

公元	历史年	日期	地点	记录	文献
1661	顺治十八年	夏	凤翔	夏雨雹	康熙《凤翔县志》
1661	顺治十八年		紫阳	雨雹	康熙《紫阳县新志》
1661	顺治十八年	四月二十	眉县	大雨雹	康熙递修万历《郿志》
1661	顺治十八年	秋	清涧	秋，雨冰雹，如鹅卵	乾隆《清涧县续志》
1661	顺治十八年	四月二十	宝鸡	大雨雹	乾隆《宝鸡县志》
1661	顺治十八年	春	扶风	春，大雨水	顺治《扶风县志》
1661	顺治十八年	四月	扶风	夏四月，大雨雹	顺治《扶风县志》
1662	康熙元年	四月	宝鸡	二年四月，免属元年分水灾额赋	《清实录》影印本
1662	康熙元年		西安	二年四月，免属元年分水灾额赋	《清实录》影印本
1662	康熙元年		兴安	二年四月，免属元年分水灾额赋	《清实录》影印本
1662	康熙元年		安康	大水	《清史稿》(赵尔巽等)
1662	康熙元年		白河	大水	《清史稿》(赵尔巽等)
1662	康熙元年		旬阳	大水	《清史稿》(赵尔巽等)
1662	康熙元年		榆林	大水	《清史稿》(赵尔巽等)
1662	康熙元年	六月	宁陕	大雨六十日	道光《宁陕厅志》
1662	康熙元年	六月	宁强	大雨六十日	道光《续修宁羌州志》
1662	康熙元年	六月	榆林	淫雨弥月	道光《榆林府志》
1662	康熙元年		镇安	淫雨	光绪《定远厅志》
1662	康熙元年	六月	镇巴	大雨六十日	光绪《定远厅志》
1662	康熙元年	六月	凤县	大雨六十日	光绪《凤县志》
1662	康熙元年	七月	凤县	大雨	光绪《凤县志》
1662	康熙元年	六月	华县	大雨	光绪《三续华州志》
1662	康熙元年	六月	洛川	大雨水	嘉庆《洛川县志》
1662	康熙元年	六月	黄陵	大雨六十日	嘉庆《续修中部县志》
1662	康熙元年	六月	延安	淫雨坏庐舍	嘉庆《重修延安府志》

公元	历史年	日期	地点	记录	文献
1662	康熙元年	六月	大荔	大雨六十日	康熙《朝邑县后志》
1662	康熙元年	六月	城固	大雨六十日	康熙《城固县之》
1662	康熙元年	六月、七月	淳化	六月，大雨至七月，凡六十日，全省皆然	康熙《淳化县志》
1662	康熙元年		韩城	淫雨数十日	康熙《韩城县续志》
1662	康熙元年	六月	安康	大雨六十日	康熙《汉南郡志》
1662	康熙元年		户县	大雨，自三月至九月，官署、民舍、长城、乡堡倾圮	康熙《鄠县志》
1662	康熙元年	八月	泾阳	大雨五旬	康熙《泾阳县志》
1662	康熙元年	六月	礼泉	大雨六十日	康熙《醴泉县志》
1662	康熙元年	五月	临潼	大雨，平地水深数尺	康熙《临潼县志》
1662	康熙元年	八月	临潼	又霖雨四十余日	康熙《临潼县志》
1662	康熙元年	二月	洛南	中旬雨	康熙《雒南县志》
1662	康熙元年	六月	三原	大雨六十日	康熙《三原县志》
1662	康熙元年		长安	淫雨七十日	康熙《咸宁县志》
1662	康熙元年	六月二十四至二十八	永寿	六月二十四日至八月二十八日，淫雨如注，连绵不绝	康熙《永寿县新志》
1662	康熙元年	四月初五	永寿	雷，雨冰雹坚如石块	康熙《永寿县志》
1662	康熙元年	六月	陕西	大雨六十日	康熙《陕西通志》
1662	康熙元年	六月	汉中	大雨六十日	民国《汉中府志》
1662	康熙元年	七月	凤翔	秋七月，大雨	乾隆《凤翔县志》
1662	康熙元年	五月	咸阳	大雨，平地水深数尺	乾隆《咸阳县志》
1662	康熙元年	八月	咸阳	又霖雨四十余日	乾隆《咸阳县志》
1662	康熙元年	八月	洛南	大雨弥月	乾隆《直隶商州志》
1662	康熙元年	三月至九月	周至	自三月至九月，雨连绵不止	乾隆《重修盩厔县志》
1662	康熙元年	二月	商洛	中旬雨，至九月中，无数日霁者	乾隆《直隶商州志》、乾隆《雒南县志》

公元	历史年	日期	地点	记录	文献
1662	康熙元年	五月	咸阳	大雨，平地水深数尺	乾隆《咸阳县志》
1662	康熙元年	八月	咸阳	霖雨四十余日	乾隆《咸阳县志》
1662	康熙元年	六月	府谷	大雨	乾隆《府谷县志》
1662	康熙元年		韩城	淫雨数十日	乾隆《同州府志》
1662	康熙元年	七月	宝鸡	秋七月，大雨	乾隆五《宝鸡县志》
1662	康熙元年		澄城	大雨，日夜不绝四十日	咸丰《澄城县志》
1662	康熙元年	七月	扶风	秋七月，大雨十日	雍正《扶风县志》
1662	康熙元年	五月	高陵	大雨，平地水深数尺	雍正《高陵县志》
1662	康熙元年	八月	高陵	霖雨四十余日	雍正《高陵县志》
1662	康熙元年	六月	渭南	大雨六十日，平地水涌	雍正《渭南县志》
1662	康熙元年		武功	大雨，平地水深数尺	雍正《武功县后志》
1662	康熙元年	八月	武功	霖雨四十日	雍正《武功县后志》
1662	康熙元年		陕西	大雨水	雍正《陕西通志》
1662	康熙元年	六月	府谷 延安 华县 永寿	大雨	《中国气象灾害大典·陕西卷》，第52页
1662	康熙元年	八月	临潼	秋雨四十余日	《中国气象灾害大典·陕西卷》，第52页
1662	康熙元年	二月中旬至九月中	商州 洛南	二月中旬，雨至九月中，无数日霁者	《中国气象灾害大典·陕西卷》，第52页
1662	康熙元年	五月	咸阳 高陵	大雨	《中国气象灾害大典·陕西卷》，第52页
1662	康熙元年	八月	咸阳 高陵	霖雨四十余日	《中国气象灾害大典·陕西卷》，第52页
1662	康熙元年	六月	黄陵 朝邑 三原 渭南 宁陕 汉中	大雨六十日	《中国气象灾害大典·陕西卷》，第52页

公元	历史年	日期	地点	记录	文献
1663	康熙二年	七月	长安	咸宁大水	《清史稿》(赵尔巽等)
1663	康熙二年		镇巴	大水，又雷雨	光绪《定远厅志》
1663	康熙二年		洋县	大水，雷雨交加	康熙《洋县志》
1663	康熙二年		汉中	汉江大水，又雷雨	民国《汉中府志》、光绪《洋县县志》
1663	康熙二年	夏秋	周至	至壬寅岁，自夏徂秋淫雨不休	乾隆《重修盩厔县志》
1664	康熙三年	闰六月	延安	大水	《清史稿》(赵尔巽等)
1664	康熙三年	闰六月	延安	淫雨弥月	嘉庆《重修延安府志》
1664	康熙三年	春	凤翔	春雨雹	康熙《凤翔县志》
1664	康熙三年	闰六月	榆林	淫雨弥月	康熙《延绥镇志》
1664	康熙三年	六月	华县	大雨	民国《华县县志稿》
1664	康熙三年	六月二十二	华县	暮大雨	民国《华县县志稿》
1664	康熙三年	七月	商县	阎家店大雨雹	乾隆《直隶商州志》
1664	康熙三年	六月	府谷	六月内，大雨数日	雍正《府谷县志》
1665	康熙四年	六月	府谷	大雨	《清实录》影印本
1665	康熙四年		横山靖边	五年五月，免威武，清平二卫四年分水灾额赋	《清实录》影印本
1665	康熙四年	闰六月	延安	淫雨弥月	《清实录》影印本
1665	康熙四年	秋	凤翔	秋雨雹	康熙《凤翔县志》
1665	康熙四年		眉县	霖雨遍野	康熙递修万历《郿志》
1666	康熙五年	三月初三	绥德	风雷彻夜，雨鱼于月宫寺山上	乾隆《绥德州直隶州志》
1667	康熙六年	五月	长安	大雨雹	康熙《咸宁县志》
1667	康熙六年	七月	渭南	秋七月始雨，淫霖七十日	乾隆《通渭县志》
1667	康熙六年	七月	旬阳	大水	乾隆《旬阳县志》、道光《紫阳县志》

公元	历史年	日期	地点	记录	文献
1667	康熙六年	七月	紫阳	大水	乾隆《旬阳县志》、道光《紫阳县志》
1668	康熙七年	五月二十六	华县	大雨历酉至戌	民国《华县县志稿》
1668	康熙七年		眉县	霖雨数十日	雍正《郿县志》
1669	康熙八年	正月	眉县	山水暴发	《清实录》影印本
1669	康熙八年	八月十五日	镇巴	雨雹	光绪《定远厅志》
1669	康熙八年		汉中等地	大水	汉江洪水年表
1669	康熙八年	六月	紫阳	大水	民国《重修紫阳县志》
1675	康熙十四年	八月十五	洋县	夜雨，西范坝村雨雹	康熙《洋县志》
1676	康熙十五年	五月	白河	大水	《清史稿》(赵尔巽等)
1676	康熙十五年		安康	大水	嘉庆《安康县志》
1676	康熙十五年		洋县	雨雹	康熙《洋县志》
1676	康熙十五年		旬阳	大水	乾隆《旬阳县志》
1677	康熙十六年	秋	户县	十六、七、八年，秋大雨	康熙《鄠县志》
1677	康熙十六年	秋	山阳	秋，淫雨不休	雍正《阜城县志》
1678	康熙十七年	秋	延安	秋淫雨	嘉庆《重修延安府志》卷六“大事表”
1678	康熙十七年	秋	户县	十六、七、八年，秋大雨	康熙《鄠县志》
1678	康熙十七年	秋	山阳	三秋淫雨不止	康熙《山阳县初志》
1679	康熙十八年		定远	淫雨弥月不止	《清实录》影印本
1679	康熙十八年		汉中	淫雨弥月不止	《清实录》影印本
1679	康熙十八年	八月	安康	兴安大雨	《清史稿》(赵尔巽等)
1679	康熙十八年	八月	甘泉	淫雨弥月	《清史稿》(赵尔巽等)
1679	康熙十八年	八月	汉中	淫雨四十日	《清史稿》(赵尔巽等)、民国《汉中府志》

公元	历史年	日期	地点	记录	文献
1679	康熙十八年	八月	镇巴	淫雨四十日，如倾盆者一夜	光绪《定远厅志》
1679	康熙十八年		宁强	淫雨四十日	光绪《宁强州志》
1679	康熙十八年	八月至九月	延安	八月大雨至九月始止	嘉庆《重修延安府志》
1679	康熙十八年	八月十五	大荔	淫雨，至九月中旬	康熙《朝邑县后志》
1679	康熙十八年		城固	淫雨四十日，如倾盆者一夜	康熙《城固县志》
1679	康熙十八年		安康	淫雨四十日，如倾盆者一夜	康熙《汉南郡志》
1679	康熙十八年	秋	汉阴	秋淫雨三月	康熙《汉阴县志》
1679	康熙十八年	秋	户县	十六、七、八年，秋大雨	康熙《鄠县志》
1679	康熙十八年		礼泉	淫雨	康熙《醴泉县志》
1679	康熙十八年		洋县	淫雨四十日，倾盆者一夜	康熙《洋县志》
1679	康熙十八年		山阳	西南十八年之冬，久雨之后，继以大风飓风，扫煽五日	民国《重修兴安府志》
1679	康熙十八年	八月十五至九月初十	周至	八月十五日至九月初十日，阴雨连绵，山水大发	乾隆《重修盩厔县志》
1679	康熙十八年	八月至九月	渭南	八月大雨至九月	雍正《渭南县志》
1679	康熙十八年	八月十五日至九月中旬	朝邑	八月十五日淫雨至九月中旬	《中国气象灾害大典·陕西卷》，第52页
1680	康熙十九年	八月	咸阳	大雨四十余日	《清史稿》(赵尔巽等)
1680	康熙十九年	秋	临潼	秋，大雨四十余日	康熙《临潼县志》

公元	历史年	日期	地点	记录	文献
1680	康熙十九年	五月二十九	潼关	大雨如注潼河大水	乾隆《凤翔府志》
1680	康熙十九年	秋	咸阳	秋，大雨四十余日	乾隆《咸阳县志》
1680	康熙十九年		高陵	秋，大雨四十余日	雍正《高陵县志》
1680	康熙十九年	秋	武功	秋，大雨四十余日	雍正《武功县后志》
1681	康熙二十年		礼泉	大雷雨	民国《续修醴泉县志稿》
1681	康熙二十年		永寿	雷雨异常	乾隆《永寿县新志》
1681	康熙二十年		乾县	雷大震，雨异常	雍正《重修陕西乾州志》
1682	康熙二十一年	六月二十一	安康	一夜北山一带雨如建瓴	康熙《兴安州志》
1682	康熙二十一年	七月	子长	淫雨六十日	雍正《安定县志》
1683	康熙二十二年	六月	安康	大雨三日	嘉庆《安康县志》
1684	康熙二十三年		韩城	大雨	康熙《韩城县续志》
1684	康熙二十三年	夏	汉阴	夏大旱，至秋分方雨	康熙《汉阴县志》
1685	康熙二十四年	六月十三	铜川	暴雨	康熙《洋县志》
1686	康熙二十五年	闰四月	镇巴	大风拔木，雨雹大如鸡卵	光绪《定远厅志》
1686	康熙二十五年	闰四月	城固	大风拔木，雨雹如鸡卵	康熙《城固县志》
1686	康熙二十五年	闰四月	安康	大风拔木，雨雹如鸡卵	康熙《汉南郡志》
1686	康熙二十五年	闰四月初四	洋县	大风拔木，飘瓦塌屋，雨雹如鸡卵	康熙《洋县志》

公元	历史年	日期	地点	记录	文献
1688	康熙二十七年		镇巴	雷雹风雨如注	光绪《定远厅志》
1688	康熙二十七年		城固	雷雹，风雨如注	康熙《城固县志》
1688	康熙二十七年		汉中	雷电，风雨如注	康熙《汉南郡志》
1688	康熙二十七年		洋县	夏，暴雨如注	康熙《洋县志》
1689	康熙二十八年		凤翔	春大旱，爰步祷太白，获澍雨尺余	乾隆《凤翔府志》
1691	康熙三十年	六月	山阳	雨	康熙《山阳县初志》
1692	康熙三十一年	六月十一	临潼	大雨	康熙《临潼县志》
1692	康熙三十一年	十一月二十五	陕西	入陕西境内，沿途看得，得雪均匀。顷于十一月十五日、十六、二十二、二十三等日，仰赖圣主洪福，复得大雪，厚一尺余	《康熙朝雨雪粮价史料》，第36-37页
1692	康熙三十一年	六月十一	咸阳	大雨	乾隆《咸阳县志》
1692	康熙三十一年	秋	商县	秋，淫雨	乾隆《直隶商州志》
1692	康熙三十一年	秋	扶风	秋雨	雍正《扶风县志》
1692	康熙三十一年	六月十一	高陵	大雨	雍正《高陵县志》
1692	康熙三十一年	六月十一	武功	大雨	雍正《武功县后志》

公元	历史年	日期	地点	记录	文献
1692	康熙三十一年	秋	镇安	秋淫雨	雍正《镇安县志》
1693	康熙三十二年	八月	咸阳	淫雨	《清史稿》(赵尔巽等)
1693	康熙三十二年	六月	黄陵	大水	嘉庆《续修中部县志》
1693	康熙三十二年	五月二十三	陕西	冬雪春雨相继调匀	《康熙朝雨雪粮价史料》，第 44-45 页
1693	康熙三十二年	五月二十三日	西安凤翔	五月十三日至十八日，昼夜得雨霑足	《康熙朝雨雪粮价史料》，第 44-45 页
1693	康熙三十二年	七月二十一	陕西	顷立夏以来，雨水复调，秋禾生长畅茂。五六月雨水稍足，奴才正忧太过，临近立秋雨止，风调雨顺	《康熙朝雨雪粮价史料》，第 52 页
1693	康熙三十二年		咸阳	夏大雨	乾隆《咸阳县志》
1693	康熙三十二年	秋	扶风	秋雨	雍正《凤翔府志》
1693	康熙三十二年	夏	高陵	夏大雨	雍正《高陵县志》
1694	康熙三十三年		咸阳	夏，大雨	《清史稿》（赵尔巽等）、乾隆《咸阳县志》
1694	康熙三十三年	夏	临潼	夏大雨水	康熙《临潼县志》
1694	康熙三十三年	四月初八	西安凤翔	雨水调匀	《康熙朝雨雪粮价史料》，第 74-75 页
1694	康熙三十三年	六月二十九	陕西	今夏全省雨水调匀	《康熙朝雨雪粮价史料》，第 81 页

公元	历史年	日期	地点	记录	文献
1694	康熙三十三年	夏	高陵	夏，大雨	雍正《高陵县志》
1698	康熙三十七年		南郑等十二县	三十八年正月，免南郑等十二州、县三十七年分水灾额赋	《清实录》影印本
1698	康熙三十七年	六月	府谷	大雨	乾隆《府谷县志》
1698	康熙三十七年	三月十七	扶风	雨雹	雍正《扶风县志》
1699	康熙三十八年	八月	西安	大水	《清史稿》(赵尔巽等)
1700	康熙三十九年	七月初一	潼关	既入潼关，稼禾均好	《康熙朝雨雪粮价史料》，第275-276页
1700	康熙三十九年	七月初一	西安	距西安府城二十里以内，较它处雨虽少施，然荞麦亦以耕种	《康熙朝雨雪粮价史料》，第275-276页
1700	康熙三十九年	十月初四	汉中	因雨水不调，粮稍欠收	《康熙朝雨雪粮价史料》，第284-285页
1700	康熙三十九年	十月初四	陕西	秋季雨水调匀	《康熙朝雨雪粮价史料》，第284-285页
1700	康熙三十九年	十月初四		今年雨水调匀，夏麦，豌豆皆已丰收	《康熙朝雨雪粮价史料》，第284-285页
1701	康熙四十年		彬县	久雨	乾隆《直隶邠州志》
1702	康熙四十一年	八月	宝鸡	淫雨	《清史稿》(赵尔巽等)
1702	康熙四十一年	秋	宝鸡	秋淫雨	乾隆《宝鸡县志》
1702	康熙四十一年		眉县	久雨，渭水泛涨	雍正《郿县志》

公元	历史年	日期	地点	记录	文献
1703	康熙四十二年	三月初六	陕西	陕西属地，正月虽稍得雨雪，但未霑足	《康熙朝雨雪粮价史料》，第319-320页
1703	康熙四十二年	二月十七、十八	陕西	二月十七、十八等日大雪，且复得雨，甚是及时	《康熙朝雨雪粮价史料》，第319-320页
1703	康熙四十二年	二月二十八至三月初六	陕西	自二十八日始又雨，至三月初六日，数日连雨，各属地皆报雨甚霑足	《康熙朝雨雪粮价史料》，第319-320页
1703	康熙四十二年	五月二十九	凤翔	二月、三月雨水时若，麦豆甚好，可望丰收。但自三月二十七日起至五月初十日，每日下雨不止，雨水过量，故收成稍减	《康熙朝雨雪粮价史料》，第332-334页
1703	康熙四十二年	五月二十九	南郑西乡宁羌	因久雨生虫，麦子受损，收成甚少	《康熙朝雨雪粮价史料》，第332-334页
1703	康熙四十二年	五月二十九	西安	二月、三月雨水时若，麦豆甚好，可望丰收。但自三月二十七日起至五月初十日，每日下雨不止，雨水过量，故收成稍减	《康熙朝雨雪粮价史料》，第332-334页
1703	康熙四十二年	六月二十九	西安凤翔延安汉中	因六月雨泽霑足，秋禾长势甚好	《康熙朝雨雪粮价史料》，第335-336页
1703	康熙四十二年	八月	陕西	雨水时若	《康熙朝雨雪粮价史料》，第347页

公元	历史年	日期	地点	记录	文献
1704	康熙四十三年	六月	安康	兴安大雨	《清史稿》(赵尔巽等)
1704	康熙四十三年	五月	山阳	大水	《清史稿》(赵尔巽等)
1704	康熙四十三年	三月十五	陕西	得雨	《康熙朝雨雪粮价史料》，第368页
1704	康熙四十三年		西安 凤翔 汉中	雨雪调匀	《康熙朝雨雪粮价史料》，第368页
1704	康熙四十三年	三月初一、初二、十四、十五	西安 凤翔	得雨霑足	《康熙朝雨雪粮价史料》，第370页
1704	康熙四十三年	正月、二月		雨水时调	《康熙朝雨雪粮价史料》，第370页
1704	康熙四十三年	春夏	陕西	春夏雨水调匀	《康熙朝雨雪粮价史料》，第407页
1704	康熙四十三年	六月初七日、初八、十一、十三、三十	西安 延安 凤翔 汉中	得雨霑足	《康熙朝雨雪粮价史料》，第409页
1704	康熙四十三年	六月	西安 延安 凤翔 汉中	各地均得雨，四面雨水霑足	《康熙朝雨雪粮价史料》，第412页
1704	康熙四十三年	六月三十	西安 延安 凤翔 汉中	得大雨	《康熙朝雨雪粮价史料》，第412页

公元	历史年	日期	地点	记录	文献
1705	康熙四十四年	三月四月	西安 延安 凤翔 汉中 兴安	雨水调匀	《康熙朝雨雪粮价史料》，第 468 页
1705	康熙四十四年		陕西	自春以来，雨水调匀	《康熙朝雨雪粮价史料》，第 473 页
1705	康熙四十四年	五月初二、初四、初七	西安 凤翔 汉中 兴安	大雨	《康熙朝雨雪粮价史料》，第 487 页
1705	康熙四十四年	五月、六月	西安 凤翔	五月、六月内连雨	《康熙朝雨雪粮价史料》，第 499 页
1705	康熙四十四年		延安	雨水霑足	《康熙朝雨雪粮价史料》，第 499 页
1705	康熙四十四年		凤翔 汉中 延安	得雨数次	《康熙朝雨雪粮价史料》，第 504 页
1705	康熙四十四年	五月十三、十五、二十四、三十	西安	得大雨	《康熙朝雨雪粮价史料》，第 504 页
1705	康熙四十四年	六月初一、初九	西安	得大雨	《康熙朝雨雪粮价史料》，第 504 页
1705	康熙四十四年	六月	西安 凤翔	六月内得雨数次	《康熙朝雨雪粮价史料》，第 521 页
1705	康熙四十四年	六月初八、初九、初十、二十二	陕西	得雨	《康熙朝雨雪粮价史料》，第 523 页

公元	历史年	日期	地点	记录	文献
1705	康熙四十四年		陕西	雨水调匀	《康熙朝雨雪粮价史料》，第 564 页
1706	康熙四十五年	二月二十二、二十三	西安	连得微雨	《康熙朝雨雪粮价史料》，第 619 页
1706	康熙四十五年	三月十五	陕西	小雨，微雨	《康熙朝雨雪粮价史料》，第 640 页
1706	康熙四十五年	三月二十四	陕西	得雨三四寸	《康熙朝雨雪粮价史料》，第 640 页
1706	康熙四十五年	四月初一	陕西	雨，夜得雨	《康熙朝雨雪粮价史料》，第 640 页
1706	康熙四十五年	四月初二	陕西	大雨，夜得雨	《康熙朝雨雪粮价史料》，第 640 页
1706	康熙四十五年	五月十七、二十三	西安 凤翔 汉中 兴安	下雨	《康熙朝雨雪粮价史料》，第 671 页
1706	康熙四十五年	五月二十五至二十八	西安 延安 凤翔 汉中 兴安	二十五日始至二十八日大雨	《康熙朝雨雪粮价史料》，第 687-686 页
1706	康熙四十五年	六月初七、十四	西安 延安 凤翔 汉中 兴安	雨	《康熙朝雨雪粮价史料》，第 687-686 页
1706	康熙四十五年	六月十七	西安 延安 凤翔 汉中 兴安	夜始雨	《康熙朝雨雪粮价史料》，第 687-686 页

公元	历史年	日期	地点	记录	文献
1706	康熙四十五年	六月十八	西安 延安 凤翔 汉中 兴安	又雨	《康熙朝雨雪粮价史料》，第 687-686 页
1706	康熙四十五年	六月二十二	西安	又得雨	《康熙朝雨雪粮价史料》，第 733-734 页
1706	康熙四十五年	七月初四至初十	西安	初四日至初十日大雨	《康熙朝雨雪粮价史料》，第 733-734 页
1706	康熙四十五年	七月初五、初十	南郑 城固	连降大雨	《康熙朝雨雪粮价史料》，第 755 页
1706	康熙四十五年	七月初五、初十	兴安	连降大雨	《康熙朝雨雪粮价史料》，第 755 页
1706	康熙四十五年	九月二十一、二十二、二十三	陕西	连得大雨雪	《康熙朝雨雪粮价史料》，第 766 页
1706	康熙四十五年		陕西	雨水调匀	《康熙朝雨雪粮价史料》，第 770 页
1706	康熙四十五年	五月十七	佳县	始雨	乾隆《清涧县续志》
1706	康熙四十五年	四月	扶风	大雨	雍正《扶风县志》
1707	康熙四十六年	七月	大荔	河大溢	康熙《朝邑县后志》
1707	康熙四十六年	三月十三	西安	降大雨一尽夜	《康熙朝雨雪粮价史料》，第 854 页
1707	康熙四十六年	三月二十六、二十七，四月初四、初五、初十	西安	大雨	《康熙朝雨雪粮价史料》，第 854 页

公元	历史年	日期	地点	记录	文献
1707	康熙四十六年	三月十三、二十六、二十七，四月初四、初五、十一	凤翔汉中	得雨霑足	《康熙朝雨雪粮价史料》，第 856 页
1707	康熙四十六年	三月十三、二十六、二十七，四月初四日、初五、十一	西安延安凤翔汉中兴安	得雨霑足	《康熙朝雨雪粮价史料》，第 856 页
1707	康熙四十六年	五月初五、二十四	西安	得雨	《康熙朝雨雪粮价史料》，第 876 页
1707	康熙四十六年	四月二十五	陕西	得雨	《康熙朝雨雪粮价史料》，第 878 页
1707	康熙四十六年		延安	雨水调匀	《康熙朝雨雪粮价史料》，第 878 页
1707	康熙四十六年	六月初八、十六、二十一	凤翔	连得大雨	《康熙朝雨雪粮价史料》，第 901 页
1707	康熙四十六年	六月初八、十六、二十一	西安	连得大雨	《康熙朝雨雪粮价史料》，第 901 页
1707	康熙四十六年	七月、八月	潼关	得大雨	《康熙朝雨雪粮价史料》，第 963-964 页
1707	康熙四十六年		陕西	雨水甚调	《康熙朝雨雪粮价史料》，第 976 页

公元	历史年	日期	地点	记录	文献
1707	康熙四十六年		洛南	大水	乾隆十一年《雒南县志》
1708	康熙四十七年	七月	西安	大水	《清史稿》（赵尔巽等）
1708	康熙四十七年	三月初一	陕西	得雨	《康熙朝雨雪粮价史料》，第 1078 页
1708	康熙四十七年	三月十九、二十、二十四	陕西	得大雨	《康熙朝雨雪粮价史料》，第 1078 页
1708	康熙四十七年	闰三月初九日、二十、二十二，四月初十日、十四、十七、二十二	西安	大雨霑足	《康熙朝雨雪粮价史料》，第 1127 页
1708	康熙四十七年	四月	西安	大雨三次	《康熙朝雨雪粮价史料》，第 1147 页
1708	康熙四十七年	五月	西安	初七至初九日，大雨霑足	《康熙朝雨雪粮价史料》，第 1148 页
1708	康熙四十七年	五月十二、十四	西安	得雨	《康熙朝雨雪粮价史料》，第 1148 页
1708	康熙四十七年	七月初九、二十一	西安延安凤翔汉中兴安	大雨	《康熙朝雨雪粮价史料》，第 1257-1258 页
1708	康熙四十七年	八月十四至二十三	西安延安凤翔汉中兴安	十四日至二十三日复得雨霑足	《康熙朝雨雪粮价史料》，第 1257-1258 页

公元	历史年	日期	地点	记录	文献
1708	康熙四十七年		周至	雨雹	民国《广西曲志》
1708	康熙四十七年		华县	积雨连绵	民国《华县县志稿》
1709	康熙四十八年	三月至五月	咸阳	三月，大雨，至五月始止	《清史稿》(赵尔巽等)
1709	康熙四十八年		大荔	河复大溢	康熙《朝邑县后志》
1709	康熙四十八年	三月至五月	咸阳	三月，雨至五月	乾隆《咸阳县志》
1709	康熙四十八年	三月十四	周至	大雨	乾隆《重修盩厔县志》
1709	康熙四十八年	秋	米脂	秋，淫雨	乾隆《绥德州直隶州志》
1709	康熙四十八年	秋	清涧	秋，淫雨	乾隆《绥德州直隶州志》
1709	康熙四十八年		绥德	秋，淫雨	乾隆《绥德州直隶州志》
1709	康熙四十八年	秋	吴堡	秋，淫雨	乾隆《绥德州直隶州志》
1709	康熙四十八年	秋	子洲	秋，淫雨	乾隆《绥德州直隶州志》
1709	康熙四十八年	三月至五月	武功	三月至五月，连雨四十日	雍正《武功县后志》
1710	康熙四十九年	四月初九	周至	雨雹	乾隆《重修盩厔县志》
1711	康熙五十年		大荔	越日大雨如注	康熙《朝邑县后志》
1711	康熙五十年		定边鄜州	落雨十分	《康熙朝雨雪粮价史料》，第2026页

公元	历史年	日期	地点	记录	文献
1711	康熙五十年	五月二十四	神木	降雷雨	《康熙朝雨雪粮价史料》，第2026页
1711	康熙五十年	五月十六、十七	延安绥德	戌时天降大雨	《康熙朝雨雪粮价史料》，第2026页
1713	康熙五十二年	五月	安康	兴安大水	《清史稿》（赵尔巽等）
1713	康熙五十二年	六月十六	蒲城	雨雹冰	康熙《浦城县续志》
1713	康熙五十二年	三月十四	周至	大雨	乾隆《盩厔县志》
1714	康熙五十三年		西乡	大水	道光《西乡县志》
1714	康熙五十三年		延安绥德	春间雨泽及时，自四月以至五月中旬虽时有雨，俱未深入	《康熙朝雨雪粮价史料》，第2026页
1714	康熙五十三年	三月	临潼长安咸宁兴平咸阳	虽两次得雨，并未霑足	《康熙朝雨雪粮价史料》，第3002页
1714	康熙五十三年	二月十七、十八、二十一、二十三	同官耀州富平三原泾阳礼泉高陵渭南鄠县蓝田宁陕孝义周至	得雨	《康熙朝雨雪粮价史料》，第3002页

公元	历史年	日期	地点	记录	文献
1714	康熙五十三年	二月初七、十八日、二十一	定边 靖边 安塞 延安 延川 延长 甘泉 宜川 陇县 千阳 麟游 凤翔 扶风 宝鸡 岐山 眉县	得大雨	《康熙朝雨雪粮价史料》，第 3003 页
1714	康熙五十三年		凤县 留坝 佛坪 略阳 洋县 城固 勉县 宁羌 南郑 西乡 定远	虽得雨，亦示霑足	《康熙朝雨雪粮价史料》，第 3003 页
1714	康熙五十三年	二月二十一、二十三	石泉 汉阴 安康 浔阳 白河 紫阳 砖坪 平利	得大雨	《康熙朝雨雪粮价史料》，第 3003 页

公元	历史年	日期	地点	记录	文献
1714	康熙五十三年	三月初七	同官 耀州 富平 三原 泾阳 礼泉 高陵 渭南 鄠县 蓝田 宁陕 孝义 周至	得雨	《康熙朝雨雪粮价史料》，第 3003 页
1714	康熙五十三年	三月十六、十八日、二十七、二十八、二十九	临潼 长安 咸宁 兴平 咸阳 同官 耀州 富平 三原 泾阳 礼泉 高陵 渭南 鄠县 蓝田 宁陕 孝义 周至	得大雨	《康熙朝雨雪粮价史料》，第 3016 页

公元	历史年	日期	地点	记录	文献
1714	康熙五十三年	三月十一、十四、十七、十八	延安 凤翔 汉中	得大雨	《康熙朝雨雪粮价史料》，第 3016 页
1714	康熙五十三年	五月十六、十七日、二十六日、二十九日，六月初一日至初三日	关中西部	得大雨	《康熙朝雨雪粮价史料》，第 3119 页
1714	康熙五十三年	六月初三、初九、十五、二十三	临潼 长安 咸宁 兴平 咸阳 同官 耀州 富平 三原 泾阳 礼泉 高陵 渭南 鄠县 蓝田 宁陕 孝义 周至 陇州 汧阳 麟游 凤翔 扶风 宝鸡 岐山 眉县	得雨	《康熙朝雨雪粮价史料》，第 3183 页

公元	历史年	日期	地点	记录	文献
1714	康熙五十三年	七月初二、初六、十一、十七、十九、二十四、二十五、二十六	临潼 长安 咸宁 兴平 咸阳 同官 耀州 富平 三原 泾阳 礼泉 高陵 渭南 鄠县 蓝田 宁陕 孝义 周至 陇州 汧阳 麟游 凤翔 扶风 宝鸡 岐山 眉县	得雨	《康熙朝雨雪粮价史料》，第 3183 页
1714	康熙五十三年	六月十八、十九、二十三、二十五、二十七	定边 靖边 安塞 延安 延川 甘泉 宜川 延长	得雨	《康熙朝雨雪粮价史料》，第 3184 页

公元	历史年	日期	地点	记录	文献
1714	康熙五十三年	七月十三至十五	定边 靖边 安塞 延安 延川 甘泉 宜川 延长	得大雨	《康熙朝雨雪粮价史料》，第 3184 页
1714	康熙五十三年	六月初一、初六、十六、二十七	凤县 留坝 佛坪 略阳 洋县 城固 勉县 宁羌 南郑 西乡 定远 石泉 汉阴 安康 旬阳 白河 紫阳 砖坪 平利	得雨	《康熙朝雨雪粮价史料》，第 3184 页

公元	历史年	日期	地点	记录	文献
1714	康熙五十三年	七月初二、初五、初十	凤县 留坝 佛坪 略阳 洋县 城固 勉县 宁羌 南郑 西乡 定远 石泉 汉阴 安康 旬阳 白河 紫阳 砖坪 平利	得大雨	《康熙朝雨雪粮价史料》，第3184页
1714	康熙五十三年	八月	潼关	雨亦调匀	《康熙朝雨雪粮价史料》，第3213页
1714	康熙五十三年	八月	西安	一路具有微雨	《康熙朝雨雪粮价史料》，第3213页
1714	康熙五十三年	秋	西安 延安 凤翔 汉中 兴安	今年秋季雨泽调匀	《康熙朝雨雪粮价史料》，第3254页

公元	历史年	日期	地点	记录	文献
1714	康熙五十三年	秋	西安延安凤翔汉中	秋季雨泽霑足	《康熙朝雨雪粮价史料》，第3295页
1715	康熙五十四年	五月初四	周至	雨雹	乾隆《重修周至县志》
1716	康熙五十五年		神木榆林定边	今春并未缺雨，兹于本年四月二十七日，五月初三日各处得雨。又于五月初七、初十、十五等日普雨连降四野霑足	《康熙朝雨雪粮价史料》，第3895页
1718	康熙五十七年	秋	周至	秋霖	民国《广两曲志》
1719	康熙五十八年	三月二十九	武功	漆水大涨	雍正《武功县后志》
1720	康熙五十九年		耀县	雨雹	乾隆《续耀州志》
1720	康熙五十九年	六月十五	周至	乃雨	乾隆《重修周至县志》
1720	康熙五十九年	八月	周至	淫雨	乾隆《周至县志》
1720	康熙五十九年	九月	周至	淫雨	乾隆《周至县志》
1721	康熙六十年	五月初二	黄陵	雨五分	嘉庆《续修中部县志》
1721	康熙六十年	五月十一	黄陵	雨足	嘉庆《续修中部县志》
1721	康熙六十年	六月二十五	西安	西安附近各州县皆于六月十五、十六、十七三日大雨入土一尺有余	《康熙朝雨雪粮价史料》，第5116页

公元	历史年	日期	地点	记录	文献
1721	康熙六十年	六月十五至十九	礼泉	六月十五日以后，大雨五日	乾隆《礼泉县续志》
1721	康熙六十年	六月	临潼	乃雨	乾隆《临潼县志》
1721	康熙六十年		清涧	乃雨	乾隆《清涧县续志》
1721	康熙六十年	六月十六日	咸阳	大雨	乾隆《咸阳县志》
1721	康熙六十年	六月	周至	乃雨	乾隆《重修周至县志》
1721	康熙六十年	六月十五	高陵	大雨	雍正《高陵县志》
1721	康熙六十年	六月十五	武功	大雨	雍正《武功县后志》
1722	康熙六十一年		铜川	暴雨	乾隆《同官县志》
1722	康熙六十一年	九月初一日	眉县	雨雪	雍正《郿县志》
1723	雍正元年	五月	府谷	大雨	道光《榆林府志》
1723	雍正元年	五月	口外	五月、六月间，雨水过多	《西北灾荒史（故宫档案）》
1723	雍正元年	六月十九	佳县	雨，黄河大溢	《中国气象灾害大典·陕西卷》，第 53 页
1724	雍正二年		旬阳	汉水暴涨	乾隆《旬阳县志》
1724	雍正二年		安康	汉水暴涨	乾隆《兴安府志》
1724	雍正二年		汉中	汉水暴涨	《中国气象灾害大典·陕西卷》，第 53 页
1725	雍正三年	五月十九	绥德	水	乾隆《绥德州直隶州志》
1725	雍正三年	七月初七	武功	漆水大涨	雍正《武功县后志》
1726	雍正四年		黄陵	雨雹	嘉庆《续修中部县志》
1728	雍正六年	五月	平利	大雨连日	乾隆《平利县志》
1728	雍正六年	五月	商南	雨雹	乾隆《商南县志》
1729	雍正七年	七月十六	宝鸡	小雨	乾隆《凤翔县志》

公元	历史年	日期	地点	记录	文献
1729	雍正七年	春	子长	春，薄午微雨	雍正《安定县志》
1730	雍正八年	五月	安康	兴安大雨	《清史稿》(赵尔巽等)
1730	雍正八年	六月	清涧	黄河，无定河溢	《清史稿》(赵尔巽等)
1732	雍正十年	十月	铜川	雨	乾隆《同官县志》
1733	雍正十一年		兴平	阴雨连绵	乾隆《兴平县志》
1736	乾隆元年	正月十一	清涧	夜雨黑水	乾隆《清涧县续志》
1736	乾隆元年	六月初八、初九	周至	大雨，渭水溢涨	乾隆《周至县志》
1736	乾隆元年	五月初八至十一	旬阳	兴安州并所属洵阳县俱城临汉江，五月初八以至十一大雨连绵，十二日江水骤涨上岸	《清代长江流域西南国际河流洪涝档案史料》，第 227 页
1736	乾隆元年	六月十九	潼关	酉戌两时，天降骤雨	《清代黄河流域洪涝档案史料》，第 133 页
1736	乾隆元年	五月二十八、二十九	武功	康家庄、薛固镇大雨滂沱	《清代黄河流域洪涝档案史料》，第 133 页
1736	乾隆元年	五月二十八、二十九	兴平	屈胡桥、清化坊大雨滂沱	《清代黄河流域洪涝档案史料》，第 133 页
1736	乾隆元年	五月初八至十一	安康	大雨连绵	《西北灾荒史(故宫档案)》
1737	乾隆二年	十一月	安定 定边 府谷 葭州 靖边 米脂 神木 吴堡	免本年水灾额赋	《清实录》影印本

公元	历史年	日期	地点	记录	文献
1737	乾隆二年	八月初五、初六、初八、初十、十一	长安	大雨，昼夜淫雨	民国《续修陕西通志稿》
1737	乾隆二年	八月初五、初六、初八、初十、十一	临潼	大雨，昼夜淫雨	民国《续修陕西通志稿》
1737	乾隆二年	八月初五、初六、初八、初十、十一	西安	大雨，昼夜淫雨	民国《续修陕西通志稿》
1737	乾隆二年	八月初五、初六、初八、初十、十一	咸阳	大雨，昼夜淫雨	民国二十三年《续修陕西通志稿》
1737	乾隆二年	八月初八	临潼	大雨水发	《清代黄河流域洪涝档案史料》，第 133 页
1737	乾隆二年	七月十二	西安	大雨骤至	《清代黄河流域洪涝档案史料》，第 133 页
1737	乾隆二年	七月二十七、二十八	西安	得有大雨	《清代黄河流域洪涝档案史料》，第 134 页
1737	乾隆二年	八月初一	西安	昼夜淫雨	《清代黄河流域洪涝档案史料》，第 134 页
1737	乾隆二年	八月初五、初八、初十、十一		大雨连绵	《清代黄河流域洪涝档案史料》，第 134 页
1737	乾隆二年	八月初八	临潼	大雨	《西北灾荒史（故宫档案）》

公元	历史年	日期	地点	记录	文献
1737	乾隆二年	七月初五	西安	晚水暴涨，霖雨不止	《西北灾荒史（故宫档案）》
1737	乾隆二年	七月十二	西安	大雨骤至	《西北灾荒史（故宫档案）》
1738	乾隆三年	夏	耀县	夏夜，洛水忽涨	嘉庆《耀州志》
1738	乾隆三年	四月	白水	夏，大雨雹	乾隆《白水县志》
1738	乾隆三年	三月	富平	雨雹	乾隆《富平县志》
1738	乾隆三年	三月二十八、二十九，四月十六、十七	陕西	等日两次猛雨	《清代奏章汇编——农业·环境》，第19页
1738	乾隆三年	四月五月	凤县 勉县 宁强	阴雨连旬浃月	《西北灾荒史（故宫档案）》
1738	乾隆三年	七月初二	榆林	降落雷雨	《西北灾荒史（故宫档案）》
1739	乾隆四年	三月	礼泉	南乡雨雹	乾隆《礼泉县续志》
1739	乾隆四年	三月	富平	雨雹	乾隆《富平县志》
1739	乾隆四年	五月	略阳 凤县	陕省汉中府属之略阳、凤县因本年五月大雨时行，上流甘省阶州、西和等处之水一时骤至，水口窄狭，宣泄不及，于五月十四日申刻，漫溢居民，至亥时渐退，次日巳刻全消	《清代长江流域西南国际河流洪涝档案史料》，第239页
1739	乾隆四年	五月二十三、二十四	宝丰 新渠	雨后水发	《清代黄河流域洪涝档案史料》，第141页

公元	历史年	日期	地点	记录	文献
1739	乾隆四年	五月	凤县 略阳	大雨	《清代黄河流域洪涝档案史料》，第142页
1739	乾隆四年		大荔 华县	渭水骤涨	《西北灾荒史（故宫档案）》
1740	乾隆五年	六月初六	怀远 葭州 米脂 绥德 吴堡 榆林	免本年水灾额赋	《清实录》影印本
1740	乾隆五年	七月初九至十八	周至	七月初九日至十八日，大雨十日	乾隆《重修周至县志》
1740	乾隆五年	闰六月	富平	雨雹	乾隆《富平县志》
1740	乾隆五年	七月	长安 户县 华县 华阴 临潼 渭南 武功 西安 咸阳 兴平	雨水过多	《西北灾荒史（故宫档案）》
1742	乾隆七年	五月	山阳	大雨	《清史稿》（赵尔巽等）
1742	乾隆七年	四月至八月	洛南	自四月下旬至八月杪，雨连绵不止	乾隆《雒南县志》
1742	乾隆七年	四月至七月	商南	春，淫雨百余日，四月下旬雨，七月上旬止	乾隆《商南县志》

公元	历史年	日期	地点	记录	文献
1742	乾隆七年	八月	长安	雨水过多	《西北灾荒史（故宫档案)》
1742	乾隆七年	八月	西安	雨水过多	《西北灾荒史（故宫档案)》
1743	乾隆八年		洛南	淫雨	乾隆《雒南县志》
1744	乾隆九年	五月十九	平利	陕省……兴安州之平利县，于五月十九日河水泛涨，冲淹沿河水旱田地，幸水即消退	《清代长江流域西南国际河流洪涝档案史料》，第255页
1744	乾隆九年	五月初六	长安 蓝田 咸宁	阴雨过多	《清代黄河流域洪涝档案史料》，第157页
1745	乾隆十年	秋	长安	秋淫雨	民国《咸宁长安两县续志》
1745	乾隆十年	秋	西安	秋淫雨	民国《续修陕西通志稿》
1745	乾隆十年	秋	陕西	秋阴雨	民国《续修陕西通志稿》
1745	乾隆十年	八月	白水	大雨雹	乾隆《白水县志》
1745	乾隆十年	六月初六	铜川	雨雹	乾隆《同官县志》
1745	乾隆十年	七月十七、十八	宝鸡 扶风 岐山 眉县 武功 长武 兴平 富平 周至 三原 渭南 长安	今岁七月十七、十八等日，因汧渭两河上流暴涨发水，所有渭河两岸，凤翔府之宝鸡、扶风、岐山、郿县，乾州府之武功县，邠州之长武县，西安府之兴平、富平、周至、三原、渭南、长安等县，共一十二县滨河低洼之地被水淹漫，田禾不无冲刷，房屋间有倒塌，所幸人口并无损伤	《清代黄河流域洪涝档案史料》，第161页

公元	历史年	日期	地点	记录	文献
1745	乾隆十年	七月	宝鸡 扶风 岐山 眉县 武功 长武 兴平 富平 周至 三原 渭南 长安	本年七月因汧、渭两河上流暴涨发水，所有渭河两岸之宝鸡、扶风、岐山、郿县、武功、长武、兴平、富平、周至、三原、渭南、长安等十二县，滨河低洼之地被水淹侵，田禾不无冲刷，房屋间有倒塌，所幸人口并无损伤	《清代黄河流域洪涝档案史料》，第 161 页
1745	乾隆十年	七月十六	宝鸡	本年七月十二日赴川……十六日至宝鸡，是晚大雨，渭河水涨，宝鸡支河亦泛滥难渡，住歇两日	《清代黄河流域洪涝档案史料》，第 163 页
1745	乾隆十年	七月十七、十八	扶风 三原 武功 兴平 周至 岐山 华州 眉县	据临河之扶风、三原、武功、兴平、周至、岐山、华州、郿县等禀报，俱于十七、十八等日亦因雨大水涨，沿河地面间被冲淹	《清代黄河流域洪涝档案史料》，第 163 页
1746	乾隆十一年	六月十六、十七	靖边	据延安府属之靖边县禀称，口外宁条滩地势洼下，六月十六、十七日大雨，河水漫溢，流入村内，水深二、三尺不等	《清代黄河流域洪涝档案史料》，第 166 页

公元	历史年	日期	地点	记录	文献
1746	乾隆十一年	六月十六、十七、十八	神木	据榆林府属之神木县禀称，六月十六、十七、十八等日大雨如注，山水陡发，大河水高数尺，城内水深数尺，沿河低洼田地被淹	《清代黄河流域洪涝档案史料》，第166页
1746	乾隆十一年	六月十六、十七	神木定边	准榆葭道并榆林府、延安府等复称，神木、定边二县口外地方，于六月十六、十七等日，山水陡发宣泄不及，河水骤涨，田禾偶淹，水退甚速，禾苗无损	《清代黄河流域洪涝档案史料》，第166页
1748	乾隆十三年	五月	岐山	大水	《清史稿》(赵尔巽等)
1748	乾隆十三年		大荔	大雨	道光《大荔县志》
1748	乾隆十三年	夏	长安	夏，雨雹伤禾	民国《咸宁长安两县续志》
1748	乾隆十三年	夏	西安	夏，雨雹伤禾	民国《续修陕西通志稿》
1748	乾隆十三年	四月	永寿	夏，雨雹伤禾	乾隆《永寿县新志》
1748	乾隆十三年	五月二十、二十一	西安同州凤翔延安邠州乾州	西安、同州、凤翔、延安、邠州、乾州等府州属内据报于五月二十、二十一等日雷雨交作，间带微雹	《清代黄河流域洪涝档案史料》，第177页
1748	乾隆十三年	秋	镇安	秋，淫	柞水气象站上报资料
1749	乾隆十四年	七月初二	潼关	秋，大雨如注	嘉庆《续修潼关厅志》

公元	历史年	日期	地点	记录	文献
1749	乾隆十四年	四月底至五月初	沔县 洋县	陕省春夏雨水均调。……四月底至五月初，连得大雨，……惟因雨势过猛，带有冰雹，……沔县、洋县……等厅县，间有零星村庄被雹、被水之处，幸夏禾大半收割，伤损无多，已种之秋禾间被损伤仍可补种，均不成灾	《清代长江流域西南国际河流洪涝档案史料》，第 305 页
1749	乾隆十四年	四月底至五月初	富平 礼泉 泾阳 潼关 澄城 蒲城 华阴 甘泉 扶风 沔县 洋县 永寿 洛南	陕省春夏雨水均调，夏禾丰稔，西安、同州、凤翔、乾州一带，收成约俱八、九、十分不等。四月底至五月初，连得大雨，秋禾亦皆播种，……惟因雨势过猛，带有冰雹，富平、醴泉、泾阳、潼关厅、澄城、蒲城、华阴、甘泉、扶风、沔县、洋县、永寿、雒南等厅县，间有零星村庄被雹，被水之处	《清代黄河流域洪涝档案史料》，第 181 页
1749	乾隆十四年	七月二十三	肤施	延安府属之肤施县有濯筋河一道，……七月二十三日河水陡发，汹涌异常	《清代黄河流域洪涝档案史料》，第 183 页

公元	历史年	日期	地点	记录	文献
1749	乾隆十四年	六月、七月	礼泉 朝邑 华阴 大荔 韩城 淳化	陕西通省秋禾丰稔……六、七两月内大雨时行，依山傍河之州县，处处发水大于往年。西安府属之醴泉县，同州府属之朝邑、华阴、大荔、韩城等县，邠州属之淳化县，或滨临洛渭二河，或地处山岭溪涧，猝遇暴雨，水势骤涨，一时不能宣泄，冲淹田禾民舍，幸俱随涨随消，不致成灾	《清代黄河流域洪涝档案史料》，第183页
1749	乾隆十四年	六月、七月	陕西	陕西通省秋禾丰稔……六、七两月内大雨时行，依山傍河之州县，处处发水大于往年	《清代黄河流域洪涝档案史料》，第183页
1749	乾隆十四年	五月、六月、七月	泾阳 蒲城 潼关 鄜州 等十 余州 县厅	泾阳、蒲城、潼关、鄜州等十余州县厅，于五、六、七月间有雨中带雹及山水骤发，淹倒窑房、压毙人口	《清代黄河流域洪涝档案史料》，第184页
1749	乾隆十四年	四月初十、十六、十七、三十，五月初一	陕西	陕西通省春夏以来，雨旸调和……四月初十、十六、十七、三十及五月初一等日连获大雨……雨势甚猛	《清代黄河流域洪涝档案史料》，第184页

公元	历史年	日期	地点	记录	文献
1749	乾隆十四年	七月初二	同州	忽遇暴雨	《清代黄河流域洪涝档案史料》，第184页
1749	乾隆十四年		泾阳	冶峪里、街子村等处，土人穴地而居，名为地窑者猝被暴雨，水灌入窑	《清代黄河流域洪涝档案史料》，第184-185页
1749	乾隆十四年	七月初二	潼关	忽遇暴雨	《清代奏章汇编——农业·环境》，第19页
1749	乾隆十四年	七月二十三	延安	濯筋河，河水陡发	《西北灾荒史（故宫档案）》
1749	乾隆十四年	七月二十	富县	洛河水势异涨	《中国气象灾害大典·陕西卷》，第53页
1750	乾隆十五年	六月	富平	大水	《清史稿》（赵尔巽等）
1750	乾隆十五年		略阳	大水	光绪《新续略阳县志》
1750	乾隆十五年	八月	白水	秋，戊子，雷电，雨雹伤荞麦	乾隆《白水县志》
1750	乾隆十五年		铜川	夏雨雹	乾隆《同官县志》
1751	乾隆十六年	六月十四、十五	大荔	河水骤涨	《清实录》影印本
1751	乾隆十六年	六月	华阴	渭水溢	道光《大荔县志》
1751	乾隆十六年	六月	大荔	渭水溢	道光《大荔县志》、乾隆《同州府志》
1751	乾隆十六年	七月初五	清涧	怀宁河溢	道光《清涧县志》
1751	乾隆十六年		泾阳	泾水涨溢，冲堤淤渠	泾洛渭河洪水调查报告
1751	乾隆十六年	七月初七	岐山	雨雹	乾隆《岐山县志》
1751	乾隆十六年	三月十四	铜川	雨雹	乾隆《同官县志》
1752	乾隆十七年	四月	洛川	水	《清史稿》（赵尔巽等）
1752	乾隆十七年	六月	白水	秋九月，雨水伤禾	乾隆《白水县志》

公元	历史年	日期	地点	记录	文献
1752	乾隆十七年	六月十一	铜川	雨雹	乾隆《同官县志》
1752	乾隆十七年		镇安	淫雨	乾隆《镇安县志》
1752	乾隆十七年	秋	泾阳	秋雨过多泾水暴涨	《清代黄河流域洪涝档案史料》，第191页
1753	乾隆十八年	六月初七日以前	陕西	陕省六月初七日以前节次得雨	《清代黄河流域洪涝档案史料》，第193页
1753	乾隆十八年	六月十三、十五、十八、二十二、二十四、二十五、二十六、二十七，七月初一、初三、初八	西安 凤翔 汉中 同州 兴安 商州 邠州 乾州 鄜州	六月十三、十五、十八、二十二及二十四、二十五、二十六、二十七，又七月初一、初三。初八等日，据西安、凤翔、汉中、同州、暨直隶兴安、商州、邠州、乾州、鄜州五州，各报称每次得雨自四、五、六寸至一尺有余不等	《清代黄河流域洪涝档案史料》，第193页
1753	乾隆十八年	六月初旬二十二、二十三、二十五、二十六	延安 榆林 绥德	延安、榆林二府暨绥德一州……各据报称，六月初旬二十二、三并二十五、六等日皆得雨自七八寸至一尺不等	《清代黄河流域洪涝档案史料》，第193页
1753	乾隆十八年	六月二十二、二十四、二十五、二十六	朝邑 蒲城 大荔 华阴 肤施 延川	据直隶鄜州暨朝邑、蒲城、大荔、华阴、肤施、延川等六县各禀称，六月二十二及二十四、二十五、二十六等日，沿河低洼地亩，间有被水过浸湿，或雨后被冲，亦有坍塌	《清代黄河流域洪涝档案史料》，第194页

公元	历史年	日期	地点	记录	文献
1753	乾隆十八年		延安 榆林	所属之各州县屡得膏雨	《清代奏章汇编——农业·环境》，第 128 页
1753	乾隆十八年	夏	富县 华阴 蒲城	夏雨颇勤	《西北灾荒史（故宫档案）》
1753	乾隆十八年	夏	延安	夏雨颇勤	《西北灾荒史（故宫档案）》
1753	乾隆十八年		延川	夏雨颇勤	《西北灾荒史（故宫档案）》
1754	乾隆十九年	五月十四、二十五	安塞	五月十四日、二十五日山溪并涨，不能分流，水溢坝顶	《清代黄河流域洪涝档案史料》，第 203 页
1754	乾隆十九年	五月二十三、二十四	肤施	肤施县之石窑等村，于五月二十三、二十四日，沿河水涨，有被淹地三顷有零	《清代黄河流域洪涝档案史料》，第 203 页
1754	乾隆十九年	六月初九	榆林	榆林县之鱼儿峁等村，于六月初九日山水骤发，有被淹地六顷有零	《清代黄河流域洪涝档案史料》，第 203 页
1755	乾隆二十年	八月初八至十三，十六至十九，二十八至九月初三	陕西	陕省自八月初八日得微雨起，微渍相间，至十三日晴霁止，又于十六日微雨起，至十九日晴霁止，时雨时晴，渭河两岸，沿边地亩，间有被淹之处，但漫溢之水易于消涸，加以秋阳蒸暑，秋禾原无妨碍。兹于二十八日，复连朝阴雨，至初三日方始晴霁，前水甫消，新涨又至，兼以山沟溪涧诸水高，渭河所阻，不及宣泄，沿河地亩复被漫淹	《清代黄河流域洪涝档案史料》，第 206 页

公元	历史年	日期	地点	记录	文献
1755	乾隆二十年	七月初旬以后	吴堡	七月初旬以后复阴雨连绵，苗株细小，收成实止五分，已属成灾	《清代黄河流域洪涝档案史料》，第206页
1755	乾隆二十年	夏	府谷佳县神木	夏间雨泽稍歉，入秋复阴雨过多，不成灾	《清代黄河流域洪涝档案史料》，第207页
1755	乾隆二十年	八月、九月	西安同州	八月九月初间，雨水稍多，渭水泛涨，西安、同州二府所属之周至等十厅州县，沿河村庄被水	《清代黄河流域洪涝档案史料》，第207页
1755	乾隆二十年	夏秋	榆林	夏间雨水稍缺，秋间又阴雨过多，颗粒未能满足	《清代黄河流域洪涝档案史料》，第207页
1755	乾隆二十年	六月十四		省北一隅，天降雷雨，带有冰雹	《清代奏章汇编——农业·环境》，第149页
1755	乾隆二十年	八月、九月	周至等十一县	周至等十一厅、州、县八月及九月初间雨水稍多，渭水泛涨	《西北灾荒史（故宫档案）》
1756	乾隆二十一年		凤翔	秋大雨	乾隆《凤翔县志》
1756	乾隆二十一年	九月三十	岐山	是夕暴雨雷电	乾隆《岐山县志》
1756	乾隆二十一年		铜川	大雨雹	乾隆《同官县志》
1757	乾隆二十二年	七月初旬	府谷葭州神木	七月初旬得雨以后，……阴雨不止……	《清代黄河流域洪涝档案史料》，第215页

公元	历史年	日期	地点	记录	文献
1757	乾隆二十二年	五月初九、初十，六月初六	白水 大荔 凤县 鄜州 华阴 佳县 洛川 米脂 蒲城 三水 同官 潼关 宜君 中部	雨中带雹，轻重不等	《清代奏章汇编——农业·环境》，第159页
1757	乾隆二十二年	七月	定边 怀远 靖边 榆林	七月中旬连阴不止	《西北灾荒史（故宫档案）》
1757	乾隆二十二年	秋	澄城	秋霖三十余日	咸丰《澄城县志》
1758	乾隆二十三年	五月初二	黄陵	北乡雨雹	嘉庆《续修中部县志》
1758	乾隆二十三年	六月	延安	大雨雹	嘉庆《重修延安府志》
1758	乾隆二十三年	六月、七月	陕西	本年六、七月内，陕省全省连得透雨	《清代黄河流域洪涝档案史料》，第219页
1758	乾隆二十三年	六月二十六、二十七，七月初四、初五	陕西	六月二十六、二十七及七月初四、初五等日，黄河连次骤涨	《清代黄河流域洪涝档案史料》，第219页

公元	历史年	日期	地点	记录	文献
1758	乾隆二十三年	四月十八、二十、二十一、二十六、二十七，五月初一至初三、初八、十一至十三	邠州 凤翔 鄜州 乾州 商州 同州 兴安 汉中 西安	得雨	《清代奏章汇编——农业·环境》，第 167 页
1759	乾隆二十四年		韩城	雨	嘉庆《韩城县续志》
1760	乾隆二十五年	五月	旬阳	大水	《清史稿》(赵尔巽等)
1760	乾隆二十五年	夏	澄城	夏，雹雨竟日	乾隆《澄城县志》
1760	乾隆二十五年	六月	定边	天降骤雨，山水汇聚	《清代黄河流域洪涝档案史料》，第 226 页
1760	乾隆二十五年		耀州	川流陡涨	《清代黄河流域洪涝档案史料》，第 226 页
1760	乾隆二十五年	四月二十七	绥德 清涧 米脂	雨中带雹	《清代奏章汇编——农业·环境》，第 195 页
1761	乾隆二十六年		神木	雨	道光《神木县志》
1761	乾隆二十六年		华阴 华州	河水涨发	《清代黄河流域洪涝档案史料》，第 231 页
1761	乾隆二十六年		靖边	天降雷雨，山水骤发	《清代黄河流域洪涝档案史料》，第 231 页

公元	历史年	日期	地点	记录	文献
1761	乾隆二十六年	七月初一、初四、初五、初九	西安 同州 凤翔 乾州 邠州 商州 鄜州 汉中 兴安	查近省之西同凤等府，乾、邠、商、鄜等州暨稍远之汉中、兴安二府州，各于七月初一、初四、初五、初九等日甘霖叠沛，普雨均霑	《清代黄河流域洪涝档案史料》，第 231 页
1761	乾隆二十六年	六月下旬暨七月初间	延安 榆林 绥德	沿边延、榆、绥三府州属亦各具报六月下旬暨七月初间先后复得透雨	《清代黄河流域洪涝档案史料》，第 231 页
1761	乾隆二十六年		靖边 米脂 佳县	河水山水陡发	《西北灾荒史（故宫档案）》
1761	乾隆二十六年		榆林	河水山水陡发	《西北灾荒史（故宫档案）》
1762	乾隆二十七年	夏	长安	夏雨雹	民国《咸宁长安两县续志》
1762	乾隆二十七年	夏	永寿	夏，东乡雨雹	乾隆《永寿县新志》
1763	乾隆二十八年	秋	大荔	秋雨连绵	乾隆《大荔县志》
1766	乾隆三十一年	八月	华州	八月间河水涨溢	《清代黄河流域洪涝档案史料》，第 258 页
1766	乾隆三十一年		陕西	随据各府厅州县报到，连旬阴雨，约略相同	《清代黄河流域洪涝档案史料》，第 258 页

公元	历史年	日期	地点	记录	文献
1766	乾隆三十一年	八月中旬	潼关 华州 大荔 华阴 朝邑 渭南	八月中旬阴雨连旬，相近黄河、渭河之潼关厅、华州、大荔、华阴、朝邑、渭南四县村堡，因雨多水泛，泄泻不及，浸入低洼，致有被淹田庐舍	《清代黄河流域洪涝档案史料》，第258页
1766	乾隆三十一年	七月二十九至八月初五、初九、十二、十五、十六至二十	西安	西安省城一带，于七月二十九日起至八月初五日，大雨滂沱，接连阴濛。又于初九、十二、十五、十六等日，昼夜霖雨，入土深透，至二十日，方见霁色。随据各府厅州县报到，连旬阴雨，约略相同	《清代黄河流域洪涝档案史料》，第258页
1767	乾隆三十二年	六月十二	绥德 兴安 延安 榆林	得雨	《清代奏章汇编——农业·环境》，第227页
1768	乾隆三十三年		永寿	西南二乡雨雹	乾隆《永寿县新志》
1770	乾隆三十五年	夏	白河	夏，大水	《清史稿》（赵尔巽等）
1770	乾隆三十五年	夏	旬阳	夏，大水	《清史稿》（赵尔巽等）
1770	乾隆三十五年	闰五月	白河	大水，汉水涨溢	嘉庆《白河县志》

公元	历史年	日期	地点	记录	文献
1770	乾隆三十五年	闰五月	旬阳	大水，汉水涨溢	嘉庆《续兴安府志》
1770	乾隆三十五年	闰五月初五、初六	兴安	兴安州……今于本年闰五月初五、初六等日，暴雨沛发，至初八日辰刻，江水泛涨，漫越埠岸，灌入旧城，积至一丈有余	《清代长江流域西南国际河流洪涝档案史料》，第437页
1770	乾隆三十五年	闰五月初八	兴安	陕省兴安州旧城，于乾隆三十五年闰五月初八日汉江暴涨，冲决堤岸，居民被水	《清代长江流域西南国际河流洪涝档案史料》，第437页
1770	乾隆三十五年	五月十五、十六	兴安	今据兴安州禀报，本年五月十五、十六两日，大雨连绵，江水骤发，高四丈八尺，较上年闰五月水势仅减二尺，各堤工程安稳，并无汕刷冲损之处	《清代长江流域西南国际河流洪涝档案史料》，第437页
1770	乾隆三十五年	闰五月	西安	山水暴发	《清代黄河流域洪涝档案史料》，第259页
1770	乾隆三十五年	三月初七	凤翔 商州 同州 西安	得雨	《清代奏章汇编——农业·环境》，第236页
1770	乾隆三十五年	闰五月	安康	暴雨连晨，汉江泛涨	《中国气象灾害大典·陕西卷》第54页
1771	乾隆三十六年		临潼	连雨	乾隆《临潼县志》

公元	历史年	日期	地点	记录	文献
1771	乾隆三十六年	五月	汧阳	大雨经时，山水陡发，民房人口间被冲淹伤损	《清代黄河流域洪涝档案史料》，第283页
1771	乾隆三十六年	夏秋	陕西	陕西通省府厅州县城垣……本年夏秋雨水过多，据报间有坍损	《清代黄河流域洪涝档案史料》，第283页
1771	乾隆三十六年	五月十六、十七	华阴朝邑	华阴、朝邑二县同日禀报，五月十六、十七等日大雨连绵，渭水泛涨，滨河洼下之区多有漫溢，以致损坏民房等情	《清代黄河流域洪涝档案史料》，第284页
1771	乾隆三十六年	五月十六、十七	大荔	大雨连绵	《西北灾荒史（故宫档案）》
1772	乾隆三十七年	秋	洋邑	上年（1772年）因汉南秋雨过多，洋邑城垣间有坍塌	《清代长江流域西南国际河流洪涝档案史料》，第448页
1772	乾隆三十七年	七月	汧阳	河水泛涨	《清代黄河流域洪涝档案史料》，第295页
1773	乾隆三十八年	秋	洛川	秋，大霖雨	嘉庆《洛川县志》
1773	乾隆三十八年	秋	洛川	秋，大霖雨	民国《洛川县志》
1773	乾隆三十八年	七月十八	商南	本年七月十八日，据商南县知县……禀报，该县地方，连日大雨如注，昼夜不停，四围山水骤下，兼之北山蛟水陡发，波浪汹涌，将东关一带居民并党家店等处田庐、货物冲没甚多，人口亦有漂散	《清代长江流域西南国际河流洪涝档案史料》，第450页

公元	历史年	日期	地点	记录	文献
1773	乾隆三十八年	秋	兴安 平利 宁羌	查，兴安、平利、宁羌三处城垣，因上年（1772 年）秋雨过多，俱有坍损处所，业经该州县……垫修完固	《清代长江流域西南国际河流洪涝档案史料》，第 450 页
1773	乾隆三十八年	五月二十一	朝邑	黄河水势暴涨，西岸近城一带村庄民田庐舍俱被淹浸	《清代黄河流域洪涝档案史料》，第 300 页
1773	乾隆三十八年		朝邑	河水陡涨二丈三尺	《清代黄河流域洪涝档案史料》，第 301 页
1773	乾隆三十八年	七月	陕西	惟七月初一日得雨起，两旬以内秋雨连绵，今日昼夜不停，雨势甚大	《清代黄河流域洪涝档案史料》，第 301 页
1773	乾隆三十八年	五月十九、二十	同州	五月十九、二十等日东南风大作，黄河水势暴涨，至二十一日辰刻风力愈狂	《清代黄河流域洪涝档案史料》，第 301 页
1773	乾隆三十八年		陕西	陕省自七月以后雨水连绵，道路泥泞	《清代黄河流域洪涝档案史料》，第 302 页
1773	乾隆三十八年	五月十九、二十	大荔	东南风大作，黄河水势暴涨	《西北灾荒史（故宫档案）》
1774	乾隆三十九年		大荔	黄河大发	乾隆《同州府志》
1775	乾隆四十年	夏	商南	夏，大雨五日	民国《商南县志》
1775	乾隆四十年	秋	勉县	秋雨过多	《西北灾荒史（故宫档案）》
1775	乾隆四十年	秋	镇安	秋雨过多	《西北灾荒史（故宫档案）》

公元	历史年	日期	地点	记录	文献
1776	乾隆四十一年		兴平	雨亦沾足	民国《重纂兴平县志》
1776	乾隆四十一年	七月初十、十五	葭州	雨中带有冰雹	《清代奏章汇编——农业·环境》，第267页
1777	乾隆四十二年		洛川	大雨雪	嘉庆《洛川县志》
1777	乾隆四十二年	四月二十四	山阳	风雨冰雹	嘉庆《山阳县志》
1780	乾隆四十五年	正月	清涧	雨木冰	道光《清涧县志》
1780	乾隆四十五年		定边凤县府谷靖边宜君	雨水稍多	《清代黄河流域洪涝档案史料》，第317页
1781	乾隆四十六年		白河	汉水大涨	嘉庆《白河县志》
1781	乾隆四十六年		大荔	黄河大涨	乾隆《同州府志》
1782	乾隆四十七年	四月	麟游	雨雹	光绪《麟游县新志草》
1782	乾隆四十七年	四月	长安	雨雹	民国《咸宁长安两县续志》
1782	乾隆四十七年	四月	宝鸡	雨雹	乾隆《宝鸡县志》
1783	乾隆四十八年	秋	清涧	秋淫雨	道光《清涧县志》
1783	乾隆四十八年	秋	绥德	秋淫雨	乾隆《绥德州直隶州志》

公元	历史年	日期	地点	记录	文献
1784	乾隆四十九年	闰三月	大荔	甘霖大沛	乾隆《大荔县志》
1784	乾隆四十九年	六月二十四、二十五	大荔 华州	河水泛涨	《清代黄河流域洪涝档案史料》，第327页
1784	乾隆四十九年	七月十四、十五、十六	华阴	七月十四、十五、十六，连日大雨，山水涨发	《清代黄河流域洪涝档案史料》，第327页
1784	乾隆四十九年	七月下旬	华州	前于六月内被水浸淹之后，复于七月下旬山水骤发	《清代黄河流域洪涝档案史料》，第327页
1785	乾隆五十年	七月	富平	山水骤发	光绪《富平县志稿》
1785	乾隆五十年		朝邑 洋县 葭州 府谷 神木	今岁朝邑、洋县、葭州、府谷、神木并所属之柏林堡，各城垣均有被雨水冲塌处，俱系应补修之工	《清代长江流域西南国际河流洪涝档案史料》，第474页
1785	乾隆五十年	八月	府谷	榆林府属府谷县城垣于乾隆十一年动项兴修，至五十年八月内，因秋雨连绵坍塌四段	《清代黄河流域洪涝档案史料》，第331页
1785	乾隆五十年	七月十八	朝邑	黄河异涨	《清代黄河流域洪涝档案史料》，第332页
1785	乾隆五十年	七月十一	富平	该县北乡上河等堡，于七月十一日夜，山水陡发，田禾人口间有被冲	《清代黄河流域洪涝档案史料》，第332页
1785	乾隆五十年	七月十八	华阴	黄河骤涨，倒漾入渭，渭水漫溢	《清代黄河流域洪涝档案史料》，第333页
1786	乾隆五十一年		永寿	东北乡雨雹	乾隆《永寿县新志》
1787	乾隆五十二年	六月	华县	阴雨连绵	光绪《三续华州志》
1787	乾隆五十二年	三月	山阳	大雨倾盆	嘉庆《山阳县志》
1787	乾隆五十二年		周至	霖雨	民国《周至县志》

公元	历史年	日期	地点	记录	文献
1787	乾隆五十二年	六月	华阴	阴雨连绵	乾隆《华阴县志》
1789	乾隆五十四年		略阳	大雨	嘉庆《汉南续修郡志》
1789	乾隆五十四年	六月	潼关	阴雨连旬	嘉庆《续修潼关厅志》
1793	乾隆五十八年	四月	旬阳	雨雹	光绪《洵阳县志》
1793	乾隆五十八年	四月	白河	雨雹	嘉庆《白河县志》
1795	乾隆六十年	七月	兴平	水，平地丈余	民国《重纂兴平县志》
1797	嘉庆二年		黄陵	雨雹大如卵，小如杏	嘉庆《续修中部县志》
1797	嘉庆二年		兴安 汉中	臣亲赴汉江查看，连日陡涨四丈有余，渐近堤根……又兴安、汉中两属溪河暴涨，山路多有冲刷	《清代长江流域西南国际河流洪涝档案史料》，第522页
1797	嘉庆二年	五月二十六至二十九	兴安 紫阳 汉阴 石泉 浔阳 白河 南郑 城固 西乡	臣前抵兴安察看，各色秋禾将次布种齐全，惟因晴霁稍久，农民望泽颇殷。兹府城于五月二十六、二十七、二十八、二十九等日，甘霖大沛，连宵达旦，入土十分透足。并据紫阳、汉阴、石泉、浔阳、白河及汉中府属之南郑、城固、西乡等厅县，据报得雨情形相同。……连日阴云密布，雨势甚为宽广，西同等属，自必一律普沾	《清代长江流域西南国际河流洪涝档案史料》，第522页

公元	历史年	日期	地点	记录	文献
1797	嘉庆二年	七月二十一	朝邑	午刻河水盛涨，兼之东北风大作，水势汹涌，冲开堤口，幸城门未被冲开	《清代黄河流域洪涝档案史料》，第 369 页
1797	嘉庆二年	七月十七	朝邑	亥刻河水涨溢，漫至堤根猝难消退	《清代黄河流域洪涝档案史料》，第 369 页
1798	嘉庆三年		大荔	大旱，赈玉步祷于城北，期三日大雨果应	道光《大荔县志》
1798	嘉庆三年	八月初旬至九月半	兴安汉中	兴、汉等属雨水较大缘兴安、汉中一带自八月初旬至九月半后，阴雨连绵，未免稍多，但该处多系山坡沙地，随落随渗，不致成涝	《清代长江流域西南国际河流洪涝档案史料》，第 523 页
1800	嘉庆五年		神木	雨，圮西南城墙	道光《神木县志》
1800	嘉庆五年	四月十六日	旬阳	午刻雨雹，大如卵，深尺余	道光《旬阳县志》
1800	嘉庆五年	四月十六	白河	午刻雨雹，大如鸡卵，深尺余	嘉庆《白河县志》
1800	嘉庆五年	四月	长安	夏四月，雨雹	嘉庆《长安县志》
1800	嘉庆五年		黄陵	西乡大雨雹，屋瓦俱裂	嘉庆《续修中部县志》
1800	嘉庆五年	七月	延安	河水涨发	嘉庆《重修延安府志》
1800	嘉庆五年	七月二十至二十七	陕西	据陕西布政司温承惠禀称，本年七月二十五、二十六、二十七等日，大雨如注，渭河陡涨	《清代长江流域西南国际河流洪涝档案史料》，第 527 页
1800	嘉庆五年		洵阳石泉	据洵阳、石泉等县禀报，连日雨水冲刷城垣，自十数丈至数十丈不等	《清代长江流域西南国际河流洪涝档案史料》，第 527 页

公元	历史年	日期	地点	记录	文献
1800	嘉庆五年	七月二十五、二十六、二十七	渭南 华州 华阴 潼关 朝邑 大荔 长安	据陕西布政司……禀称，本年七月二十五、二十六、二十七等日大雨如注，渭河陡涨，渭南、华州、华阴、潼关、朝邑、大荔等处，临河两岸秋禾多被淹浸，村堡民间房屋有坍塌。……其长安……等处，亦有被水冲塌房屋、伤损禾苗之处。以上各属，惟华州、渭南情形较重	《清代黄河流域洪涝档案史料》，第 377 页
1801	嘉庆六年	八月	安康	阴雨连绵	《西北灾荒史（故宫档案）》
1801	嘉庆六年	九月	汉中	阴雨连绵	《西北灾荒史（故宫档案）》
1802	嘉庆七年	八月	榆林	雨雹	道光《榆林府志》
1802	嘉庆七年	七月	定边	大雨	嘉庆《定边县志》
1802	嘉庆七年		洵阳 石泉	并据洵阳、石泉等县禀报，连日雨水冲刷城垣，自十数丈至数十丈不等	《清代长江流域西南国际河流洪涝档案史料》，第 535-536 页
1802	嘉庆七年	七月二十五至二十七	陕西	据陕西布政司……禀称，七月二十五、二十六、二十七等日，大雨如注，渭河陡涨	《清代长江流域西南国际河流洪涝档案史料》，第 536 页

公元	历史年	日期	地点	记录	文献
1802	嘉庆七年	七月	西安 同州 凤翔 汉中 兴安 商州 乾州 邠州 鄜州 沔县 宁羌 安康 石泉	兹查据西安、同州、凤翔、汉中、兴安、商州、乾州、邠州、鄜州各府禀报，七月内（8 月）得雨透足，处处皆同。……为雨水稍多之沔县、宁羌、安康、石泉等数州县，临河地亩间被冲刷，亦止一隅中之一隅，秋成略减分数，于大局并无妨碍	《清代长江流域西南国际河流洪涝档案史料》，第 536 页
1802	嘉庆七年	七月、八月	孝义	孝义厅……是以本年七、八月间，雨水过多，溪河盛涨，城垣屡被冲塌，兵民房屋亦多淹损	《清代长江流域西南国际河流洪涝档案史料》，第 536 页
1802	嘉庆七年	六月初一	长安	本月初一日栈道一带大雨连宵	《清代黄河流域洪涝档案史料》，第 384 页
1802	嘉庆七年	七月二十四、二十五、二十六、二十七	渭南 华州 华阴 潼关 朝邑 大荔	据西安属之渭南县并同州府属华阴、华州、潼关、朝邑、大荔等六厅州县禀报，七月二十四、二十五、二十六、二十七等日连日大雨滂沱，渭河骤涨，所有沿河一带秋禾多被浸淹，人口间有损伤，房屋亦有冲塌	《清代黄河流域洪涝档案史料》，第 384 页

公元	历史年	日期	地点	记录	文献
1802	嘉庆七年	八月初旬以后	西安 同州 凤翔 汉中 兴安 商州 乾州 邠州	兹查八月初旬以后，西安、同州、凤翔、汉中、兴安、商州、乾州、邠州各属连得雨泽，本已沾足。迨自十九日起，复经大雨连绵一旬，并未注点	《清代黄河流域洪涝档案史料》，第384页
1802	嘉庆七年	秋	安康	入秋以来，雨水过多	《西北灾荒史（故宫档案）》
1802	嘉庆七年	秋	汉中	入秋以来，雨水过多	《西北灾荒史（故宫档案）》
1802	嘉庆七年	八月二十七、二十八	华阴 华州 渭南	渭河复涨	《西北灾荒史（故宫档案）》
1802	嘉庆七年	秋	商洛 石泉	入秋以来，雨水过多	《西北灾荒史（故宫档案）》
1802	嘉庆七年	秋	渭南	入秋以来，雨水过多	《西北灾荒史（故宫档案）》
1802	嘉庆七年	秋	西安	入秋以来，雨水过多	《西北灾荒史（故宫档案）》
1803	嘉庆八年	七月下旬	西安	据西安……各府州属陆续禀报，……七月下旬所得雨泽甚为普遍，……惟朝邑、华阴二县，黄河、洛河水涨，附近村庄间有被淹之处，据报情形甚轻	《清代黄河流域洪涝档案史料》，第389页
1803	嘉庆八年	闰二月	宁陕	密雨连绵	《西北灾荒史（故宫档案）》

公元	历史年	日期	地点	记录	文献
1803	嘉庆八年	闰二月	镇安	密雨连绵	《西北灾荒史（故宫档案）》
1804	嘉庆九年	六月	朝邑	六月底河水陡涨，东北风大作，河身坐湾之处大溜刷塌草坝，直注堤根	《清代黄河流域洪涝档案史料》，第 403 页
1805	嘉庆十年	三月	榆林	雨雹	道光《榆林府志》
1805	嘉庆十年	八月初四	黄陵	雨雹，大如卵，厚五寸	嘉庆《续修中部县志》
1806	嘉庆十一年	秋	商南	秋，大雨伤稼	民国《商南县志》
1806	嘉庆十一年	秋	安康	秋雨连旬	民国《续修陕西通志稿》
1806	嘉庆十一年	秋	汉中	秋雨连旬	民国《续修陕西通志稿》
1806	嘉庆十一年	秋	商洛	秋雨连旬	民国《续修陕西通志稿》
1806	嘉庆十一年	三月十六	凤县	据凤县知县……禀报，三月十六日夜，大雨倾注，山水陡发，该县蒋家沟一带驿路猝被水冲，淹毙男妇大小八十五名口，冲倒房屋二百二十五间，道路桥梁间被冲断等情	《清代长江流域西南国际河流洪涝档案史料》，第 559 页
1806	嘉庆十一年	三月十六、十七	留坝凤县	留坝、凤县一带，于三月十六七日夜，因大雨倾注，山水骤发，居民不及迁避，以致人口淹毙多名，房屋多有冲塌，情殊可悯	《清代长江流域西南国际河流洪涝档案史料》，第 559 页

公元	历史年	日期	地点	记录	文献
1806	嘉庆十一年		潼关	霖雨连绵	《西北灾荒史（故宫档案）》
1808	嘉庆十三年		旬阳	雨潦	光绪《旬阳县志》
1808	嘉庆十三年	秋	汉阴	秋雨弥月	嘉庆《汉阴厅志》
1808	嘉庆十三年		凤县 镇巴 城固 凤县 勉县 南郑 宁强	山水陡发	《西北灾荒史（故宫档案）》
1809	嘉庆十四年	夏	商南	夏雨雹	民国《商南县志》
1810	嘉庆十五年		汉中	久雨城坍	道光《褒城县志》
1810	嘉庆十五年	夏	宁陕	夏，大雨，山水暴发	道光《宁陕厅志》
1810	嘉庆十五年	秋	西乡	十五、六年秋雨连绵	嘉庆《汉南续修郡志》
1810	嘉庆十五年		宁陕 南郑	宁陕、南郑等厅州县山水陡发，居民人口、房屋、地亩间被冲淹	《清代长江流域西南国际河流洪涝档案史料》，第585页
1810	嘉庆十五年	六月初九、初十、十一、十七至二十二	陕西	陕省本年自春入夏，天气亢旱，民间望泽甚殷。自六月初九、初十、十一、十七等日节次得雨……至二十一二等日，大雨滂沱，连宵达旦，……而南山一带，山高河窄，宣泄不及，致成偏灾	《清代长江流域西南国际河流洪涝档案史料》，第585页
1810	嘉庆十五年	八月初九至十四	留坝	汉中府属之留坝厅，因八月初九日至十四等日，连日阴雨，山水涨发，沿河水旱田地及衙署、兵房均有冲塌	《清代长江流域西南国际河流洪涝档案史料》，第586页

公元	历史年	日期	地点	记录	文献
1810	嘉庆十五年	八月	延安 榆林 绥德	陕省……惟北边之延安、榆林、绥德所属，地外边陲，气候较为寒冷，八月望后阴雨连绵，以致秋禾受伤，间有被雹处所，收成未免歉薄	《清代黄河流域洪涝档案史料》，第435页
1810	嘉庆十五年	七月、八月		七、八月雨水本以深透，今又续得透雨	《清代奏章汇编——农业·环境》，第365页
1810	嘉庆十五年	六月二十一、二十二	陕南	大雨滂沱连宵	《西北灾荒史（故宫档案）》
1811	嘉庆十六年	七月	略阳	大雨连绵	嘉庆《汉南续修郡志》
1811	嘉庆十六年	六月、七月	大荔 宁羌 南郑 略阳 凤县 定远 沔县 略阳	陕西省大荔等七厅州县，因六、七月雨水过多，均有被水冲淹之处。……再，宁羌、南郑、略阳、凤县四州县，被水冲塌城垣、塘汛、号舍，定远、沔县、略阳……等营兵房、城垣、地亩间有冲坍，现在委员查办	《清代长江流域西南国际河流洪涝档案史料》，第591页
1811	嘉庆十六年	九月	汉中	上年（1811年）十月内臣赴汉中一带验收城工……因九月内连雨十余日，颗粒未能饱满	《清代长江流域西南国际河流洪涝档案史料》，第591页

公元	历史年	日期	地点	记录	文献
1811	嘉庆十六年	六月初十	朝邑	渭、洛黄三河同时水涨，冲淹村庄房屋，淹毙人口、秋禾等情	《清代黄河流域洪涝档案史料》，第440页
1811	嘉庆十六年	六月初三、初九、初十、十一、十二、二十七，七月初二至初六	大荔 凤翔 汉阴 潼关 华州 华阴 渭南	本年雨水沾足，凡滨临河、渭、汉江及栈道，均有被水冲淹处所。兹据大荔、凤翔、汉阴、潼关、华州、华阴、渭南等七州县具报，于六月初三、初九、初十、十一、十二、二十七并七月初二至初五、初六等日，均有被水冲淹秋地、营田及房屋、人畜之处	《清代黄河流域洪涝档案史料》，第440页
1811	嘉庆十六年	六月、七月	大荔	陕省大荔等七厅州县，因六、七月雨水过多，均有被水冲淹之处，并神木、府谷二县秋禾种迟不能长发	《清代黄河流域洪涝档案史料》，第441页
1811	嘉庆十六年	六月二十五	府谷 神木	上年收成歉薄，本年于六月二十五日得雨	《清代黄河流域洪涝档案史料》，第441页
1811	嘉庆十六年	六月初十、二十一、二十二	宁陕 镇安 柞水	被雨	《西北灾荒史（故宫档案）》
1812	嘉庆十七年	七月	葭州	雨雹	道光《榆林府志》
1812	嘉庆十七年	七月	榆林	雨雹	道光《榆林府志》
1813	嘉庆十八年	六月	横山	榆林、怀远雨雹	道光《榆林府志》

公元	历史年	日期	地点	记录	文献
1813	嘉庆十八年		大荔	九月地震，值大雨河溢	民国《澄城县续志》
1813	嘉庆十八年	七月三十	华县	构峪水暴涨	民国《华县县志稿》
1813	嘉庆十八年	秋	潼关	陕西潼关等五厅州县，因秋雨过多，渭河泛滥	《清代黄河流域洪涝档案史料》，第453页
1813	嘉庆十八年	八月、九月	永寿	八、九两月大雨连绵	《清代黄河流域洪涝档案史料》，第453页
1813	嘉庆十八年	八月、九月		八、九月内阴雨浃旬	《清代奏章汇编——农业·环境》，第378页
1813	嘉庆十八年	秋	大荔	秋雨过多	《西北灾荒史（故宫档案）》
1813	嘉庆十八年	秋	华县	秋雨过多	《西北灾荒史（故宫档案）》
1813	嘉庆十八年	秋	华阴	秋雨过多	《西北灾荒史（故宫档案）》
1813	嘉庆十八年	七月	渭南	秋雨过多	《中国气象灾害大典·陕西卷》，第54页
1814	嘉庆十九年	秋	镇安	秋，淫	《中国地震资料年表》
1814	嘉庆十九年	七月	怀远	雨雹	道光《榆林府志》
1814	嘉庆十九年	五月	榆林	雨雹	道光《榆林府志》
1814	嘉庆十九年	秋	柞水	秋，淫	光绪九年《孝义厅志》
1814	嘉庆十九年	秋	汉阴	夏旱秋淫	嘉庆《汉阴厅志》
1814	嘉庆十九年	七月	横山	怀远雨雹	民国《横山县志》

公元	历史年	日期	地点	记录	文献
1814	嘉庆十九年	七月下旬	潼关 华州 华阴	同州府属之潼关、华州、华阴等三厅州县西北乡一带……本年因七月下旬，秋雨连绵，南山各峪水发该厅州县北乡一带，沿河地亩秋禾被淹	《清代黄河流域洪涝档案史料》，第459页
1815	嘉庆二十年	七月	华阴	秋七月，潼河大涨	嘉庆《续修潼关厅志》
1815	嘉庆二十年	六月	城固	城固等九厅州县，本年六月内雨水稍多，以致山河水发，民房地亩营田间被冲淹，城垣、衙署、兵房等项，亦有被雨淋塌	《清代长江流域西南国际河流洪涝档案史料》，第608页
1815	嘉庆二十年	秋	留坝	汉中府属之留坝厅，……嗣于二十年（1815年）秋间，因阴雨淋漓，山水陡发，冲塌城身十九丈五尺，裂缝二十六丈一尺	《清代长江流域西南国际河流洪涝档案史料》，第629页
1815	嘉庆二十年	八月	潼关	因八月内阴雨连绵，河水涨发，秋禾间有被淹，收成不无歉薄	《清代黄河流域洪涝档案史料》，第462页
1816	嘉庆二十一年	六月	府谷	神木、府谷雨雹	道光《榆林府志》
1816	嘉庆二十一年	六月	神木	神木、府谷雨雹	道光《榆林府志》
1816	嘉庆二十一年		镇巴	大雨雹	光绪《定远厅志》

公元	历史年	日期	地点	记录	文献
1816	嘉庆二十一年	六月初十	宁羌	据汉中府属宁羌州禀报，六月初十日大雨骤急，山水陡发，州城并滴水铺等一十五处，低洼田禾、房屋被水冲塌、间有淹毙人口	《清代长江流域西南国际河流洪涝档案史料》，第 614 页
1816	嘉庆二十一年	六月初九	商南	接据商州属之商南县禀称，六月初九日雷雨交作，该县马蹄店山沟溪水涨发，冲塌瓦草房屋七十一间，淹毙冲失男妇大小二十六口，田禾未伤，盖藏骤失，未免拮据	《清代长江流域西南国际河流洪涝档案史料》，第 614 页
1816	嘉庆二十一年		商南 宁羌	上谕：朱勋奏，南北山被水、被雹州县分别勘办一摺，本年陕省南北山州县，春麦有收，……惟商南县、宁羌州，山水陡发，冲塌房屋	《清代长江流域西南国际河流洪涝档案史料》，第 615 页
1816	嘉庆二十一年	六月初十	宁羌	大雨骤急，山水陡发，州城并滴水铺等一十五处低洼田禾，房屋被水冲塌	《清代奏章汇编——农业·环境》，第 386 页
1816	嘉庆二十一年	六月十四	绥德	雷雨骤作	《清代奏章汇编——农业·环境》，第 387 页

公元	历史年	日期	地点	记录	文献
1816	嘉庆二十一年	闰六月二十二	永寿	雷雨夹有冰雹	《清代奏章汇编——农业·环境》，第387页
1817	嘉庆二十二年	七月二十五至二十七	安康 洵阳 紫阳 白河	兴安府属安康、洵阳、紫阳、白河等县先后禀报，七月二十五六七等日因阴雨连绵，山水陡发，汉江漫溢，沿江河街店铺居民房屋，间有倒塌，秋禾被淹无多，旋即涸出，不致成灾	《清代长江流域西南国际河流洪涝档案史料》，第622页
1817	嘉庆二十二年	秋	安康	兴安府属之安康为附郭首邑，旧有城垣滨临汉江，屡遭水患。……迨上年（1816年）因秋雨过多，江水涨发，浸及城根，蛰裂下陷多有坍卸	《清代长江流域西南国际河流洪涝档案史料》，第629页
1818	嘉庆二十三年	八月、九月	咸宁	咸宁县属之八马村地方，滨临灞河，因八、九月内，雨水稍多，灞河水涨，该处地亩间被淹浸	《清代黄河流域洪涝档案史料》，第476页
1818	嘉庆二十三年	三月	绥德 榆林	三月间得有透雨	《清代奏章汇编——农业·环境》，第393页
1818	嘉庆二十三年	八月		各属八月内得雨，自一寸至三寸及深透不等	《清代奏章汇编——农业·环境》，第395页

公元	历史年	日期	地点	记录	文献
1818	嘉庆二十三年	八月		南山阴雨过多	《清代奏章汇编——农业·环境》，第396页
1818	嘉庆二十三年	八月、九月	西安	雨水较多	《西北灾荒史（故宫档案）》
1819	嘉庆二十四年	八月	千阳	大雨，河水暴涨	道光《重修汧阳县志》
1819	嘉庆二十四年	秋	华县	秋雨四十一日	光绪《三续华州志》
1819	嘉庆二十四年	八月	长安	淫雨四十一日	民国《咸宁长安两县续志》
1819	嘉庆二十四年	八月	安康	霖雨伤稼	民国《续修兴安府志》
1819	嘉庆二十四年	八月、九月	陕西	自八月阴雨四十一日	民国《续修陕西通志稿》
1819	嘉庆二十四年	六月	略阳留坝	略阳、留坝等厅县，本年六月初间，因雨水稍多，山河水发，民间地亩间被冲淹	《清代长江流域西南国际河流洪涝档案史料》，第633页
1819	嘉庆二十四年		褒城	汉中府属之褒城县具报，阴雨连绵，乌龙江水泛滥，冲去民房二百余间，沿江秋禾亦多被淹	《清代长江流域西南国际河流洪涝档案史料》，第634页
1819	嘉庆二十四年	六月初一、初二	留坝宁羌	汉中府所属留坝厅之庙台子、宁羌州之阳平关等处，于六月初一、初二日亦间被水漫，民房地亩，俱有冲刷	《清代长江流域西南国际河流洪涝档案史料》，第634页

公元	历史年	日期	地点	记录	文献
1819	嘉庆二十四年	五月下旬至六月初	略阳	汉中府属之略阳县，因五月下旬至六月初间，阴雨连绵，江水涨发，冲坍城垣二处，水漫入城，浸塌民房，淹毙人口，兵房衙署均有倒塌，沿河地亩，亦间有冲刷	《清代长江流域西南国际河流洪涝档案史料》，第 634 页
1819	嘉庆二十四年	七月二十二至八月初六	陕西	陕省自七月二十二日至八月初六日，大雨连续，昼夜不停，黄、渭、泾、洛各河同时涨发，宣泄不及	《清代黄河流域洪涝档案史料》，第 487 页
1819	嘉庆二十四年	七月、八月	潼关 华州 华阴 朝邑 大荔	同州府属之潼关、华州、华阴、朝邑、大荔等五厅州县，因七、八月内大雨连绵，黄、泾、渭、洛各河，同时涨发，宣泄不及，附近村庄多有被水淹浸	《清代黄河流域洪涝档案史料》，第 487 页
1819	嘉庆二十四年	七月、八月	朝邑 大荔 华阴 华州 潼关	七、八月内大雨连绵	《清代奏章汇编——农业·环境》，第 400 页
1819	嘉庆二十四年		勉县	阴雨连绵	《西北灾荒史（故宫档案）》
1819	嘉庆二十四年	七月二十二至三十八月初一至初六	渭南地区南部	大雨连绵	《西北灾荒史（故宫档案）》

公元	历史年	日期	地点	记录	文献
1819	嘉庆二十四年	秋	榆林	秋雨连绵，山水猛发	《西北灾荒史（故宫档案）》
1820	嘉庆二十五年		横山	夏淫雨	民国《横山县志》
1820	嘉庆二十五年	六月初十	西乡	据西乡县禀报，该都司衙署兵房，系在东关外土堡内建盖，六月初十日戌刻雷雨大作，山水猛发，猝不及防	《清代长江流域西南国际河流洪涝档案史料》，第 638 页
1821	道光元年	六月	榆林	雨雹	道光《榆林府志》
1821	道光元年	七月	富县	洛河暴涨	民国《续修陕西通志稿》
1821	道光元年	六月十二	鄜州	该州滨临洛河，六月十二日戌刻河水陡发，将北门土城冲塌二十余丈，水势汹涌，直灌入城	《清代黄河流域洪涝档案史料》，第 521 页
1821	道光元年	六月十八、十九	长安 蓝田	据长安、蓝田等县禀报，该县附近南山地方，因六月十八、十九等日，连日大雨，山水陡发，沿河秋禾地亩被冲淹	《清代黄河流域洪涝档案史料》，第 522 页
1821	道光元年	六月十八	白河	山水陡发	《西北灾荒史（故宫档案）》
1821	道光元年	六月十八、十九	长安	连日大雨	《西北灾荒史（故宫档案）》
1821	道光元年	六月十八、十九	蓝田	连日大雨	《西北灾荒史（故宫档案）》

公元	历史年	日期	地点	记录	文献
1821	道光元年		富县	洛河暴涨	《中国气象灾害大典·陕西卷》，第54页
1822	道光二年		铜川	雨雹	民国《同官县志》
1822	道光二年	八月	陕西	陕省八月内阴雨连绵，恐南山包谷青空，粮价昂贵	《清代黄河流域洪涝档案史料》，第530页
1822	道光二年	七月二十八	西安	西安省城自七月二十八日以后，阴雨连绵十余日，未见开霁	《清代黄河流域洪涝档案史料》，第530页
1823	道光三年	七月初二	周至	雷雨大作，山水陡发，由该县辛口等峪迸涌而出，附近居民被冲房地、淹毙人口	《清代黄河流域洪涝档案史料》，第541页
1824	道光四年	闰七月中旬	洋县略阳	陕省各属……自闰七月中旬以后，省城阴雨不时，……各属据禀大略相同。……嗣于八月初旬一律开霁。……惟汉中府属之沔县瀕河村庄据报被水，洋县、略阳县低洼处所亦间有水淹之处	《清代长江流域西南国际河流洪涝档案史料》，第639页
1824	道光四年	七月十八	洛南	该县刘家湾等处，村庄依山滨河，七月十八日夜山水暴发，伤毙人口、冲塌庐舍	《清代黄河流域洪涝档案史料》，第546页
1824	道光四年		略阳	秋雨淋漓日久	《西北灾荒史（故宫档案）》

公元	历史年	日期	地点	记录	文献
1824	道光四年	秋	勉县	秋雨淋漓日久	《西北灾荒史（故宫档案）》
1824	道光四年		宁羌	秋雨淋漓日久	《西北灾荒史（故宫档案）》
1824	道光四年	秋	西乡	秋雨淋漓日久	《西北灾荒史（故宫档案）》
1824	道光四年	秋	镇安	秋雨淋漓日久	《西北灾荒史（故宫档案）》
1825	道光五年		清涧	四洲县雨雹	道光《榆林府志》
1825	道光五年	七月至八月	榆林	雨雹	道光《榆林府志》
1825	道光五年	六月	府谷	雨雹	民国《府谷县志》
1825	道光五年	六月	横山	怀远雨雹	民国《横山县志》
1825	道光五年		神木	雨雹	民国《神木县乡土志》
1826	道光六年	三月三十日	华阴	晚大雨雹，如鸡子	民国《华阴县续志》
1826	道光六年	三月三十	澄城	晚雨雹，大如鸡子	咸丰《澄城县志》
1827	道光七年	六月下旬	略阳	接据略阳县知县……禀报，该县自六月下旬阴雨连绵，至二十七日忽起大风，暴雨如注	《清代长江流域西南国际河流洪涝档案史料》，第 688 页
1827	道光七年		略阳	兹查，汉中府属之略阳一县，与甘肃、四川接壤，前于道光七年（1827 年）因江水骤发，将该县城池、衙署一并冲塌	《清代长江流域西南国际河流洪涝档案史料》，第 688 页

公元	历史年	日期	地点	记录	文献
1827	道光七年	夏	陕西	陕省入夏以来各属秋禾杂粮一律条畅，惟当大雨时行之际，近山滨河村庄，或因暴雨猛注，或因山水骤发，间有被冲处所	《清代长江流域西南国际河流洪涝档案史料》，第 692 页
1827	道光七年	七月	略阳	大雨连绵，嘉陵江水势猛涨	《中国气象灾害大典·陕西卷》，第 54 页
1828	道光八年	秋	大荔	将立秋忽雨	道光《大荔县志》
1828	道光八年	七月	神木	雨雹	道光《榆林府志》
1828	道光八年	秋	华阴	将立秋忽雨	民国《华阴县续志》
1829	道光九年	八月	华县	大雨如注	民国《续修陕西通志稿》
1829	道光九年	五月二十五	宝鸡	宝鸡县境内，五月二十五日，大雨如注	《清代黄河流域洪涝档案史料》，第 571 页
1830	道光十年	四月十二	宁羌	宁羌州七道水两河口地方，四月十二日夜大雨如注，山水陡发，淹毙男妇大小三十二口，冲塌草房四十九间	《清代长江流域西南国际河流洪涝档案史料》，第 710 页
1830	道光十年	五月十一	凤翔	凤翔县陈村镇地方，五月十一日大雨骤至，沟水陡发，冲塌民房一百余间，并未淹毙人口	《清代黄河流域洪涝档案史料》，第 575 页
1830	道光十年	五月初九	扶风	扶风县五月初九日大雨，浸塌县署大堂及署内房屋，并冲塌民窑四百四孔、夏房一百八十余间，淹毙男女大小二十九口	《清代黄河流域洪涝档案史料》，第 575 页
1830	道光十年	六月十三	岚皋	天降大雨，山水陡发	《西北灾荒史（故宫档案）》

公元	历史年	日期	地点	记录	文献
1831	道光十一年	六月	佳县	葭州雨雹	道光《榆林府志》
1831	道光十一年	七月	乾县	大雷电，风雨助之	光绪《乾州志稿》
1831	道光十一年	六月十五	宝鸡	据宝鸡县知县……具禀，该县大韩等四村庄，于六月十五日天降大雨，村北一带地势低洼，被水冲塌瓦房一千四百一十间半、土窑九十四孔，淹毙男女大小二名口	《清代黄河流域洪涝档案史料》，第 578 页
1831	道光十一年		砖坪 平利 乾州 孝义 镇安	砖坪、平利、乾州、孝义、镇安五厅州县亦先后禀报，近山滨河村庄，或因暴雨猛注，或因山水陡发，间有冲塌庐舍、淤塞田垢。……惟乾州、孝义、镇安等处淹毙人口二三十名不等	《清代黄河流域洪涝档案史料》，第 578 页
1831	道光十一年	七月	礼泉 洛南	醴泉县属之胡家寨等十村庄，及雒南县所属禹坪堡，于七月内，各因山水陡发，间被冲塌房窑、淤塞地亩、淹毙人口	《清代黄河流域洪涝档案史料》，第 579 页
1831	道光十一年		岚皋	或有暴雨猛注，或有山水陡发	《西北灾荒史（故宫档案）》
1831	道光十一年		平利	或有暴雨猛注，或有山水陡发	《西北灾荒史（故宫档案）》
1831	道光十一年		柞水	或有暴雨猛注，或有山水陡发	《西北灾荒史（故宫档案）》

公元	历史年	日期	地点	记录	文献
1832	道光十二年		镇巴	孝义厅淫雨两月	《清史稿》(赵尔巽等)
1832	道光十二年	七月	佳县	葭州雨雹	道光《榆林府志》
1832	道光十二年	夏秋	紫阳	夏秋阴雨过多	道光《紫阳县志》
1832	道光十二年	六月	镇巴	淫雨月余	光绪《定远厅志》
1832	道光十二年	夏秋	平利	夏秋淫雨	《汉江干流及主要支流洪水调查资料汇编》
1832	道光十二年	夏秋	石泉	夏秋阴雨	《汉江干流及主要支流洪水调查资料汇编》
1832	道光十二年		旬阳	雨潦	《汉江干流及主要支流洪水调查资料汇编》
1832	道光十二年	秋	西乡	秋，大雨浃旬	民国《西乡县志》
1832	道光十二年	八月初八至十二	安康	安康县知县……禀报，该府城垣东、西、北三面逼近汉江，自八月初八日至十二日大雨如注，江水泛溢	《清代长江流域西南国际河流洪涝档案史料》，第751页
1832	道光十二年	八月初旬、十四	兴安	兴安府于八月初旬起大雨如注，江河并涨，……至十四日三更，忽闻城外水声如雷	《清代长江流域西南国际河流洪涝档案史料》，第755页
1832	道光十二年	七月	紫阳平利	再前据紫阳、平利等县禀报，于七月内河水猛涨，冲塌民房，淹损人口，均已捐廉抚恤。……兴安府城猝遭水患	《清代长江流域西南国际河流洪涝档案史料》，第755页

公元	历史年	日期	地点	记录	文献
1832	道光十二年	秋		本年秋雨透足	《清代奏章汇编——农业·环境》，第436页
1832	道光十二年	夏秋	汉阴	夏秋，阴雨	《中国气象灾害大典·陕西卷》，第55页
1833	道光十三年	六月	葭州	雨雹	道光《榆林府志》
1833	道光十三年	五月、六月	榆林	雨雹	道光《榆林府志》
1833	道光十三年	正月至九月	紫阳	雨甚，自正月至九月共晴三十三日，其余非阴则雨	道光《紫阳县志》
1833	道光十三年	夏	镇巴	夏复淫雨	光绪《定远厅志》
1833	道光十三年		旬阳	雨潦	光绪《旬阳县志》
1833	道光十三年		洋县	霖淫	民国《洋县乡土志》
1834	道光十四年	六月	佳县	葭州雨雹	道光《榆林府志》
1834	道光十四年	四月初三	三原	雨雹	光绪《三原县新志》
1834	道光十四年	秋	柞水	秋淫，大水	光绪《孝义厅志》
1834	道光十四年	四月初三	渭南	高庙一带大雨雹	光绪《新续渭南县志》
1834	道光十四年	七月二十	宁陕	据宁陕厅同知禀报，该厅所管之江口地方，于七月二十日晚山水陡发，居民房地均系依山傍河，以致猝被冲塌房屋二十五家，伤人六十余名口，业已捐资安抚，并不成灾等情	《清代长江流域西南国际河流洪涝档案史料》，第776页
1835	道光十五年	七月初二	蓝田	天降狂雨	道光《蓝田县志》

公元	历史年	日期	地点	记录	文献
1835	道光十五年	七月	府谷 佳县 神木	葭州，神木，府谷雨雹	道光《榆林府志》
1835	道光十五年	六月	镇巴	淫雨	光绪《定远厅志》
1835	道光十五年	五月二十七至六月初六	洋县	五月二十七日雨，至六月初六日方止	光绪《洋县志》
1835	道光十五年	六月	蓝田	山水陡发	民国《续修蓝田县志》
1835	道光十五年	五月二十六至六月初九	汉中 兴安	陕省南山汉中、兴安等府所属各厅州县，于本年五月二十六七至六月初八九等日阴雨连绵，江水泛涨，冲塌居民田庐，淹损人口	《清代长江流域西南国际河流洪涝档案史料》，第785页
1835	道光十五年	五月、六月	沔县	再查，汉中府属之沔县，于五六月间被水冲伤房地人口	《清代长江流域西南国际河流洪涝档案史料》，第786页
1835	道光十五年	七月	西安 白河 平利 安康 西乡 榆林	省城附近一带，自七月中旬以后，阴雨较多，遂据各属禀报，大略相同。……惟白河、平利、安康、西乡、榆林等县，间有被水、被雹地方	《清代长江流域西南国际河流洪涝档案史料》，第787页
1835	道光十五年		西乡	又西乡县城南临木马河，由四川巴山诸水总汇，其东北门外又有五道堰渠逼近城根，连日大雨，河渠同涨，冲缺城垣二百余丈	《清代长江流域西南国际河流洪涝档案史料》，第787页

公元	历史年	日期	地点	记录	文献
1835	道光十五年	闰六月二十二	蓝田	蓝田县七盘坡贺家山等二十八村庄，于闰六月二十二日，夜半起蛟，大雨如注，灞河陡发，冲伤房地、淹损人口	《清代黄河流域洪涝档案史料》，第 593 页
1836	道光十六年	七月	府谷	四洲县雨雹	道光《榆林府志》
1836	道光十六年	六月	佳县	葭州雨雹	道光《榆林府志》
1836	道光十六年	七月	葭州	四洲县雨雹	道光《榆林府志》
1836	道光十六年	七月	神木	四洲县雨雹	道光《榆林府志》
1836	道光十六年	七月	榆林	四洲县雨雹	道光《榆林府志》
1836	道光十六年		富平	雨雹	光绪《富平县志稿》
1836	道光十六年		孝义蓝田	孝义、蓝田两厅县，间有被雹、被水之区	《清代黄河流域洪涝档案史料》，第 601 页
1837	道光十七年	七月	葭州	雨雹	道光《榆林府志》
1837	道光十七年	六月、七月	神木	雨雹	道光《榆林府志》
1837	道光十七年	六月二十二	紫阳	申刻，大风雨雷电	道光《紫阳县志》
1837	道光十七年	三月十二	长安	雨雪	民国《咸宁长安两县续志》
1837	道光十七年	三月十一	澄城	晚始雨	咸丰《澄城县志》
1837	道光十七年	八月三十	澄城	始雨	咸丰《澄城县志》
1838	道光十八年	六月	府谷	雨雹	道光《榆林府志》
1838	道光十八年	六月	怀远	雨雹	道光《榆林府志》
1838	道光十八年	六月	葭州	雨雹	道光《榆林府志》
1838	道光十八年	夏	榆林	夏大雨十日	道光《榆林府志》
1838	道光十八年	夏秋	华县	夏大雨十八日	光绪《三续华州志》
1838	道光十八年	秋	华县	秋大雨	光绪《三续华州志》

公元	历史年	日期	地点	记录	文献
1838	道光十八年	夏	长安	夏大雨十日	民国《咸宁长安两县续志》
1838	道光十八年	夏	陕西	夏，大雨十日	民国《续修陕西通志稿》
1838	道光十八年	秋	陕西	秋，大雨	民国《续修陕西通志稿》
1838	道光十八年	秋	长安	秋，大雨	民国《咸宁长安两县续志》
1838	道光十八年	夏	西安	夏，大雨十日	民国《咸宁长安两县续志》
1838	道光十八年	秋	西安	秋，大雨	民国《咸宁长安两县续志》
1838	道光十八年	六月	榆林	榆林等府州属，前于六月内，间有被雹，被水之处	《清代黄河流域洪涝档案史料》，第608页
1838	道光十八年	六月、七月	潼关 鄜州 中部 宜君 洛川 朝邑 凤县 肤施 延川 安塞 保安 蒲城 白水 吴堡 靖边 怀远	潼关、鄜州、中部、宜君、洛川、朝邑、凤县、肤施、延川、安塞、保安、蒲城、白水、吴堡、靖边、怀远等厅州县，各于六七月间被雹、被水	《清代黄河流域洪涝档案史料》，第609页

公元	历史年	日期	地点	记录	文献
1839	道光十九年	四月至六月	佳县	葭州雨雹	道光《榆林府志》
1839	道光十九年	六月	神木	雨雹	道光《榆林府志》
1839	道光十九年	六月二十五、二十六、二十八、二十九，七月初一、初二、初三、初四	潼关 华州 华阴 朝邑 大荔 渭南 临潼	窃照潼关、华州、华阴、朝邑、大荔、渭南、临潼等厅州县，于本年六月二十五、二十六、二十八九及七月初一、初二、初三、初四等日，大雨如注，洛渭二河同时泛涨，宣泄不及，以致沿河村庄秋禾、房屋间被漫淹	《清代黄河流域洪涝档案史料》，第 612 页
1840	道光二十年	八月	府谷	雨雹	道光《榆林府志》
1840	道光二十年	八月	怀远	雨雹	道光《榆林府志》
1840	道光二十年	八月	葭州	雨雹	道光《榆林府志》
1840	道光二十年	六月、八月	神木	雨雹	道光《榆林府志》
1840	道光二十年	八月	榆林	雨雹	道光《榆林府志》
1840	道光二十年	七月	略阳	淫雨连旬	道光《重修略阳县志》
1840	道光二十年	八月	千阳	暴雨特甚	道光《重修汧阳县志》
1840	道光二十年	九月	千阳	连日大雨	道光《重修汧阳县志》
1840	道光二十年	八月十七至十九	洋县	大雨	光绪《洋县志》
1840	道光二十年		铜川	雨雹	民国《同官县志》
1841	道光二十一年	七月	葭州	重雨雹	道光《榆林府志》
1841	道光二十一年	七月初四	葭州	雨雹	道光《榆林府志》

公元	历史年	日期	地点	记录	文献
1841	道光二十一年	七月十二	葭州	雨雹	道光《榆林府志》
1841	道光二十一年	正月三十日	镇巴	雨雹	光绪《定远厅志》
1841	道光二十一年	六月初十、十四、十五	临潼 渭南 高陵 潼关 华阴 朝邑 大荔 华州	西安府属之临潼、渭南、高陵，同政府属之潼关、华阴、朝邑、大荔、华州，八厅州县于本年六月初十、十四、十五等日，泾、渭、黄、洛各河，日夜泛涨，宣泄不及，以致沿河村庄房屋、地亩被淹	《清代黄河流域洪涝档案史料》，第624页
1842	道光二十二年	夏	华县	夏，连雨四十余日	光绪《三续华州志》
1842	道光二十二年		洋县	大雨水	民国《洋县乡土志》
1843	道光二十三年	七月二十五日	子长	雹雨大作	道光《安定县志》
1843	道光二十三年	五月	富平	阴雨五十余日	光绪《富平县志稿》
1843	道光二十三年	五月二十二	柞水	雨雹	光绪《孝义厅志》
1843	道光二十三年	六月二十九至七月初三	洋县	六月二十九日雨，至七月初三水大涨	光绪《洋县志》
1843	道光二十三年	秋	定边	秋大雨，水深数尺	民国《续修陕西通志稿》

公元	历史年	日期	地点	记录	文献
1843	道光二十三年	六月、七月	孝义 南郑 略阳 西乡 城固 沔县 褒城 洋县	陕省本年六七月间连值大雨，山水骤发，致滨临汉江及沿河各州县，间有冲塌漫溢兼被雹伤之处，……勘得孝义……南郑、略阳、西乡、城固等州县被水、被雹较轻，略有淹浸损伤，……惟沔县、褒城、洋县三处被水情形较重	《清代长江流域西南国际河流洪涝档案史料》，第 854 页
1843	道光二十三年	六月十四、十五、十八、十九、二十、二十一、二十二、二十六、二十九，七月初一、初二	西安 凤翔 汉中 榆林 同州 兴安 商州 邠州 乾州 鄜州 绥德	兹据西安、凤翔、汉中、榆林、同州、兴安、商州、邠州、乾州、鄜州、绥德等府州属陆续具报，于六月十四、十五、十八、十九、二十并二十一二、二十六、二十九及七月初一、初二等日，先后得雨二寸至深透不等	《清代黄河流域洪涝档案史料》，第 632 页
1844	道光二十四年	五月二十一	榆中	酉刻，烈风雷雨二时许	道光《金县志》
1844	道光二十四年	夏	渭南	夏，淫雨四十日	光绪《新续渭南县志》
1844	道光二十四年	三月二十四	宝鸡	雨雹，大如拳	民国《宝鸡县志》
1844	道光二十四年	夏秋	华阴	夏秋，大雨四十余日	民国《华阴县续志》

公元	历史年	日期	地点	记录	文献
1844	道光二十四年	夏	长安	夏，淫雨四十余日	民国《咸宁长安两县续志》
1844	道光二十四年	夏	陕西	夏，淫雨四十余日	民国《续修陕西通志稿》
1845	道光二十五年	三月十五	富平	雨雹	光绪《富平县志稿》
1846	道光二十六年	秋	大荔	秋冬不雨，次年二月始雨	道光《大荔县志》
1846	道光二十六年	七月	勉县	霖雨四十日	光绪《沔县新志》
1846	道光二十六年	四月	岐山	自丙午十月迄丁未四月始雨	光绪《岐山县志》
1847	道光二十七年	秋	安康	兴安府属之安康县，本年秋雨过多，淹塌民房，包谷青空	《清代长江流域西南国际河流洪涝档案史料》，第861页
1847	道光二十七年	二月十四	邠州 凤翔 鄜州 乾州 同州 西安	二月十四日等日得雨	《清代奏章汇编——农业·环境》，第469页
1847	道光二十七年	八月初三至是月二十五	安康	初三日阴雨起，至是月二十五日雨止	《西北灾荒史（故宫档案）》
1849	道光二十九年	七月二十九	三原	秋，夜大雨	光绪《三原县新志》
1849	道光二十九年	八月十五	渭南	凄风苦雨	光绪《新续渭南县志》

公元	历史年	日期	地点	记录	文献
1849	道光二十九年	六月二十四	佛坪 富平 高陵 华阴 华州 礼泉 临潼 留坝 略阳 沔县 三原 潼关 咸宁	大雨如注，山水河涨	《清代奏章汇编——农业·环境》，第 474 页
1851	咸丰元年	春夏	大荔	春夏多淫雨	道光《大荔县续志》
1851	咸丰元年	七月十二	武功	南乡、胡家、新庄天方雨，忽平地水涌	光绪《武功县续志》
1851	咸丰元年	秋	洋县	秋，霖雨连绵	光绪《洋县志》
1851	咸丰元年		略阳	大雨连旬	《汉江干流及主要支流洪水调查资料汇编》
1851	咸丰元年	六月、七月	长安	据长安县禀报，上王等村，六七月间暴雨数次，山水陡发，冲淹地亩	《清代黄河流域洪涝档案史料》，第 658 页
1851	咸丰元年	八月初八日至十六日	西安	省城地方，又自八月初八日得雨起，至十六日止，始而断续相间，继而大沛滂沱，连宵达旦，极为透足	《清代黄河流域洪涝档案史料》，第 658 页

公元	历史年	日期	地点	记录	文献
1851	咸丰元年	七月二十、二十一、二十二、二十三、二十四、二十六、二十九、三十，八月十一、十二、十三	延安 汉中 榆林 同州 兴安	据延安、汉中、榆林、同州、兴安等府属陆续具报，于七月二十、二十一、二十二、二十三、二十四暨二十六，又二十九、三十并八月十一、十二、十三等日，先后得雨二三寸至深透不等	《清代黄河流域洪涝档案史料》，第658页
1852	咸丰二年	秋	安康	秋，水暴发	汉江洪水痕迹调查报告
1852	咸丰二年	七月	安康	淫霖三日，大水暴涨	汉江洪水痕迹调查报告
1852	咸丰二年	七月	安康	连日大雨	刘锦藻《清朝续文献通考》
1852	咸丰二年	七月	白河 安康	秋水暴发。淫霖三日，大水暴涨	《中国气象灾害大典·陕西卷》，第55页
1853	咸丰三年	六月	华县	夏，机支山北雨雹	民国《华县县志稿》
1853	咸丰三年	秋	户县	秋，大雨水	民国《重修鄠县志》
1854	咸丰四年	七月	大荔	暴雨半日	道光《大荔县续志》卷一事征
1855	咸丰五年	三月二十三	三原	北原雨雹伤麦	光绪《三原县新志》
1855	咸丰五年	六月	横山	大雨	民国《横山县志》
1856	咸丰六年		华县	李峪水暴发	民国《华县县志稿》
1857	咸丰七年	四月二十八	蒲城	西南乡大雨雹	光绪《蒲城县新志》
1858	咸丰八年	七月	宝鸡	雨雹伤稼	民国《宝鸡县志》

公元	历史年	日期	地点	记录	文献
1858	咸丰八年	秋	西安	窃照西安省会，城东浐灞二河，各建桥座，两岸均筑有护桥堤堰，为豫、晋、陇、蜀要冲。咸丰七八等年，秋间，河水涨发，冲塌西北堤身	《清代黄河流域洪涝档案史料》，第671页
1860	咸丰十年	十月初九	渭南	鸣雷，雨雹	光绪《新续渭南县志》
1861	咸丰十年	秋		本年秋雨沾足	《清代奏章汇编——农业·环境》，第499页
1862	同治元年	闰八月十三	富平	晚，风雨大作	光绪《富平县志稿》
1862	同治元年	五月	麟游	雨雹	光绪《麟游县新志草》
1862	同治元年		华县	峪水大发	民国《陕西乡土志丛编第一集》
1862	同治元年	八月	岚皋	连雨数日	宣统《砖坪县志》
1863	同治二年	五月	大荔	夏五月多雨	道光《大荔县续志》
1863	同治二年	正月初十日	镇巴	大雨雪	光绪《定远厅志》
1863	同治二年		麟游	夏雨雹	光绪《麟游县新志草》
1863	同治二年	三月	乾县	雨雹	光绪《乾州志稿》
1863	同治二年	五月二十五	华县	秋雨四十余日	光绪《三续华州志》
1863	同治二年	四月	武功	大雨雹	光绪《武功县续志》
1863	同治二年	八月	柞水	淫雨三旬日	光绪《孝义厅志》
1863	同治二年	五月	渭南	灵阳里大雨如注	光绪《新续渭南县志》

公元	历史年	日期	地点	记录	文献
1863	同治二年		临潼	临潼大路入渭之山水太多……近日天气连阴，山河水发，穆图善等复甚属难行，……渭河陡涨，夏店、仓头二处浮桥俱被冲散	《清代黄河流域洪涝档案史料》，第679页
1863	同治二年	六月	渭南	大雨如注	《中国气象灾害大典·陕西卷》，第56页
1865	同治四年		旬阳	夏雨雹如鸡卵	光绪《洵阳县志》
1866	同治五年		铜川	雨雹	民国《同官县志》
1866	同治五年		咸阳	大雨四十余日	陕西省历代水旱记载情况
1867	同治六年	八月、九月	大荔	多淫雨	道光《大荔县续志》
1867	同治六年	八月	略阳	阴雨连绵	光绪《新续略阳县志》
1867	同治六年	八月、九月	渭南	淫雨	光绪《新续渭南县志》
1867	同治六年	秋	安康	秋，霖雨	《汉江干流及主要支流洪水调查资料汇编》
1867	同治六年	秋	宝鸡	秋，淫雨连月	民国《宝鸡县志》
1867	同治六年	七月、八月	宝鸡	淫雨	民国《宝鸡县志》
1867	同治六年	八月	洋县	霖雨四十日	民国《洋县乡土志》
1867	同治六年		安康	雨	民国《续修陕西通志稿》
1867	同治六年		汉中	雨	民国《续修陕西通志稿》

公元	历史年	日期	地点	记录	文献
1867	同治六年	八月初二、初六至十九、二十二至二十五	西安 凤翔 汉中 同州 兴安 商州 留坝	兹据西安、凤翔、汉中、同州、兴安、商州……等府州属，陆续具报于八月初二、初六、初七、初八、初九、初十至十一、十二、十三、十四、十五、十六、十七、十八、十九及二十二、二十三、二十四、二十五等日，先后得雨甚多，秋禾正当成熟之时，经此久雨，稻谷糜黍收成不无减色。且兴安江水涨发，留坝厅山水暴溢，均有冲损田庐，漂没人口之事	《清代长江流域西南国际河流洪涝档案史料》，第 937 页
1867	同治六年	六月初六、初七、二十三、二十四	榆林 同州 兴安	兹据榆林、同州、兴安三府所属各州县，陆续具报，于六月初六、初七并二十三、二十四等日先后得雨一二三寸不等，……其汉中府属之南郑、褒城等县具报，阴雨连绵，河水涨溢，冲伤沿河民庐田地，并冲伤栈道驿路等情	《清代长江流域西南国际河流洪涝档案史料》，第 937 页
1867	同治六年	八月	同官	陕西……同官县县城……同治六年八月大雨连绵，河水陡涨，四面墙身坍塌愈多	《清代黄河流域洪涝档案史料》，第 681 页

公元	历史年	日期	地点	记录	文献
1867	同治六年	八月十八	安康	秋霖雨	《中国气象灾害大典·陕西卷》，第56页
1867	同治六年	七月至八月	宝鸡	淫雨，檐滴不绝者四十日	《中国气象灾害大典·陕西卷》，第56页
1867	同治六年	秋	石泉	秋雨连绵	《中国气象灾害大典·陕西卷》，第56页
1868	同治七年	四月二十四	大荔	雨雹	道光《大荔县续志》
1868	同治七年		城固	霖雨	光绪《城固县乡土志》
1868	同治七年	五月十九日	永寿	雨雹	光绪《永寿县重修新志》
1868	同治七年	四月二十四	华阴	雨雹	民国《华阴县续志》
1868	同治七年	九月	旬邑	秋雨浃旬	同治《朝邑县志》
1869	同治八年		乾县	是年淋雨害稼	光绪《乾州志稿》
1869	同治八年	九月	华县	华州雨	光绪《同州府续志》
1869	同治八年	秋	礼泉	秋淫雨	民国《续修礼泉县志稿》
1870	同治九年	三月	华县	雨雪	光绪《三续华州志》
1871	同治十年	四月	华县	雨雹	光绪《三续华州志》
1871	同治十年	八月至十月	商南	八月雨，十月止	民国《商南县志》
1871	同治十年	七月	周至	中旬，大雨弗止	民国《周至县志》
1871	同治十年	八月中旬至九月初旬	周至	八月中旬至九月初旬，阴雨连绵	民国《周至县志》
1871	同治十年	八月	商南	雨	民国《商南县志》
1871	同治十年	七月	周至	七月中旬，大雨	《中国气象灾害大典·陕西卷》，第56页

公元	历史年	日期	地点	记录	文献
1871	同治十年	八月至九月	周至	八月中旬，至九月初间阴雨连绵，河水暴涨	《中国气象灾害大典·陕西卷》，第 56 页
1872	同治十一年	秋	华县	秋雨六十日	光绪《三续华州志》
1872	同治十一年	八月	长安	淫雨六十日	民国《咸宁长安两县续志》
1872	同治十一年	八月	陕西	阴雨六十日	民国《续修陕西通志稿》
1873	同治十二年	夏	华县	夏，连雨数十日	光绪《三续华州志》
1873	同治十二年	六月十七	洋县	大雨两日	光绪《洋县志》
1873	同治十二年	八月	西安	淫雨六十日	民国《续修陕西通志》
1873	同治十二年	六月初一至初四、初七至十一、二十	汉中 兴安 商州	据……汉中……兴安、商州……等府州属陆续具报，于六月初一、初二、初三、初四及初七、初八、初九、初十并十一、二十等日，先后得雨二、三、四、五、六寸至深透不等，……惟河水涨发，间有冲伤禾苗房屋	《清代长江流域西南国际河流洪涝档案史料》，第 955 页
1873	同治十二年	秋		陕省各属自种秋禾以来雨泽频沾	《清代奏章汇编——农业·环境》，第 527 页
1874	同治十三年	八月、九月	大荔	霖雨数十日	光绪《大荔县续志》
1874	同治十三年	秋	蒲城	秋淫雨	光绪《蒲城县新志》
1874	同治十三年	夏	华县	夏，连雨四十余日	光绪《三续华州志》
1874	同治十三年	七月十七至十九	柞水	大雨如注	光绪《孝义厅志》
1874	同治十三年	七月十六	洋县	大雨	光绪《洋县志》

公元	历史年	日期	地点	记录	文献
1874	同治十三年	六月	横山	响水堡东新开沟山水暴涨	民国《横山县志》
1874	同治十三年	八月初一至初六、十三至二十九	西安同州凤翔汉中延安榆林商州乾州邠州鄜州绥德	据西安、同州、凤翔、汉中、延安、榆林、商州、乾州、邠州、鄜州、绥德等府州所属各州县，陆续具报于八月初一、初二、初三、初四、初五、初六并十三、十四、十五、十六、十七、十八、十九及二十、二十一、二十二、二十三、二十四、二十五、二十六、二十七、二十八、二十九等日，先后得雨，俱觉稍多	《清代长江流域西南国际河流洪涝档案史料》，第958页
1874	同治十三年	八月		自八月以来阴雨连绵	《清代奏章汇编——农业·环境》，第530页
1874	同治十三年	八月	陕西	秋雨兼旬	《西北灾荒史（故宫档案）》
1874	同治十三年	九月	陕西	淫雨连绵	《西北灾荒史（故宫档案）》
1875	光绪元年		米脂	大雨雹	光绪《米脂县志》
1875	光绪元年	六月	横山	大雨雹	民国《横山县志》
1877	光绪三年		韩城	天降甘霖雨，先年八月间	《西安碑林·荒岁歌碑》
1877	光绪三年		白河	自四月微雨至四年二月二十五日始雨，雨至二十七日止	光绪《白河县志》
1877	光绪三年	六月	高陵	夏六月，大雨如注	光绪《高陵县续志》

公元	历史年	日期	地点	记录	文献
1877	光绪三年	四月	靖边	鲍家营雨雹	光绪《靖边志稿》
1877	光绪三年	四月十五	勉县	大雨雹	光绪《沔县新志》
1877	光绪三年	春	大荔	是年大旱，杪春始雨	光绪《同州府续志》
1877	光绪三年	四月	略阳	天雨冰雹	光绪《新续略阳县志》
1877	光绪三年		华阴	是年大旱，杪春始雨	民国《华阴县续志》
1877	光绪三年		西安	至四年春三月乃雨	民国《咸宁长安两县续志》
1877	光绪三年		紫阳	自五月至次年三月初二始雨	民国《重修紫阳县志》
1878	光绪四年	四月二十五至二十七	白河	自四月微雨至四年二月二十五日始雨，雨至二十七日止	光绪《白河县志》
1878	光绪四年	三月十三	大荔	癸亥始雨	光绪《大荔县续志》
1878	光绪四年	八月	大荔	杪春雨	光绪《大荔县续志》
1878	光绪四年		乾县	杪春雨	光绪《乾州志稿》
1878	光绪四年	三月	澄城	雨	光绪《同州府续志》
1878	光绪四年	八月	澄城	杪春雨	光绪《同州府续志》
1878	光绪四年	四月	旬阳	甘雨降	光绪《洵阳县志》
1878	光绪四年		永寿	杪春雨	光绪《永寿县重修新志》
1878	光绪四年	三月	宝鸡	三月半，大雨三日	民国《宝鸡县志》
1878	光绪四年	三月十一	华县	雨	民国《华县县志稿》
1878	光绪四年	三月十四	华县	大雨	民国《华县县志稿》
1878	光绪四年	三月十一	华阴	辛酉大雨	民国《华阴县续志》
1878	光绪四年	四月	华阴	大雨累日	民国《华阴县续志》
1878	光绪四年	七月二十二	蓝田	蓝田县禀报，七月二十二日天降暴雨，河水陡发，北乡张家斜、沙河两村，被冲地亩一百四十余亩，房屋间被冲塌，伤毙人丁六口	《清代黄河流域洪涝档案史料》，第693页

公元	历史年	日期	地点	记录	文献
1878	光绪四年	九月初七	大荔	淫雨十余日不止	《西北灾荒史（故宫档案）》
1878	光绪四年	九月初七	蒲城	淫雨十余日不止	《西北灾荒史（故宫档案）》
1879	光绪五年	春	大荔	春雨足	光绪《大荔县续志》
1879	光绪五年	六月		初旬得沾雨泽	《清代奏章汇编——农业·环境》，第537页
1879	光绪五年	九月		自九月以来阴雨连绵	《清代奏章汇编——农业·环境》，第537页
1880	光绪六年	四月二十一	乾县	雨雹	光绪《乾州志稿》
1880	光绪六年	四月	大荔	雨雹	光绪《同州府续志》
1880	光绪六年	五月初七	华阴	大雨雹	民国《华阴县续志》
1880	光绪六年		大荔	雨雹由西北而东南	民国《续修大荔县旧志寸稿》
1880	光绪六年	四月	礼泉	雨伤禾	民国《续修礼泉县志稿》
1880	光绪六年		镇安	商州属镇安一县据报，猝遇雹雨，山水暴发，淹毙人口，冲没房屋，轻重不一	《清代长江流域西南国际河流洪涝档案史料》，第982页
1880	光绪六年	四月二十、二十一	咸宁	咸宁县禀报，宋家围墙等村，四月二十、二十一等日，大雨时行，灞河水涨，麦禾间被冲伤，无妨民食	《清代黄河流域洪涝档案史料》，第702页
1880	光绪六年	四月二十、二十一	西安	大雨时行	《西北灾荒史（故宫档案）》

公元	历史年	日期	地点	记录	文献
1881	光绪七年	五月十三	安康	安康县禀报，五月十三日夜降暴雨，山水陡涨，将附近居民草房冲没，业由该县捐廉抚恤	《清代长江流域西南国际河流洪涝档案史料》，第988页
1881	光绪七年	四月初一	山阳	商州属之山阳县于四月初一日晚猝降暴雨，水涨甚猛，淹毙人口，冲没田庐	《清代长江流域西南国际河流洪涝档案史料》，第988页
1881	光绪七年	五月二十七至二十九	商州 鄜州	陕省本年……商州、鄜州属具报，（五月）二十七八九等日，先后得雨一二三四寸至深透不等	《清代长江流域西南国际河流洪涝档案史料》，第988页
1881	光绪七年	五月十七	高陵	陕西省各属，入夏以来雨泽沾足。西安府属之高陵县，于五月十七日大雨如注，灞河泛涨，沿河一带所种棉花、秋禾多被淹没，情形轻重不同	《清代黄河流域洪涝档案史料》，第707页
1881	光绪七年	七月十六	商南	大雨滂沱	《西北灾荒史（故宫档案）》
1882	光绪八年	四月十一	岐山	申时，尚善里雨雹	光绪《岐山县志》
1882	光绪八年	四月十一	乾县	雨雹	光绪《乾州志稿》
1882	光绪八年	四月十一	武功	大雨雹	光绪《武功县续志》
1882	光绪八年	六月十七日至九月二十七	柞水	六月十七日雨，至九月二十七日始晴	光绪《孝义厅志》
1882	光绪八年	五月	旬阳	雨雹	光绪《洵阳县志》

公元	历史年	日期	地点	记录	文献
1882	光绪八年	四月	永寿	雨雹伤麦	光绪《永寿县重修新志》
1882	光绪八年	七月	华县	秋雨连绵，渭水陡涨	民国《华县县志稿》
1882	光绪八年	四月	商南	雨雹	民国《商南县志》
1882	光绪八年	三月二十七	周至	夜半大雨	民国《周至县志》
1882	光绪八年	四月十一	周至	忽烈风迅雷雨雹	民国《周至县志》
1882	光绪八年	六月初十、十八	平利	兴安府属之平利县具报，于六月初十、十八等日大雨如注，太平河等处，秋禾被水冲伤，淹毙男女十余名，冲倒房屋二十余家	《清代长江流域西南国际河流洪涝档案史料》，第991页
1882	光绪八年		平利	平利县属细米沟、洋溪保等处，连日大雨，山涧河涨	《清代长江流域西南国际河流洪涝档案史料》，第991页
1882	光绪八年	七月	华州	同州府属华州具报，七月秋雨连绵，渭水陡涨，冲塌南岸侯坊等滩一带滨河营田租地，统计约八顷余	《清代黄河流域洪涝档案史料》，第711页
1882	光绪八年	七月初一	渭南	西安府属之渭南县具报，七月初一日，暴雨倾盆，康家等三沟沟水陡涨，冲伤各村秋禾地四顷有余	《清代黄河流域洪涝档案史料》，第711页
1882	光绪八年	七月二十五、二十六	兴平	西安府属之兴平县具报，于七月二十五、二十六等日大雨，河水陡发，冲没渭河南北五家滩等处及臣标中营马厂，并民粮地亩，倒塌房屋一百余间	《清代黄河流域洪涝档案史料》，第711页

公元	历史年	日期	地点	记录	文献
1882	光绪八年		洛南	据委员会同该州县勘明……雒南县东南乡野里等十堡，河水陡涨，沿河居民猝不及防，被水冲毙男女大小十一名口	《清代黄河流域洪涝档案史料》，第 713 页
1882	光绪八年	秋		各色秋粮正在结实升浆之际，因雨水过多致秋成减色	《清代奏章汇编——农业·环境》，第 544 页
1883	光绪九年	秋	永寿	秋，阴雨连绵	光绪《永寿县重修新志》
1883	光绪九年	六月二十二	柞水	大水	光绪《孝义厅志》
1883	光绪九年	九月初二	柞水	三保又雷雨	光绪《孝义厅志》
1883	光绪九年		宝鸡	淫雨二十日	民国《宝鸡县志》
1883	光绪九年	五月十三	周至	连雨五日	民国《周至县志》
1883	光绪九年	八月	勉县	江水涨发	民国《续修陕西通志稿》
1883	光绪九年	六月二十八	平利	又据署平利县知县……禀称，同于是日（7 月 31 日）天降大雨，山水陡涨，将该县西南乡丰厚坝、小峰	《清代长江流域西南国际河流洪涝档案史料》，第 1001 页
1883	光绪九年	六月二十八	砖坪	……兹据砖坪厅通判……称，六月二十八日大雨如注，山水陡发，将该厅东南乡，自溢河坝起至笔架山止，及花栗树、保止、岚河等处，河狭水猛，居民不及迁避，压毙大小人民六十一丁口	《清代长江流域西南国际河流洪涝档案史料》，第 1001 页

公元	历史年	日期	地点	记录	文献
1883	光绪九年	六月二十	城固	城固县六月二十日大雨，山河陡涨，将天明寺等六村沿河居民草房冲塌十六间，被淹并沙淤田禾二顷二十余亩，淹毙河边洗衣之……妇女二口	《清代长江流域西南国际河流洪涝档案史料》，第1002页
1883	光绪九年	六月二十	西乡	西乡县同于六月二十日天降猛雨，山水涨发，一时宣泄不及，致将私渡河、黄滩河沿河田地被水漫淹	《清代长江流域西南国际河流洪涝档案史料》，第1002页
1883	光绪九年	六月二十一	镇安	镇安县六月二十一日夜，猛雨倾盆，北沟山水陡发，将沟边居民……一家草房冲倒三间，压毙男女大小七口	《清代长江流域西南国际河流洪涝档案史料》，第1002页
1883	光绪九年	八月	朝邑	同州府属之朝邑县具报，八月初间，阴雨连绵，河水陡发，冲激渭河岸根，于初八、初九等日，冲塌沿河居民民屋基一十一间，淹没滩地七十余亩，内有已种秋禾一十七亩零，人畜幸未伤	《清代黄河流域洪涝档案史料》，第719页

公元	历史年	日期	地点	记录	文献
1883	光绪九年	五月十四、十五	大荔	陕省入夏以来，雨泽沾足，五月内阴雨更多。惟同州府属之大荔县具报，五月十四五等日，大雨如注。十六日河水陡发数丈，致将村民拜中德等住房八十余间被冲入河，并淹没滩地约三顷有奇	《清代黄河流域洪涝档案史料》，第 719 页
1883	光绪九年	八月	大荔	初间，阴雨连绵，河水涨发	《西北灾荒史（故宫档案）》
1883	光绪九年	六月二十八	岚皋	大雨如注，山水陡发	《西北灾荒史（故宫档案）》
1884	光绪十年	夏	米脂	夏大雨雹	光绪《米脂县志》
1884	光绪十年	闰五月十二	周至	大雨	民国《周至县志》
1884	光绪十年	八月	周至	霖雨连绵	民国《周至县志》
1884	光绪十年	闰五月	南郑 城固 洋县 佛坪 沔县	陕省自闰五月以来，连次大雨，……汉中府属之南郑、城固、洋县、佛坪、沔县……或山水暴发，或河流泛滥，淹没田庐人口	《清代长江流域西南国际河流洪涝档案史料》，第 1026
1884	光绪十年	闰五月	长安 咸阳 周至 渭南 华阴 岐山 武功 洛南	陕省自闰五月以来，连次大雨，西安府属之长安、咸阳、周至、渭南，同州府属之华阴，凤翔府属之岐山，乾州属之武功，商州及所属之洛南共十四属，或山水暴发，或河流泛溢，淹没田庐、人口	《清代黄河流域洪涝档案史料》，第 727 页

公元	历史年	日期	地点	记录	文献
1884	光绪十年	秋		秋分后各色秋粮正在升浆结实之际，阴雨过多，致秋成减色	《清代奏章汇编——农业·环境》，第547页
1884	光绪十年	五月二十九	永寿	监军镇雨中带雹	《清代奏章汇编——农业·环境》，第548页
1884	光绪十年	闰五月	长安	连次大雨，或山水暴发	《西北灾荒史（故宫档案）》
1884	光绪十年	九月十六至十八	长安	阴雨连绵	《西北灾荒史（故宫档案）》
1884	光绪十年		陕西	阴雨过多	《西北灾荒史（故宫档案）》
1884	光绪十年	闰五月	商洛	连次大雨，或山水暴发	《西北灾荒史（故宫档案）》
1884	光绪十年	八月、九月	咸阳	秋雨过多	《西北灾荒史（故宫档案）》
1884	光绪十年	五月二十四	渭南	南山黄狗峪水暴涨	《中国气象灾害大典·陕西卷》，第56页
1885	光绪十一年	五月二十九日	永寿	上西原雨雹	光绪《永寿县重修新志》
1885	光绪十一年	秋	千阳	秋雨淋漓	光绪《增续汧阳县志》
1885	光绪十一年	五月十三	宝鸡	雨雹	民国《宝鸡县志》
1885	光绪十一年	八月	华县	淫雨六十日	民国《华县县志稿》
1885	光绪十一年	六月二十六	长安	长安县具报，于六月二十六日大雨如注，该县西乡拜家村、金家村等处，被水淹浸民更地三顷六十余亩	《清代黄河流域洪涝档案史料》，第733页

公元	历史年	日期	地点	记录	文献
1885	光绪十一年	六月二十一	临潼	据临潼县具报，六月二十一晚大雨倾盆，河水陡涨，东西北三乡被水七村，冲毙男丁三口，淹没民军旱地二十六顷三十亩	《清代黄河流域洪涝档案史料》，第733页
1886	光绪十二年	六月	凤县	大雨	光绪《凤县志》
1886	光绪十二年	夏秋	永寿	夏秋雨盛	光绪《永寿县重修新志》
1886	光绪十二年	六月二十一至二十五	留坝 南郑	前据留坝、南郑二厅县续报，六月二十一日起至二十五日止，连日大雨，河水涨发	《清代长江流域西南国际河流洪涝档案史料》，第1027页
1886	光绪十二年	八月初二起至初四	武功	据武功县具报，八月初二日起至初四日止，大雨如注，河水暴涨	《清代黄河流域洪涝档案史料》，第739页
1886	光绪十二年	六月初五、初六、初七、十一、十二、二十一至二十八	咸宁 长安 蓝田 岐山 凤县 沔县 商州 山阳 邠州	咸宁、长安、蓝田、岐山、凤县、沔县、商州、山阳、邠州九州县具报，六月初五、初六、初七、十一、十二及二十一、二十二至二十八等日，烈风暴雨，被水、被雹，有冲坏地亩、打伤秋禾、坍塌房屋、淹毙人口情事，据报轻重不一，查勘颇有成灾之处	《清代黄河流域洪涝档案史料》，第739页

公元	历史年	日期	地点	记录	文献
1886	光绪十二年	九月	长安	下旬，连日大雨	《西北灾荒史（故宫档案）》
1886	光绪十二年	夏秋	旬邑	夏秋大雨连绵，山水涨发	《西北灾荒史（故宫档案）》
1887	光绪十三年	四月二十一	永寿	雷大震，天雨雹	光绪《永寿县重修新志》
1887	光绪十三年	七月初四	横山	大雨连绵，淫注不已	民国《横山县志》
1887	光绪十三年	秋	西乡	秋淫雨	民国《西乡县志》
1887	光绪十三年	六月十八、十九	山阳	据山阳县具报，六月十八、十九两日，雷雨交作，河水暴涨，查勘东里三甲及寇家村等四村堡，沿河冲压淹浸水旱地数顷	《清代长江流域西南国际河流洪涝档案史料》，第 1034 页
1887	光绪十三年	秋	陕西	陕省入秋后，阴雨弥月……省城内坍塌民房，统计六百八十二间	《清代长江流域西南国际河流洪涝档案史料》，第 1034 页
1887	光绪十三年	六月二十八	洋县	又据洋县具报，该县铁沿河上下山沟，前于六月二十八日午刻起蛟，风雷交作，大雨如注，顷刻水长丈余	《清代长江流域西南国际河流洪涝档案史料》，第 1034 页
1887	光绪十三年	五月十二	淳化永寿	陕省入夏以来，雨泽应时……惟榆林府县具报，前于闰四月十三日陡降冰雹。淳化、永寿二县具报，于五月十二日大雨倾盆，间带冰雹	《清代黄河流域洪涝档案史料》，第 747 页

公元	历史年	日期	地点	记录	文献
1887	光绪十三年	六月十七至十八	榆林	六月十七日晚，雷雨交作，至十八日辰刻大雨如注	《清代黄河流域洪涝档案史料》，第747页
1887	光绪十三年	七月、八月	长安 咸宁 临潼 兴平 鄠县 华州	陕省本年七八两月淫雨兼旬。兹据长安、咸宁、临潼、兴平、鄠县、华州等大州县先后禀报，或山水涨发，或河流泛滥，田地房屋各有淹没	《清代黄河流域洪涝档案史料》，第748页
1887	光绪十三年	闰四月十一	长武 洛南 陇州	长武、洛南、陇州三属先后具报，于闰四月十一日午刻及申酉之交，狂风大雨，带降冰雹，山水立时涨发	《清代黄河流域洪涝档案史料》，第748页
1887	光绪十三年	七月、八月	永寿	前于十月二十九日据永寿县知县……续报，该县东南乡旧永寿镇等处，于七八两月阴雨连绵，山水涨发，秋禾多被损伤	《清代黄河流域洪涝档案史料》，第748页
1887	光绪十三年	秋		陕省入秋后，阴雨弥月	《清代黄河流域洪涝档案史料》，第748页
1887	光绪十三年	七月		七月中旬以后各色秋粮正在升浆结实之际，淫雨兼旬	《清代奏章汇编——农业·环境》，第555页
1887	光绪十三年		长武	季夏雨雹大者如拳	《中国三千年气象记录总集》
1888	光绪十四年	六月十九	永寿	上西原雨雹	光绪《永寿县重修新志》

公元	历史年	日期	地点	记录	文献
1888	光绪十四年	六月	华县	大雨	民国《华县县志稿》
1888	光绪十四年	四月初三	富平 蒲城	据富平、蒲城二县具报，四月初三日午刻，狂风大雨，带降冰雹，夏禾多被打伤	《清代黄河流域洪涝档案史料》，第762页
1888	光绪十四年	六月初一至初六	陕西	再陕省本年自六月初一日起，至初五六日止，各属连日大雨，势若倾盆	《清代黄河流域洪涝档案史料》，第762页
1888	光绪十四年	三月十七、十八	咸宁	咸宁县具报，前于三月十七八两日，连日大雨，东乡浐、灞二河同时并涨，沿河地亩被水冲淹	《清代黄河流域洪涝档案史料》，第762页
1888	光绪十四年	三月、五月、六月	咸阳	窃查，咸阳县属之灞桥，……本年三月暨五六两月，连日大雨，河水涨发，冲决堤岸，和浐入渭	《清代黄河流域洪涝档案史料》，第762页
1888	光绪十四年	七月、八月	永寿	据永寿县知县……续报，该县东南乡旧永寿镇等处，于七、八两月阴雨连绵，山水涨发，秋禾多被损伤	《清代黄河流域洪涝档案史料》，第762页
1888	光绪十四年	八月下旬	长安 临潼	长安、临潼二县具报，前于八月下旬阴雨过多，河水涨发，沿河田地颇有冲淹	《清代黄河流域洪涝档案史料》，第763页
1888	光绪十四年	五月十五	礼泉 武功 周至	雨中带雹	《清代奏章汇编——农业·环境》，第557页

公元	历史年	日期	地点	记录	文献
1888	光绪十四年	六月初一至初六	褒城 城固 勉县 咸阳 洋县 周至	连日大雨，势若倾盆	《西北灾荒史（故宫档案）》
1888	光绪十四年	八月	长安	阴雨过多	《西北灾荒史（故宫档案）》
1888	光绪十四年	八月	临潼	阴雨过多	《西北灾荒史（故宫档案）》
1888	光绪十四年	三月十七、十八	西安	连日大雨，势若倾盆	《西北灾荒史（故宫档案）》
1889	光绪十五年		米脂	先是，河底有声如雷，数月不止，忽大风雨，河底作霹雳声	光绪《米脂县志》
1889	光绪十五年		略阳	大雨滂沱	光绪《新续略阳县志》
1889	光绪十五年	六月至九月	渭南	淫雨	光绪《新续渭南县志》
1889	光绪十五年		渭南	原南雨雹如卵	光绪《新续渭南县志》
1889	光绪十五年	秋	旬阳	秋，甘雨降	光绪《洵阳县志》
1889	光绪十五年	夏秋	平利	夏秋之交，雨涝百余日	民国《重修兴安府志》
1889	光绪十五年	十月初三、初四、十五、二十四、二十八、二十九、三十	西安 汉中 兴安 同州	兹据西安、汉中、兴安、同州等府……州属先后具报，于十月初三、初四、十五暨二十四、二十八九、三十等日得雨	《清代长江流域西南国际河流洪涝档案史料》，第 1052 页

公元	历史年	日期	地点	记录	文献
1889	光绪十五年	六月、七月	咸宁 孝义 南郑 城固 西乡 安康 汉阴 平利	查，陕省本年六、七两月，阴雨连绵……据西安府属之咸宁……孝义……汉中府属之南郑、城固、西乡，兴安府属之安康、汉阴、平利……等十五厅县先后禀报，或河流泛滥，或山水涨发兼降冰雹，田庐、人口、牲畜各有淹没损伤	《清代长江流域西南国际河流洪涝档案史料》，第1054页
1889	光绪十五年	六月、七月、八月	汉中 兴安 商州 孝义 宁陕	陕省本年六、七两月阴雨过多，……迨八月内仍复大雨连绵，通宵达旦。……汉中、兴安、商州等府属，及西安府属之孝义、宁陕两厅，地处南山，各属秋粮向以包谷洋芋为大宗。自六月以来，淫雨兼旬，洋芋被水浸渍腐烂	《清代长江流域西南国际河流洪涝档案史料》，第1055页
1889	光绪十五年	六月、七月、八月	紫阳 洵阳 白河 汉阴 平利 留坝	陕境本年自夏徂秋，阴雨过多。……据兴安府属之紫阳、洵阳、白河、汉阴、平利五厅县，及汉中府属之留坝厅先后具报，该厅县地处南山，平原地亩秋粮尚有数分收成，惟僻山坡居民，向赖洋芋包谷糊口，本年六、七、八等月，淫雨连绵，该厅县等查明山内洋芋多以腐烂，包谷亦复歉收	《清代长江流域西南国际河流洪涝档案史料》，第1055页

公元	历史年	日期	地点	记录	文献
1889	光绪十五年		镇安	镇安县查报，西乡古道沟雷雨交作，带降冰雹，冲塌草房六间，压毙、淹毙男女大小十一名口	《清代长江流域西南国际河流洪涝档案史料》，第1055页
1889	光绪十五年	五月二十八、二十九	长安	再据长安县具报，五月二十八、二十九等日，连日大雨如注，该县西南乡潏河及苍龙、灵沼各河，同时并涨，沿河塔坡等六村堡，地亩被水冲淹	《清代黄河流域洪涝档案史料》，第770页
1889	光绪十五年	八月	陕西	陕省迨八月内，仍复大雨连绵，通宵达旦	《清代黄河流域洪涝档案史料》，第770页
1889	光绪十五年	夏秋	陕西	陕境本年自夏徂秋，阴雨过多，迭据各属禀报被灾情形	《清代黄河流域洪涝档案史料》，第770页
1889	光绪十五年	六月、七月	西安 凤翔 汉中 兴安 商州 邠州 鄜州	查陕省本年六、七两月，阴雨过多，前据西安、凤翔、汉中、兴安、商州、邠州、鄜州等府州属，陆续具报被水、被雹	《清代黄河流域洪涝档案史料》，第770页
1889	光绪十五年	五月二十九，六月初一、初二	西乡	据西乡县具报，五月二十九日、六月初一、初二等日，山水暴发，滨河桑园铺，丰渠两处，田庐被水淹浸、坍塌	《清代黄河流域洪涝档案史料》，第770页

公元	历史年	日期	地点	记录	文献
1889	光绪十五年		凤翔	……凤翔县查报，东北乡米家沟等五村堡，山水骤发，淹没地十余亩，浸塌土窑二十间，压毙男女大小六名口，淹毙耕牛一只	《清代黄河流域洪涝档案史料》，第 771 页
1889	光绪十五年		华州	查华州境内……上年（1889 年）秋雨连绵，为害尤甚，农民收成无望	《清代黄河流域洪涝档案史料》，第 771 页
1889	光绪十五年	秋	陕西	陕省本年秋间，阴雨连绵，沿河及山内秋粮多被损伤	《清代黄河流域洪涝档案史料》，第 771 页
1889	光绪十五年	八月初一至十四、十九、二十	西安 延安 凤翔 榆林 同州 邠州 乾州 鄜州 绥德	据西安、延安、凤翔……榆林、同州……邠州、乾州、鄜州、绥德等府州属，陆续具报自八月初一至初十日暨十一、十二、十三、十四并十九、二十等日，大雨滂沱，昼夜不息，各属沿河田地间被冲淹	《清代黄河流域洪涝档案史料》，第 771-772 页
1889	光绪十五年	夏秋		夏秋之交，阴雨连绵	《清代奏章汇编——农业·环境》，第 560 页
1889	光绪十五年	八月初一、初十至十四、十九、二十	安康	大雨滂沱，昼夜不息	《西北灾荒史（故宫档案）》

公元	历史年	日期	地点	记录	文献
1889	光绪十五年	九月初一至十二、十九、二十一至二十五	安康 宝鸡 汉中 乾县 商洛 渭南 西安	接连阴雨	《西北灾荒史（故宫档案）》
1889	光绪十五年	六月、七月	白河	阴雨连绵	《西北灾荒史（故宫档案）》
1889	光绪十五年		华县	山水涨发	《西北灾荒史（故宫档案）》
1889	光绪十五年		宁陕	山水暴涨	《西北灾荒史（故宫档案）》
1889	光绪十五年	六月、七月	平利	阴雨连绵	《西北灾荒史（故宫档案）》
1889	光绪十五年	六月、七月	旬阳	阴雨连绵	《西北灾荒史（故宫档案）》
1889	光绪十五年		旬邑	骤雨	《西北灾荒史（故宫档案）》
1889	光绪十五年	六月	柞水	淫雨兼旬	《西北灾荒史（故宫档案）》
1890	光绪十六年	三月	商南	雨雹	民国《商南县志》
1890	光绪十六年	五月、六月	紫阳	五六月连雨成灾	民国《重修兴安府志》
1890	光绪十六年	六月初六	安康	兹续据安康县禀报，王家河等处，于六月初六日风雨大作，带降冰雹，积地二三寸不等	《清代长江流域西南国际河流洪涝档案史料》，第 1072 页

公元	历史年	日期	地点	记录	文献
1890	光绪十六年	五月、六月六月初二	宁陕	又据宁陕厅续报，该厅地处南山，五六月内阴雨过多，低山洋芋复有霉烂。六月初二日大堰沟山水陡发，淹毙男女十余丁口，地亩禾苗多被冲淹，山内斜坡田地，粮赋轻微，难计亩数	《清代长江流域西南国际河流洪涝档案史料》，第1072页
1890	光绪十六年	七月初八、初九	宁陕	再，据宁陕厅续报，江口、椽扒等七处，前于七月初八、初九等日，连日大雨，山水骤涨，沿沟地亩冲塌五六分、三四分不等，淹没房屋二十四间，淹毙南妇十七丁口	《清代长江流域西南国际河流洪涝档案史料》，第1072页
1890	光绪十六年	五月	陕西	查，陕省本年春夏之交雨旸应时……惟五月内稍嫌阴雨过多，山内气候较迟，麦豆不免减色，山洋芋近据续报亦多腐烂之处	《清代长江流域西南国际河流洪涝档案史料》，第1072页
1890	光绪十六年	八月初九	洋县	又据洋县禀报，华阳镇、银杏坝等十六处，于八月初九日未刻，雷雨交作，带降冰雹，顷刻即止，打伤成熟稻田一千余亩，被灾五六分、三四分不等	《清代长江流域西南国际河流洪涝档案史料》，第1073页

公元	历史年	日期	地点	记录	文献
1890	光绪十六年	七月初一、初二	米脂	再据藩司……转据米脂县知县……禀称，该县周马二湖盐地，因七月初一、初二等日，大雨倾盆，山水河水同时涨发，各处河堤沟坳冲塌极多，墨池全被沙石积压，应完盐课无从征收	《清代黄河流域洪涝档案史料》，第 784 页
1890	光绪十六年	五月下旬及六月初	陕西	再查陕省各属五月下旬及六月初间，大雨连宵达旦，接据各属禀报，或山水陡发，或河水泛溢，田地、庐舍、桥梁间有淹浸冲损，除未成灾各处随时抚恤外，惟……华州具报，淹浸水旱地三百六十余顷	《清代黄河流域洪涝档案史料》，第 784 页
1891	光绪十七年	八月十五	靖边	秋，绥德州属大雨雹	民国《续修陕西通志稿》
1891	光绪十七年	夏	旬阳	夏雨雹	民国《重修兴安府志》
1891	光绪十七年	十月初三		光绪十七年十月初三日奉上谕：陕西兴安等府，被水、被雹……	《清代长江流域西南国际河流洪涝档案史料》，第 1081 页
1892	光绪十八年	四月二十	富平	雨雹，大者如桃，由曹村至康桥七十余里	光绪《富平县志稿》
1892	光绪十八年	六月十一	富平	被灾处复得雨雹	光绪《富平县志稿》
1892	光绪十八年	七月	商南	大水，雨雹	民国《商南县志》

公元	历史年	日期	地点	记录	文献
1892	光绪十八年	九月十四	大荔	大雨雪	民国《续修大荔县旧志存稿》
1892	光绪十八年	三月十六	蓝田	东北一带雨雹为灾	民国《续修蓝田县志》
1892	光绪十八年	五月初七	千阳	夏，雨雹	民国《续修陕西通志稿》
1892	光绪十八年	闰六月初五、十四至十八、二十四、二十八，七月初一	榆林 府谷 佛坪 平利	再据榆林、府谷、佛坪、平利等厅县先后具报，于闰六月初五、十四至十八、二十四、二十八及七月初一等日大雨倾盆，河水涨发	《清代黄河流域洪涝档案史料》，第 798 页
1892	光绪十八年	七月初二	兴平	又兴平县具报，所属之花王堡、紧沿渭河北岸，七月初二日渭河水涨，冲崩该堡房舍三十户，计房八十九间。未伤人畜，亦未冲坏田禾地亩，并不成灾	《清代黄河流域洪涝档案史料》，第 799 页
1892	光绪十八年	三月		中旬以后始得透雨	《清代奏章汇编——农业·环境》，第 566 页
1893	光绪十九年	四月初四	南郑	据南郑县具报，四月初四日，该县法慈院等，雹雨大风，平地水深数尺，……民户吴三保房屋二间，被水冲去，伤毙男女幼丁二名，其余被水地亩，尚未查清	《清代长江流域西南国际河流洪涝档案史料》，第 1096 页

公元	历史年	日期	地点	记录	文献
1893	光绪十九年	六月初八	凤翔	臣查，陕省入夏以来，雨水尚不缺乏。……惟据凤翔县具报，该县殷所里等处，六月初八日晚，雹雨大作，平地涨水	《清代黄河流域洪涝档案史料》，第 809 页
1893	光绪十九年	七月初五、初六	蓝田	据蓝田县具报，该县东南乡窄峪川等处，于七月初五六连日大雨，山水暴发，沟地二十余里、民房六十余间，冲坏大路二十四段共计一百四十余丈	《清代黄河流域洪涝档案史料》，第 809 页
1893	光绪十九年	六月三十、七月初六	咸宁	臣查陕省入秋以来，南北两山雨泽尚不缺乏，而平原各处未能一律沾足……惟据咸宁县具报，于六月三十日迅雷大雨。该县东南乡凤凰峪起蛟，水涨二丈有余，流入灞河，所过村庄俱被冲淹，张家寨泥沙淤积年地一顷余亩，新市村冲压二顷数十亩，淹毙男女大小六名口。又据该具报，于七月初六日灞河山水暴涨，冲决老堤十余丈，地亩被水冲淹，并淹毙过客四人	《清代黄河流域洪涝档案史料》，第 809-810 页

公元	历史年	日期	地点	记录	文献
1893	光绪十九年	六月二十	府谷	府谷县具报，于六月二十日午后大雨。该县孤山堡，河水涨发十余丈，平地水深四、五尺，沿河地亩均被冲坏，商民铺房及义仓、驿站房屋均被冲塌，义仓储粮漂没无存，淹毙营兵一名、民商五名、大小牲畜四十一头，等情	《清代黄河流域洪涝档案史料》，第810页
1893	光绪十九年	六月三十	长安	迅雷大雨	《西北灾荒史（故宫档案）》
1893	光绪十九年	七月初六	长安	灞河水暴涨	《西北灾荒史（故宫档案）》
1894	光绪二十年		米脂	黄河水溢，淫雨经旬	光绪《米脂县志》
1894	光绪二十年		华县	麦登场，淫雨数十日	民国《华县县志稿》卷九天灾
1895	光绪二十一年	五月二十二	绥德	吉征店大雨，溪水高数丈	光绪《绥德直隶州志》
1895	光绪二十一年		旬阳	雨多山崩	光绪《洵阳县志》
1895	光绪二十一年	五月	洛川	大雨雹	民国《洛川县志续编》
1895	光绪二十一年	四月初三	山阳	山阳县具报，于四月初三日夜，大雨倾注，山水陡发，该县高坝店等处被水冲淹	《清代长江流域西南国际河流洪涝档案史料》，第1106页

公元	历史年	日期	地点	记录	文献
1895	光绪二十一年	闰五月起至六月初旬	镇安	据镇安县具报，于闰五月起至六月初旬（6.23—7.31），频遭大雨，河水暴涨，将坝冲塌，水灌城内，民房间有塌损。初四日夜，雷雨大作，河水涨发	《清代长江流域西南国际河流洪涝档案史料》，第1106页
1895	光绪二十一年	六月初三	山阳	又据山阳县具报，于六月初三日大雨连朝，至初五日河水陡涨丈余，冲塌翼城堤二十余丈	《清代长江流域西南国际河流洪涝档案史料》，第1107页
1895	光绪二十一年	夏秋	长安	又据长安县具报……夏秋至今，淫雨过多，各河泛涨，淹没地亩共一百九十四顷三十余亩	《清代黄河流域洪涝档案史料》，第823页
1895	光绪二十一年	夏秋	长安	又据长安县具报……县属东江渡等村，前因秋禾被淹，……。讵，夏秋阴雨连番，各该村濒河地亩积水，随消随增，补种秋禾被淹无收	《清代黄河流域洪涝档案史料》，第823页
1895	光绪二十一年	四月初三	华阴	华阴县具报，于四月初三等日，连日大雨。该县各河堤同时涨决，华阳等里地亩被水冲淹	《清代黄河流域洪涝档案史料》，第823页

公元	历史年	日期	地点	记录	文献
1895	光绪二十一年	八月十六	华州	又据华州具报，入夏以来雨水过多，州境各河漫决。……自八月十六日以后，又复连绵阴雨，北乡西罗等村，现在积水未消，被淹地亩耕耘无望	《清代黄河流域洪涝档案史料》，第 823 页
1895	光绪二十一年	五月二十	临潼	陕省入夏以来，雨旸应时。……又据临潼县具报，该县周家沟于五月二十日夜起蛟，零河水涨陡高三丈有余、宽约三十余丈。两岸窑居客民王兴林等六家，均遭水淹，溺毙南妇大小共十七名口	《清代黄河流域洪涝档案史料》，第 823 页
1895	光绪二十一年	四月初三	咸宁	咸宁县具报，于四月初三日晚大雨连宵。该县灞河水涨，冲决宋家围墙北边沙堤十余丈，地亩被水浸淹，民房间有倒塌	《清代黄河流域洪涝档案史料》，第 823 页
1895	光绪二十一年	八月十七至二十三	咸宁	陕省入秋以来，雨旸尚属应时。……又据咸宁县具报，八月十七至二十三等日，大雨如注，河水暴涨，冲决灞河堤堰，县属上下桥梓口等村，被淹民屯更地共约七十余顷，秋收失望，冬麦复难播种	《清代黄河流域洪涝档案史料》，第 823 页

公元	历史年	日期	地点	记录	文献
1895	光绪二十一年	夏	咸宁 华州 华阴	咸宁县之灞河，华州之太平、罗纹、构峪、石梯、遇仙等河，华阴县之长涧、敷水、渭河、方山等河，本年夏间因雨盛涨，水皆漫溢出槽，决堤溃岸，冲淹田禾	《清代黄河流域洪涝档案史料》，第823页
1895	光绪二十一年	五月下旬并闰五月上旬	咸阳	陕省入夏以来，雨旸应时。……又据咸阳县具报，于五月下旬并闰五月上旬，天雨连绵，沣河水涨，东江渡等村秋禾被淹微伤，尚不成灾	《清代黄河流域洪涝档案史料》，第823页
1895	光绪二十一年	夏秋	咸阳	又据咸阳县具报……夏秋至今，淫雨过多，各河泛涨，淹没地亩共一百九十四顷三十余亩	《清代黄河流域洪涝档案史料》，第823页
1895	光绪二十一年	四月初三、初七	周至	周至县具报，于四月初三、初七等日，连遭大雨，各河涨溢，冲决堤岸。该县上下沙谷堆等村地亩被淹，间有冲成河道及被沙石积压者	《清代黄河流域洪涝档案史料》，第823页
1895	光绪二十一年	六月初四、初五	山阳	大雨连朝	《西北灾荒史（故宫档案）》

公元	历史年	日期	地点	记录	文献
1895	光绪二十一年	四月初三	西安	晚，大雨连宵	《西北灾荒史（故宫档案）》
1896	光绪二十二年	秋	靖边	秋九里滩雨雹	光绪《靖边志稿》
1896	光绪二十二年	五月	洛川	夏，又大雨雹伤麦	民国《洛川县志续编》
1896	光绪二十二年	五月二十五	平利	平利县具报，县属中坝等四处，于五月二十五日未刻，暴雨骤注，山水涨发，漫溢河堤	《清代长江流域西南国际河流洪涝档案史料》，第1114页
1896	光绪二十二年	六月初六	商州	商州具报，该属……等十三处，于六月初六日寅刻至辰刻，天降暴雨，山水涨发，水旱地亩多被淹伤	《清代长江流域西南国际河流洪涝档案史料》，第1114页
1896	光绪二十二年	七月二十六、二十七，八月	长安	长安县于七月二十六、七等日以至八月内，天雨连绵，苍龙、灵沼等河涨发，冲开堤堰	《清代黄河流域洪涝档案史料》，第835页
1896	光绪二十二年	六月二十七，七月初五	朝邑	朝邑县大庆关等八社，滨临黄河，于六月二十七暨七月初五等日，河水泛涨，共计淹伤秋禾地六百二十七顷八十一亩，被灾七分有余	《清代黄河流域洪涝档案史料》，第835页
1896	光绪二十二年	八月二十九至九月初五	华阴	华阴县于八月二十九至九月初五等日，先后天雨，冲决河堤，附近地亩俱被水淹，秋收失望	《清代黄河流域洪涝档案史料》，第835页

公元	历史年	日期	地点	记录	文献
1896	光绪二十二年	八月十七日起至九月初五	华州	华州于八月十七日起至九月初五日止，阴雨连绵，州南诸峪之水，同时暴发，汇聚于北乡低洼之处	《清代黄河流域洪涝档案史料》，第 835 页
1896	光绪二十二年	秋	咸阳	咸阳县打鱼屯各村庄，地处低洼，滨临苍龙、白马等河，本年秋间，阴雨连绵，河水涨溢，以致田亩多被淹浸	《清代黄河流域洪涝档案史料》，第 835 页
1896	光绪二十二年	七月初三、初四	榆林	榆林县沙草湾等处共十村庄，……于七月初三、初四两日，大雨倾盆，水高二丈有余	《清代黄河流域洪涝档案史料》，第 835 页
1896	光绪二十二年	七月中旬至九月中旬	安康	七月中旬至九月中旬，阴雨连绵，或四十日、五十日不等	《西北灾荒史（故宫档案）》
1896	光绪二十二年	八月十六至九月十四	白河	自八月十六日晚得雨起，连绵不断，至九月十四日止	《西北灾荒史（故宫档案）》
1896	光绪二十二年	八月十七至三十、九月初一至初五	华县	阴雨连绵	《西北灾荒史（故宫档案）》
1896	光绪二十二年	七月中旬至九月中旬	商洛	七月中旬至九月中旬，阴雨连绵，或四十日、五十日不等	《西北灾荒史（故宫档案）》
1897	光绪二十三年	九月	大荔	渭水陡涨	《清实录》影印本

公元	历史年	日期	地点	记录	文献
1897	光绪二十三年		旬阳	雨多	光绪《旬阳县志》
1897	光绪二十三年		紫阳	雨涝	民国《重修紫阳县志》
1897	光绪二十三年	六月二十七、二十八、二十九	咸阳	又据咸阳县禀报，六月二十七、二十八、二十九等日，天雨连绵，山水涨发，致将渭河堤岸冲决	《清代黄河流域洪涝档案史料》，第844页
1898	光绪二十四年	秋	靖边	秋多淋雨	光绪《靖边志稿》
1898	光绪二十四年	四月二十一	澄城	县东北大雨雹	民国《澄城县续志》
1898	光绪二十四年		铜川	雨雹	民国《同官县志》
1898	光绪二十四年	秋	长安	秋，淫雨为灾	民国《咸宁长安两县续志》
1898	光绪二十四年	秋	礼泉	秋淫雨伤禾	民国《续修礼泉县志稿》
1898	光绪二十四年		户县	大雨水	民国《重修鄠县志》
1898	光绪二十四年	六月	周至	大雨七八日	民国《周至县志》
1898	光绪二十四年	六月初七、初八	周至	河水暴涨	民国《重修咸阳县志》
1898	光绪二十四年	六月十五	佛坪	据佛坪厅禀报，该厅东乡沙窝子地方，于六月十五日夜，山河水发，冲塌水田民房，伤毙男丁十一名	《清代长江流域西南国际河流洪涝档案史料》，第1125页

公元	历史年	日期	地点	记录	文献
1898	光绪二十四年	六月二十九	商州	据商州续报，该州上秦川一带，于六月二十九日夜，大雨如注，山水暴发，被水冲伤房地，并伤毙男女东乡十二名口	《清代长江流域西南国际河流洪涝档案史料》，第 1125 页
1898	光绪二十四年	四月十九	洵阳	据洵阳县禀报，该县竹筒河因四月十九日大雨倾盆，河水陡涨，沿河两岸秧田被水冲淹二百余亩	《清代长江流域西南国际河流洪涝档案史料》，第 1125 页
1898	光绪二十四年	四月十九	镇安	镇安县禀报，该县东乡十八寺寨等处，于四月十九日大雨滂沱，山水暴发，致河沟水头陡涨七八尺至一丈余尺不等	《清代长江流域西南国际河流洪涝档案史料》，第 1125 页
1898	光绪二十四年	六月十七	镇安	据镇安县具报，该县南茅坪等处，于六月十七等日大雨倾盆，河水陡涨数丈，该处田禾民房，多被冲塌	《清代长江流域西南国际河流洪涝档案史料》，第 1125 页
1898	光绪二十四年	四月十八、十九	长安	再据长安县禀报，该县黄家桥等村堡逼近苍龙、潦、沮、泥沙、沣、皂各河，本年四月十八、十九等日，大雨水涨，致将各河堤冲决，所有沿河成熟麦豆、烟苗各地多被淹伤	《清代黄河流域洪涝档案史料》，第 851 页

公元	历史年	日期	地点	记录	文献
1898	光绪二十四年	七月二十三至八月十八	长安	长安县禀报，普渡等村复因七月二十三日至八月十八日兼旬大雨，淹没秋禾，倒塌房屋，压毙幼女二口	《清代黄河流域洪涝档案史料》，第851页
1898	光绪二十四年	七月二十三	韩城	据韩城县禀报，该县东北各乡迫近黄河，沿河一带地亩、村房，因今秋河水涨发，均被冲塌，勘验成灾	《清代黄河流域洪涝档案史料》，第851页
1898	光绪二十四年	四月十九、二十	户县	又据鄠县禀报，该县于十九、二十等日，连延大雨，太平、涝河之水弥漫横流，沿河地亩约淹三顷有奇	《清代黄河流域洪涝档案史料》，第 851 页
1898	光绪二十四年	四月十九、二十	华阴	又据华阴县禀报，四月十九、二十等日大雨，昼夜不止，山水同发，且有起蛟之处	《清代黄河流域洪涝档案史料》，第851页
1898	光绪二十四年	四月十九、二十	长安	长安县，黄家桥等村迫近沣、沙、苍龙、灵治、太平各河，地势低下，于四月十九、二十等日大雨如注，各河涨溢，冲决各堰，漫淹成熟麦豆各地	《清代黄河流域洪涝档案史料》，第852页
1898	光绪二十四年	六月十八、十九，七月初一、初二	大荔	大荔县，苏杨及青池等村于六月十八九及七月初一、初二等日大雨，河水涨发，冲坍房地，被灾九分，共淹地二百零顷九十八亩	《清代黄河流域洪涝档案史料》，第852页

公元	历史年	日期	地点	记录	文献
1898	光绪二十四年	夏秋	韩城	韩城县，东乡沿河之东院前村等九村，迫近黄河两岸，本年夏秋间大雨兼旬，河水涨发，共计冲塌民地十三顷八十五亩	《清代黄河流域洪涝档案史料》，第 852 页
1898	光绪二十四年	四月十九、二十，五月十四、十六	华阴	华阴县，长凝坊等村，于四月十九、二十及五月十四、十六等日，先后被水决堤，淹伤民地共二十五顷八十六亩	《清代黄河流域洪涝档案史料》，第 852 页
1898	光绪二十四年	六月十七、十八，七月初二、初七	华州	华州，于本年六月十七八及七月初二、初七等日，大雨不止，渭河漫溢	《清代黄河流域洪涝档案史料》，第 852 页
1898	光绪二十四年	六月、七月	临潼	临潼县，渭河两岸高家等十村附近河岸。……于六、七月间大雨如注，渭河涨发，被水冲塌地亩十五顷五十五亩	《清代黄河流域洪涝档案史料》，第 852 页
1898	光绪二十四年	六月、七月、八月	眉县	郿县禀报，常家等堡于六月及七、八两月（7.19—10.14），因大雨连绵，兼之渭河水涨，致该处马厂滩地被水冲刷，经验不能耕种，应请停租	《清代黄河流域洪涝档案史料》，第 852 页

公元	历史年	日期	地点	记录	文献
1898	光绪二十四年	六月初	岐山	岐山县，南乡酸枣村等村，迫近渭河，自六月初(7月下旬)起，大雨十余昼夜，河水涨发，致将秋禾一律淹没，收成无望，共被冲坍民粮地十三顷三十一亩	《清代黄河流域洪涝档案史料》，第852页
1898	光绪二十四年	六月下旬	同关	同关县禀报，该县自六月下旬淫雨连绵，乡间窑孔坍塌，甚至压毙男女大小七名，受伤十一名	《清代黄河流域洪涝档案史料》，第852页
1898	光绪二十四年	八月	渭南	渭南县，仓渡镇以南有渭河一道，本年八月以后，阴雨过多，河水涨发，冲没该处营田二顷十亩	《清代黄河流域洪涝档案史料》，第852页
1898	光绪二十四年	七月十五起至八月十九	武功	武功县，东西厂渭源三屯等二十三号，于七月十五日起八月十九日止，阴雨连绵，河水迭涨，续被冲淹计地十五顷五亩	《清代黄河流域洪涝档案史料》，第852页
1898	光绪二十四年	六月二十六、二十七、二十八	咸宁	本年陕省被水成灾县属……咸宁县，浐灞二河水涨，均于六月二十六、二十七、二十八等日被水	《清代黄河流域洪涝档案史料》，第852页

公元	历史年	日期	地点	记录	文献
1898	光绪二十四年	四月十八、十九	咸阳	咸阳县，南乡打鱼屯等二十一村堡，地势低洼。前因四月十八、十九等日大雨连绵，苍龙、沣、沙各河堤堰冲决，致地亩被淹成灾，共地十五顷七十五亩	《清代黄河流域洪涝档案史料》，第852页
1898	光绪二十四年	六月初六至十五	周至	周至县，上下沙谷堆等九村堡，于六月初六至十五等日大雨连绵，河水陡涨	《清代黄河流域洪涝档案史料》，第852页
1898	光绪二十四年	六月二十九	洛南	夜，大雨如注，山水暴发	《西北灾荒史（故宫档案）》
1898	光绪二十四年		西安	夏秋阴雨连绵	《西北灾荒史（故宫档案）》
1899	光绪二十五年		泾阳	大雨	泾洛渭河洪水调查报告
1899	光绪二十五年	二月十六日	华县	连雨	民国《华县县志稿》
1901	光绪二十七年	九月十五	大荔	雨雪	民国《续修大荔县旧志存稿》
1901	光绪二十七年	六月二十七	礼泉	夜，大雨如注者竟夕	民国《续修礼泉县志稿》
1901	光绪二十七年	二月	洋县	连得雨泽	民国《洋县乡土志·灾异》
1901	光绪二十七年	六月十七至十八	泾阳	初昏大雨，次晨不止	宣统《重修泾阳县志》
1902	光绪二十八年	八月十六日	略阳	阴雨连绵	光绪《新续略阳县志》

公元	历史年	日期	地点	记录	文献
1902	光绪二十八年		富平	大雨雹	民国《续修陕西通志稿》
1902	光绪二十八年		宜君	大雨雹	民国《续修陕西通志稿》
1902	光绪二十八年		商县	大雨	《西北灾荒史（故宫档案）》
1902	光绪二十八年		武功	大雨	《西北灾荒史（故宫档案）》
1902	光绪二十八年		咸阳	大雨	《西北灾荒史（故宫档案）》
1903	光绪二十九年	七月	平利	猝被水灾	《清实录》影印本
1903	光绪二十九年	秋	城固	秋雨为灾	民国《续修陕西通志稿》
1903	光绪二十九年	秋	华阴	秋雨为灾	民国《续修陕西通志稿》
1903	光绪二十九年		宁陕	雨多	民国《续修陕西通志稿》
1903	光绪二十九年		柞水	雨多	民国《续修陕西通志稿》
1903	光绪二十九年	五月初一至初六	平利	据报平利县属之平溪、大曙、竹溪等处，于五月初一、初三、初四、初五、初六等日，雷电暴雨，山水骤发，冲淹民房田地	《清代长江流域西南国际河流洪涝档案史料》，第1152页

公元	历史年	日期	地点	记录	文献
1903	光绪二十九年	六月	兴安 汉中 商州 南郑 城固 洋县 沔县 汉阴 石泉 安康 洵阳 紫阳 白河	六月份雨水禾苗各情形，奴才复加查核……兴安二属、汉中八属……商州州境暨三属……均于是月内，先后得雨，一律深透。……惟连据……南郑、城固、洋县、沔县、汉阴厅、石泉、安康、洵阳、紫阳、白河等厅县报雨大水发，江河暴涨，冲淹田地房屋、人口牲畜等情	《清代长江流域西南国际河流洪涝档案史料》，第1152页
1903	光绪二十九年	七月	兴安 汉中 商州 西乡	七月份雨水禾苗各情形，奴才复加查核……兴安六属、汉中十属、……商州二属……均于是月内，先后得雨，入地三四五寸至深透不等，……惟连据……西乡等县，具报迭次大雨，江河涨发，被淹田地房间、谷豆木棉，并淹人口牲畜，分计数目，及被灾情形少多轻重不等	《清代长江流域西南国际河流洪涝档案史料》，第1152页
1903	光绪二十九年	七月	长安	本年七月份……惟连据渭南、长安、西乡等县具报，迭次大雨，江河涨发，被淹田地、房间、谷豆木棉，并淹人口、牲畜，分计数目及被灾情形少多轻重不等	《清代黄河流域洪涝档案史料》，第892页

公元	历史年	日期	地点	记录	文献
1903	光绪二十九年	闰五月	韩城	又韩城县属于是月（闰五月）初间，大雨河涨，致滨临澽水之河滩地亩被水漫溢，淹及木棉靛麻	《清代黄河流域洪涝档案史料》，第892页
1903	光绪二十九年	闰五月二十二、二十三	华阴	又华阴县属之仙峪、瓮峪、罗敷峪，于是月二十二、二十三大雨连日，蛟水陡发，水头约高十余丈，峪内峪外水冲石压，致伤人口、牲畜、房屋、桥堤，罹灾较重	《清代黄河流域洪涝档案史料》，第892页
1903	光绪二十九年	七月	渭南 长安 西乡	本年七月份……惟连据渭南、长安、西乡等县具报，迭次大雨，江河涨发，被淹田地、房间、谷豆木棉，并淹人口、牲畜，分计数目及被灾情形少多轻重不等	《清代黄河流域洪涝档案史料》，第892页
1903	光绪二十九年	闰五月初二	黄陵	据报……中部县属双柳镇等处，于闰五月初二日，骤雨冰雹，打伤麦豆谷麻	《清代黄河流域洪涝档案史料》，第892页
1903	光绪二十九年	闰五月	怀远	……并据怀远县禀报，闰五月内，县属响水堡等处，冰雹伤禾，等情	《清代黄河流域洪涝档案史料》，第893页

公元	历史年	日期	地点	记录	文献
1903	光绪二十九年	四月	邠州 凤翔 鄜州 乾州 商州 绥德 兴安 汉中 同州 西安 延安 榆林	于四月内先后得雨一二三寸，深透不等	《清代奏章汇编——农业·环境》，第 597 页
1903	光绪二十九年	四月十六	富平	午后烈风雹雨	《清代奏章汇编——农业·环境》，第 597 页
1903	光绪二十九年		安康	大水，江河暴涨	《西北灾荒史（故宫档案）》
1903	光绪二十九年		白河	大水，江河暴涨	《西北灾荒史（故宫档案）》
1903	光绪二十九年		城固	大水，江河暴涨	《西北灾荒史（故宫档案）》
1903	光绪二十九年		大荔	大水，江河暴涨	《西北灾荒史（故宫档案）》
1903	光绪二十九年		户县	大水，江河暴涨	《西北灾荒史（故宫档案）》
1903	光绪二十九年		兴平	大水，江河暴涨	《西北灾荒史（故宫档案）》
1903	光绪二十九年		洋县	大水，江河暴涨	《西北灾荒史（故宫档案）》

公元	历史年	日期	地点	记录	文献
1903	光绪二十九年		周至	大水，江河暴涨	《西北灾荒史（故宫档案）》
1903	光绪二十九年		紫阳	大水，江河暴涨	《西北灾荒史（故宫档案）》
1903	光绪二十九年	六月初五至初八	石泉	大雨如注，汉水暴涨	《中国气象灾害大典·陕西卷》，第 56 页
1903	光绪二十九年		旬阳	汉水猛涨	《中国气象灾害大典·陕西卷》，第 56 页
1904	光绪三十年	秋	城固	上年因秋雨为灾	民国《续修陕西通志稿》卷一二八《荒政》
1904	光绪三十年		华县	上年因秋雨为灾	民国《续修陕西通志稿》卷一二八《荒政》
1904	光绪三十年		宁陕	雨多	民国《续修陕西通志稿》卷一二八《荒政》
1904	光绪三十年		孝义	雨多	民国《续修陕西通志稿》卷一二八《荒政》
1904	光绪三十年	四月	扶风	光绪三十年四月份……凤翔府属之扶风县禀报，水涨冲崩地亩、房屋	《清代黄河流域洪涝档案史料》，第 896 页
1904	光绪三十年	二月、三月	扶风	扶风县南乡一带滨临渭河，于二三月间连遭大雨，渭水节次暴涨泛滥	《清代黄河流域洪涝档案史料》，第 897 页
1904	光绪三十年	五月初七	咸宁	咸宁县禀报，县属仓镇地方，（五）月初七日风雨骤至，水冲民房、粮食、商铺、货物，俱各勘不成灾	《清代黄河流域洪涝档案史料》，第 897 页

公元	历史年	日期	地点	记录	文献
1904	光绪三十年	六月初二、初三、初四	咸阳	咸阳县东乡龙保村等处，于六月初二、初三、初四等日大雨之后，河水陡涨，漫溢堤岸	《清代黄河流域洪涝档案史料》，第 897 页
1905	光绪三十一年	夏	华县	夏多雨	民国《华县县志稿》卷九《天灾》
1905	光绪三十一年	二月、三月	扶风	连遭大雨，渭水节次暴涨	《西北灾荒史（故宫档案）》
1906	光绪三十二年	六月	佳县	县西北地方大雨雹	民国《葭县志》卷一《祥异》
1906	光绪三十二年	六月	米脂	始得透雨	民国《米脂县志》卷一《岁征》
1906	光绪三十二年	秋	大荔	秋，淫雨五十余日	民国《续修大荔县旧志存稿》卷一《事征》
1906	光绪三十二年	七月	宁陕佛坪平利洵县兴平	据宁陕厅、佛坪厅……平利、洵县、兴平等县，先后禀报，（七月）大雨连番，或山水暴发，或河水猛涨，冲淹地亩，崩塌屋宇，间有伤毙人畜者，被灾轻重不等	《清代长江流域西南国际河流洪涝档案史料》，第 1170 页
1906	光绪三十二年	五月初七、初八、十七、二十四	山阳	据商州直隶州暨州属山阳县各禀报，五月初七八暨十七、二十四等日，大雨水发，淹没田庐水旱地亩	《清代长江流域西南国际河流洪涝档案史料》，第 1170 页
1906	光绪三十二年	五月初八、十七、二十四	商州	商州初报，陈家湾等处，及续报之四乡各处，于五月初八、十七及二十四等日，大雨倾盆，河水骤涨，冲伤居民地亩、房屋、禾苗	《清代长江流域西南国际河流洪涝档案史料》，第 1170 页

公元	历史年	日期	地点	记录	文献
1906	光绪三十二年	三月十五	富平	富平县东北乡元亨团等村堡，于三月十五日午后，雷雨交作，内带冰雹	《清代黄河流域洪涝档案史料》，第905页
1906	光绪三十二年	秋	高陵	高陵县渭河北岸陈家滩并南岸等村，于今秋天雨连绵，泾渭二河叠涨	《清代黄河流域洪涝档案史料》，第905页
1906	光绪三十二年	六月十三、二十六，七月十五、十六	临潼	临潼县属渭河南北两岸地亩，于六月十三、二十六、七月十五、十六等日，大雨连绵，河水叠涨	《清代黄河流域洪涝档案史料》，第905页
1906	光绪三十二年	六月初十、二十四	宁陕	宁陕厅四亩地等处，于六月初十及二十四等日，暴雨如注，水势横溢	《清代黄河流域洪涝档案史料》，第905页
1906	光绪三十二年	六月二十，八月	咸阳	咸阳县东乡……，及南乡……，于六月二十日前后数日，连降大雨，堤岸被水冲塌，淹没秋禾……。又该县沣河以东等十六村，以西等五村，并续报东江渡等处，地势低洼，本年八月大雨连绵，沣河堤岸冲决	《清代黄河流域洪涝档案史料》，第905页
1906	光绪三十二年	六月、七月	大荔	大荔县……，于六七月间阴雨连绵，河水连次涨发	《清代黄河流域洪涝档案史料》，第906页

公元	历史年	日期	地点	记录	文献
1906	光绪三十二年	七月二十七至八月初七	华阴	华阴县……。七月二十七至八月初七等日，大雨滂沱	《清代黄河流域洪涝档案史料》，第 906 页
1906	光绪三十二年	五月二十四，六月二十一、二十二、二十三，七月十五、十六，八月初四、初五、初六	华州	华州罗纹、石堤二河，于五月二十四及六月二十一、二十二、二十三以及七月十五、十六等日，因大雨滂沱，河水涨发，地亩被淹，禾苗微损。……讵于八月初四、初五、初六等日，大雨如注，洪水横流	《清代黄河流域洪涝档案史料》，第 906 页
1906	光绪三十二年	六月十七	榆林	榆林县鱼河堡南忠属之东栾百户等十五村庄，于六月十七日天降雹雨，大如鸡卵	《清代黄河流域洪涝档案史料》，第 906 页
1906	光绪三十二年	五月初三，六月三十	鄜州	鄜州南乡清涧村等处，于五月初三日雷雨冰雹，……。又四仙村于六月三十日下午，雷雨交加、忽降冰雹，轻重不一	《清代黄河流域洪涝档案史料》，第 907 页
1906	光绪三十二年	秋	户县	鄠县本年入秋以来，天雨连绵，河水先后漫溢	《清代黄河流域洪涝档案史料》，第 907 页
1906	光绪三十二年	六月十七、三十	三水	三水县西乡魏落等村，于六月十七、三十等日天雨冰雹，打伤秋禾杂粮轻重不等	《清代黄河流域洪涝档案史料》，第 907 页

公元	历史年	日期	地点	记录	文献
1906	光绪三十二年	六月十七、三十	宜君	宜君县东南乡张家窑窠等村庄，于六月十七、三十等日，雷雨冰雹，打伤所种秋禾	《清代黄河流域洪涝档案史料》，第907页
1906	光绪三十二年	六月十五	黄陵	中部县东北各乡马家坬各村，于六月十五日雷雨冰雹，打伤秋禾	《清代黄河流域洪涝档案史料》，第907页
1906	光绪三十二年		长安	大雨连番，或山水暴发，或河水猛涨	《西北灾荒史（故宫档案）》
1906	光绪三十二年		佛坪	大雨连番，或山水暴发，或河水猛涨	《西北灾荒史（故宫档案）》
1906	光绪三十二年	五月二十四	华县	大雨滂沱	《西北灾荒史（故宫档案）》
1906	光绪三十二年	六月二十一至二十三	华县	大雨滂沱	《西北灾荒史（故宫档案）》
1906	光绪三十二年	七月十五、十六	华县	大雨滂沱	《西北灾荒史（故宫档案）》
1906	光绪三十二年	七月二十七至二十九	华阴	大雨滂沱	《西北灾荒史（故宫档案）》
1906	光绪三十二年	八月初四至初六	华县	大雨如注	《西北灾荒史（故宫档案）》
1906	光绪三十二年	八月初一至初七	华阴	大雨滂沱	《西北灾荒史（故宫档案）》
1906	光绪三十二年		勉县	大雨连番，或山水暴发，或河水猛涨	《西北灾荒史（故宫档案）》
1906	光绪三十二年		平利	大雨连番，或山水暴发，或河水猛涨	《西北灾荒史（故宫档案）》

公元	历史年	日期	地点	记录	文献
1906	光绪三十二年	五月初八、十七、二十四	商县	大雨倾盆，河水骤涨	《西北灾荒史（故宫档案）》
1906	光绪三十二年		武功	大雨连番，或山水暴发，或河水猛涨	《西北灾荒史（故宫档案）》
1906	光绪三十二年		兴平	大雨连番，或山水暴发，或河水猛涨	《西北灾荒史（故宫档案）》
1906	光绪三十二年		周至	大雨连番，或山水暴发，或河水猛涨	《西北灾荒史（故宫档案）》
1907	光绪三十三年		兴平	原上张家村暴雨	民国《重纂兴平县志》卷八《祥异》
1907	光绪三十三年	七月	孝义 耀州 户县 兴平 安塞	七月份陕省雨水禾苗情形，……惟连据西安府属之孝义厅、耀州、鄠县、兴平，延安府属之安塞等厅州县冰雹，大雨水发，各有被冲地亩，淹伤秋禾之处	《清代黄河流域洪涝档案史料》，第 911 页
1908	光绪三十四年	七月	泾阳	暴雨	泾洛渭河洪水调查报告
1908	光绪三十四年	四月	澄城	大雨雹	民国《澄城县续志》附志大事
1908	光绪三十四年		华县	山洪大发	民国《华县县志稿》
1909	宣统元年	秋	华县	秋淫雨	民国《华县县志稿》卷九《天灾》
1909	宣统元年		黄陵	大雨四十日	民国《黄陵县志》
1909	宣统元年	七月、八月	洛川	大霖雨四十日不止	民国《洛川县志续编·祥异》

公元	历史年	日期	地点	记录	文献
1909	宣统元年	夏秋	商南	夏秋大雨	民国《商南县志》卷一一《祥异》
1909	宣统元年	夏	礼泉	夏，淫雨害稼	民国《续修礼泉县志稿》卷一四《杂记》
1910	宣统二年	四月	商南	雨雹	民国《商南县志》卷一一《祥异》
1910	宣统二年		大荔	淫雨	民国《续修大荔县旧志存稿》卷一《事征》
1910	宣统二年	七月	城固	霖雨四十日	民国二十三年《续修陕西通志稿》
1910	宣统二年	九月	西安 延安 凤翔 汉中 榆林 同州 兴安 七府 邠州 乾州 商州 鄜州 绥德	陕西省……九月份西安、延安、凤翔、汉中、榆林、同州、兴安七府，邠州、乾州、商州、鄜州、绥德五直隶州，各得雨一二次至十余次不等。此月上、中两旬，阴雨偏多，下旬始开晴霁，……三原、扶风、凤县……等县，均因积水未涸，补种无期，先后禀报被灾情形轻重不一	《清代长江流域西南国际河流洪涝档案史料》，第1201页
1910	宣统二年	七月二十	华州	再，据华州……禀称，七月二十日申酉之交，大雨如注，州属西南乡山水陡发，淹没田房人畜	《清代黄河流域洪涝档案史料》，第918页

公元	历史年	日期	地点	记录	文献
1910	宣统二年	八月	长安 渭南 兴平 咸阳 鄠县 宝鸡 城固 褒城 大荔 朝邑 华阴 安康 白河	八月份……迭据长安、渭南、兴平、咸阳、鄠县、宝鸡、城固、褒城、大荔、朝邑、华阴、安康、白河等县先后禀报，雨水过多，田房淹没，灾情轻重不一，均经批司委勘	《清代黄河流域洪涝档案史料》，第919页
1910	宣统二年	八月初四至初十	宝鸡	宝鸡县，兴国里阳平镇，于八月初四、初五、初六、初七、初八、初九、初十等日连日大雨，该镇西头因渭水涨发，冲塌街房	《清代黄河流域洪涝档案史料》，第921页
1910	宣统二年	八月初八、初九	长安	长安县属，于八月初八、九（9月11、12日）等日，大雨连绵河流漫溢	《清代黄河流域洪涝档案史料》，第919页
1910	宣统二年	八月初九	朝邑	朝邑县，于八月初九日晚，洛河大涨，将北阳洪房屋、地亩冲崩	《清代黄河流域洪涝档案史料》，第921页
1910	宣统二年	七月初五	大荔	大荔县，于七月念五日秋雨连绵，洛渭两河河水暴涨，致将沿河两岸居民房屋冲崩	《清代黄河流域洪涝档案史料》，第921页
1910	宣统二年	七月、八月	扶风	扶风县，岐阳等里，于七、八两月雨水过多，渭河泛滥	《清代黄河流域洪涝档案史料》，第921页

公元	历史年	日期	地点	记录	文献
1910	宣统二年	八月	华阴	华阴县，于八月间大雨兼旬，南北里之西社滨临渭河，被灾最重	《清代黄河流域洪涝档案史料》，第921页
1910	宣统二年	七月二十	华州	华州，东西牛峪、箭峪等处，于七月二十日猝遭暴雨，山水涨发，东西牛峪下游之余家坡等四村庄，地势狭隘，河流陡涨，被灾较重	《清代黄河流域洪涝档案史料》，第921页
1910	宣统二年	四月二十五	蓝田	蓝田县，东乡民戴等村，于四月二十五日狂风大作，天降猛雨兼带冰雹，打伤秋禾较重	《清代黄河流域洪涝档案史料》，第921页
1910	宣统二年	七月、八月	三原	三原县，东北乡长孙等七里，于七、八月间，天雨连绵，倒塌房屋甚多	《清代黄河流域洪涝档案史料》，第921页
1910	宣统二年	七月二十，八月初十、十二	渭南	渭南县……又，张北里箭峪口等处，于七月二十日（8.24）蛟水陡发，……又，该县丰庆等里，于八月初十、十二等日，滨渭滩地河水暴涨，冲淹地亩、民房	《清代黄河流域洪涝档案史料》，第921页
1910	宣统二年	七月、八月	武功	武功县，七、八月间阴雨连绵	《清代黄河流域洪涝档案史料》，第921页
1910	宣统二年	八月初旬	咸阳	咸阳县西乡东西南一带，滨临丰、渭各河，因八月初旬大雨连绵，丰河决堤、渭河泛滥	《清代黄河流域洪涝档案史料》，第921页

公元	历史年	日期	地点	记录	文献
1910	宣统二年	秋	户县	鄠县四乡，本年入秋以来，淫雨兼旬，河水涨发，以致秋禾地亩、房屋被淹	《清代黄河流域洪涝档案史料》，第 922 页
1910	宣统二年	七月二十	华县	大雨倾盆，山洪陡发	《西北灾荒史（故宫档案）》
1910	宣统二年		勉县	雨水过多	《西北灾荒史（故宫档案）》
1910	宣统二年	八月初十、十一	渭南	滨渭滩地河水暴涨	《西北灾荒史（故宫档案）》
1910	宣统二年	七月	泾阳	霖雨四十余日	宣统《重修泾阳县志》卷二《祥异》
1911	宣统三年	七月、八月	扶风	七月至八月初，连下淫雨四十五日	扶风气象站军事气候调查报告
1911	宣统三年	闰六月	凤翔	陕西省……润六月份……汉中、榆林、同州、兴安七府，邠州、乾州、商州、鄜州、绥德五直隶州各得雨一二次至十一次不等，田水充盈，禾苗茂盛。惟……商南……等厅州县先后禀报，河水涨发，房地冲淹，被灾情形轻重不一	《清代长江流域西南国际河流洪涝档案史料》，第 1212 页
1911	宣统三年	闰六月	汉中	陕西省……润六月份……汉中、榆林、同州、兴安七府，邠州、乾州、商州、鄜州、绥德五直隶州各得雨一二次至十一次不等，田水充盈，禾苗茂盛。惟……商南……等厅州县先后禀报，河水涨发，房地冲淹，被灾情形轻重不一	《清代长江流域西南国际河流洪涝档案史料》，第 1212 页

公元	历史年	日期	地点	记录	文献
1911	宣统三年	五月	汉中 兴安 邠州 乾州 商州 鄜州 绥德	陕西省宣统三年五月份……汉中、兴安七府邠州、乾州、商州、鄜州、绥德五直隶州，先后得雨一二次至十一二次不等。田畴含润，麦豆登场。惟凤翔、南郑、留坝、郃阳、邠州、三水等厅州县，因雨雹打伤田禾，冲毁房地，被灾情形轻重不一	《清代长江流域西南国际河流洪涝档案史料》，第1212页
1911	宣统三年	闰六月	汉中 榆林 同州 兴安 邠州 乾州 商州 鄜州 绥德 商南	陕西省……润六月份……汉中、榆林、同州、兴安七府，邠州、乾州、商州、鄜州、绥德五直隶州各得雨一二次至十一次不等，田水充盈，禾苗茂盛。惟……商南……等厅州县先后禀报，河水涨发，房地冲淹，被灾情形轻重不一	《清代长江流域西南国际河流洪涝档案史料》，第1212页
1911	宣统三年		商南	商南县得雨二次，田苗茂盛，大雨一次，房地被冲，已经饬委查看	《清代长江流域西南国际河流洪涝档案史料》，第1212页
1911	宣统三年		礼泉	泾水暴涨	《中国气象灾害大典·陕西卷》，第57页

后 记

好的历史地理信息化产品必须是有理念思考，特别是应该具有学科理论层面和方法论层面的思考。历史地理信息化当今的发展需要尝试新的理念和手段，笔者认为，这些新的想法就是历史地理信息化2.0时代。目前历史地理信息化的主要特征是静态、二维、GIS为指向、塔式数据传播方式，因此历史地理信息化2.0应该具有的基本特征是：动态、三维、GIS 为平台、研究问题为指向、网络式的数据传播方式。

“数字历史黄河”（DHYR）基本界面

这里，我们以“数字历史黄河”（Digital Historical Yellow River，DHYR）工作为例，详细介绍这一理念。黄河自历史时期以来就不是一条纯粹的自然河流，自然环境与人文环境都会对黄河产生影响，因此，黄河历史时期信息化处理的重要指向就是要展示这一复杂的关系，这一研究的落脚点是解决“历史时期地表水文过程及人文因素影响机制模拟方法”，简单来说，就是“数字历史河流”。包含 6 个方面：（1）高精度的三维微地貌；（2）历史水利工程与地形模型的融合方案；（3）河道三维形态的复原；（4）地表水历史时期的运动过程模拟与展示；（5）历史时期的降雨特征重建；（6）历史时期河流-水利管理方式。而“数字历史黄河”作为“数字历史河流”理念的实践，不仅仅是一个展现历史时期黄河河道时空变化的可视化成果，而是一个专业历史资料管理平台+一个专题数据集+一系列历史信息分析和展示功能。DHYR 的基本构成包括三维地形模块、黄河水环境事件信息管理模块、工程三维模型处理模块、资料管理平台和分析-模拟功能模块。DHYR 目前主要集中于处理清代—民国时期的黄河相关信息。其中我们已经完成了资料库、黄河基本水文信息数据库和财务管理信息数据库的设计和建设工作。

DHYR 资料库是具有查询、下载、在线浏览、标注和资料关联功能的黄河历史文献信息平台，其中的资料分为治河类书、清代河工档案、民国档案、共和国档案和民间文献等类型。资料库目前能够容纳 DOC\PDF\PPT\EXCEL\JPG 等格式文件，今后我们还计划扩充数据类型，让资料库能够管理视频和音频文件。

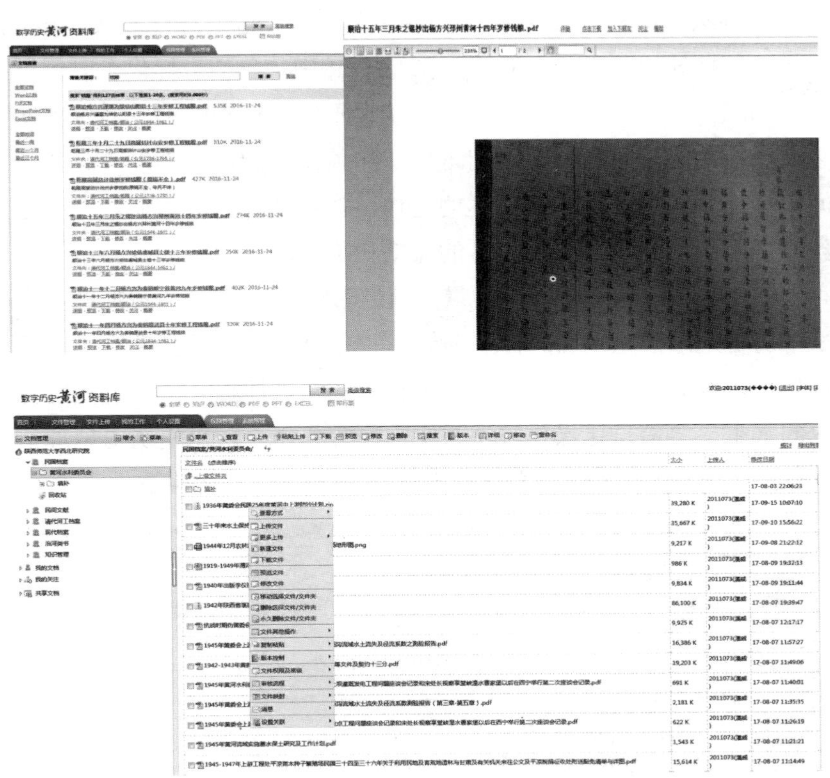

“数字历史黄河”资料库

水文信息库和河工银数据库分别管理清代黄河干流志桩尺寸记录和河工用银记录。这两个数据库都特别设计了多个字段用来容纳黄河管理制度运作的信息，管理制度运作主要表现为涉河官员姓名和官职信息，通过对这些信息的整理和分析，我们可以了解到在河务中的报汛环节和工程财务环节在具体运作中，都是哪些官职、衙门和人员发挥了怎样的作用。这两个数据库的尝试有助于我们用信息化的方法去揭示清代河务运作的细节，将大量河工档案中的信息有效而便捷地展现出来。当然，在DHYR中，我们也提供了时空可视化的方案。其中包括动态展示每年报汛的路径和时间、清代黄河多个站点的径流过程、黄河河工银在相关州县的承担额度等。从空间角度认识清代黄河管理制度的运作，在传统时代，交通条件的制约会影响到信息、物资和人员的流动状况，因此，空间本身就是一种能够影响制度运作方式的力量。通过DHYR的工作，我们初步尝试了历史地理信息化2.0中的三维、动态、历史水文模拟和历史水利场景模拟等方法，我们希望这一工作的实践能够提升历史地理信息化的水平，将信息化操作方法与实际研究相结合，培植历史地理信息化发展的深厚土壤，这样才能使得本方向具有长久生命力。

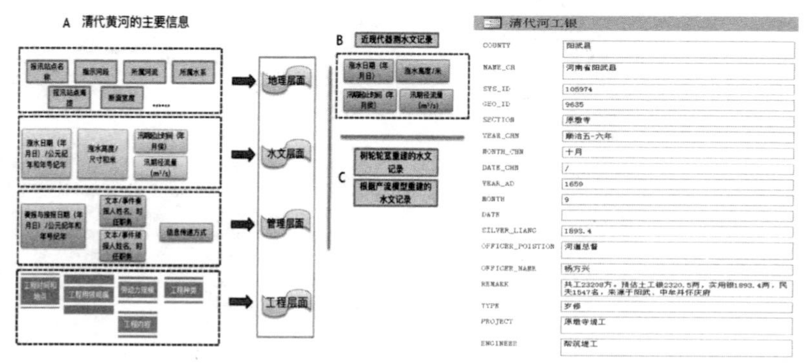

清代黄河水文信息数据库与清代河工银数据库

以上文字是笔者在《云南大学学报（哲社版）》发表文章《开创历史地理信息化2.0时代：“数字人文”背景下的历史地理信息化建设思路》的一部分，介绍了“数字历史黄河”工作的想法、实践和已经取得的部分阶段性成果，以其为后记，实在是想激励自己，不要放弃黄河变迁研究，不要动摇发展历史自然地理和历史地理信息化的初心。在本书写作完成之时，本人也离开了工作九年的西安，回想 2009—2018 年这段关中岁月，陕西师大侯甬坚教授给了我极大的支持和信任，我带的研究生们也给了我极大的支持，离开他们是我一生的遗憾，但也是我一生的无奈。

“中国区域环境变迁研究丛书”已出版图书书目

1. 林人共生：彝族森林文化及变迁
2. 清代黄河“志桩”水位记录与数据应用研究
3. 陕北黄土高原的环境（1644—1949年）
4. 矿业•经济•生态：历史时期金沙江云南段环境变迁研究